"十二五"职业教育国家规划教材
经全国职业教育教材审定委员会审定

"十二五"江苏省高等学校重点教材
（编号：2014－2－050）

Android 应用开发基础

（基于 Android 4.2、任务驱动式）

第 3 版

主　编　余永佳　解志君
副主编　顾　婷　刘燕婷
参　编　罗大晖　翟世臣
主　审　眭碧霞

机械工业出版社

如何让编程初学者能够更顺利地掌握 Android 编程？这是本书力图解决的问题。本书将 Android 编程基础知识进行了划分，融合在多个任务的实施过程中，通过【任务简介⇒任务分析⇒支撑知识⇒任务实施⇒任务评价⇒任务小结】逐步递进，引导读者在完成一个又一个 Android 应用程序的同时，轻松掌握每个应用的支撑知识点。每个任务的支撑知识中，除了讲解重要的知识点以外，还通过范例代码演示如何运用该知识点。如果刚接触编程不久，又希望尽快进入 Android 编程的世界，本书无疑是最好的助手。

本书可作为高等职业院校移动互联应用技术等相关专业的教材，也可作为从事 Android 开发、编程等相关工作的人员的参考用书。

为方便教学，本书配有教学微课视频、教学 PPT、课程标准、整体设计、单元设计、电子教案、课后习题答案、模拟试卷及答案等，使用本书作为授课教材的教师可利用上述资源在机械工业出版社旗下“天工讲堂”平台上进行在线教学、学习，实现翻转课堂与混合式教学。

图书在版编目（CIP）数据

Android 应用开发基础 ：基于 Android 4.2、任务驱动式 / 余永佳，解志君主编 . -- 3 版. -- 北京 ：机械工业出版社，2024. 12. --（“十二五”职业教育国家规划教材）. -- ISBN 978-7-111-77238-5

Ⅰ. TN929. 53

中国国家版本馆 CIP 数据核字第 20246GX856 号

机械工业出版社（北京市百万庄大街 22 号　邮政编码 100037）
策划编辑：曲世海　　　　责任编辑：曲世海　王宗锋
责任校对：薄萌钰　张　征　　封面设计：马若濛
责任印制：张　博
北京建宏印刷有限公司印刷
2025 年 2 月第 3 版第 1 次印刷
184mm×260mm · 17.5 印张 · 432 千字
标准书号：ISBN 978-7-111-77238-5
定价：55.00 元

电话服务　　　　　　　　网络服务
客服电话：010-88361066　机　工　官　网：www. cmpbook. com
　　　　　010-88379833　机　工　官　博：weibo. com/cmp1952
　　　　　010-68326294　金　　书　　网：www. golden-book. com
封底无防伪标均为盗版　机工教育服务网：www. cmpedu. com

前　言

编写初衷：

编写本书之前，Android 已经是当下主流移动终端的操作系统。已出版的各类 Android 编程书籍，有的详细罗列了 Android 相关知识，有的以一个综合的 Android 应用为主题，开发学习过程较长，真正适合编程初学者的书籍偏少。

本书按照移动应用开发专业标准中移动应用开发课程设置进行修订，注重融入国家职业资格标准，组建了校企混编的教材编写和资源开发团队，基于职业院校学生的能力和特点，巧妙设计项目案例，融入企业开发规范，通过任务驱动的方式引导读者。任务的规模和难度阶梯增加，符合编程开发的学习规律；任务涵盖了 Android 的工具和游戏开发内容，具有一定的趣味性，能够很好地吸引读者；每个任务通过【任务简介⇒任务分析⇒支撑知识⇒任务实施⇒任务评价⇒任务小结】的环节逐步实施，手把手地带领读者完成 Android 的应用开发。编者同时设计并开发了丰富的配套资源，并获得“天工讲堂”平台支撑，能够有效促进线上线下混合教学方式的形成。在本书的指导下，读者一定能够轻松地完成属于自己的 Android 应用，同时掌握 Android 开发的基本知识和技能。

本书根据党的二十大精神，以“为党育人、为国育才、立德树人”为己任，坚决贯彻“以学生为中心”的教学理念，采取自主讨论、自主探究、合作学习等新的教学模式，全面培养学生的道德品质、职业素养和知识技能。

主要内容：

本书对 Android 编程的基础知识分任务进行了讲解，知识的学习与任务的实施得到了很好的结合，任务包含以下知识点：

- 任务一：Android 简介、Android 开发环境的搭建。
- 任务二：Android 工程结构、Android 的常用控件和布局。
- 任务三：Toast、Dialog、Notification、Option Menu、Spinner 控件、调试、日志。
- 任务四：线程、Activity 生命周期、文件存储、SharedPreferences。
- 任务五：Adapter、ListView、多媒体编程、定时器。
- 任务六：自定义控件、绘图、SQLite 数据库。

适合读者：

- 开设 Android 课程的高等职业院校师生。
- 有一定 Java 编程基础，希望从事 Android 开发的读者。
- 正在寻找能够手把手指导 Android 编程图书的读者。

阅读指南：

为了让本书中每个 Android 任务都能够顺利地实施，本书按照以下几个环节对任务进行了划分：

● 【学习目标】：学习目标告诉读者应该具备哪些知识和技能。

● 【任务简介】：对即将要实施的任务进行简单的说明，读者可以知道将要做什么。

● 【任务分析】：对即将要实施的任务进行整体分析，整理出必备的知识点。

● 【支撑知识】：对完成任务所必备的知识点进行详细的讲解。以控件讲解为例，一般先进行简要的介绍，然后对相关的属性、方法、监听器进行说明，对于重要的方法会有示例代码，最后讲解一个简单的范例说明如何运用该控件。

● 【任务实施】：在具备了知识技能后，逐步完成任务。通过整体分析、界面布局、编码实现等步骤，带领读者完成任务。对于比较复杂的任务（如任务六），还将任务划分为子任务逐步实现。任务实施环节中，涵盖了所有实现细节，只要耐心地跟随就一定能够完成任务。

● 【任务评价】：对任务完成情况进行评价，并根据指标改进 APP。

● 【任务小结】：任务完成后对该任务涉及的重要知识点、技能点进行回顾。

● 【课后习题】：对每次任务所涵盖的重要知识点以问答题、选择题、填空题的方式进行测试，检测学习的情况，若有不清楚的知识点，可以继续回到【支撑知识】环节去学习。

● 【拓展训练】：如果希望 Android 应用更加美观、更加个性化，拓展训练会提示如何实现更佳的效果。

● 【试一试】：根据当前的知识点，布置一个小小的思考题或实践任务，让读者能够更加充分地理解和运用知识点。

● 【提示】：针对当前的知识点或者任务，给出一些提示信息，有助于读者理解知识、完成任务。

勘误支持：

如果您有任何疑问或者建议，欢迎发送邮件至邮箱 30454130@ qq. com，我们将第一时间回复您。

致谢：

本书由余永佳、解志君担任主编，顾婷、刘燕婷担任副主编，罗大晖、翟世臣参与了本书的编写工作。眭碧霞教授对本书进行了整体构思，设计了递进式任务驱动的编写风格，并对本书涵盖的知识点准确性、任务的合理性进行了指导和审核。苏州科大讯飞教育科技有限公司翟世臣对教材大纲和任务案例等提出了宝贵意见，在此表示感谢。机械工业出版社的编辑对本书进行了细致的编审，给予了很多专业建议。

感谢一直陪伴、支持我们的家人、同事和朋友！

编　者

目录

任务一　Android 开发环境的搭建

学习目标

【知识目标】

■了解 Android 的历史和版本。
■掌握 Android 开发环境的安装和配置方法。
■掌握创建 Android 工程的方法。
■掌握创建 Android 模拟器的方法。

【能力目标】

■能够独立安装和配置 Android 的开发环境。
■能够使用开发工具创建 Android 应用项目。
■能够在模拟器上运行 Android 应用。

【重点、难点】 Android 开发环境的安装配置方法、Android 项目的创建和运行方法。

【素质目标】

■通过下载、安装、配置 Android 开发环境，培养学生主动通过网络、图书文献、互相交流等途径搜集资料、筛选信息、阅读文档并解决实际问题的基本技术素养。

任务简介

本次任务我们将向 Android 说一声“Hello”，首先将讲解 Android 的历史由来，然后带领大家安装配置 Android 的开发环境，并创建第一个 Android 的应用程序，最后在模拟器上运行该应用。

任务分析

Android 为了不断完善用户体验和提高开发人员的开发效率，一直在不停地推出新版本，早期安装 Android 开发环境需要下载很多组件并配置很多参数，但是随着版本的提升，目前只需要从 Android 开发人员网站上下载开发工具包，然后进行少量的配置即可以搭建开发环境。

支撑知识

在实施任务之前需要充分认识 Android 这个移动智能操作系统，对它的前世今生有个了解，并且了解 Android 操作系统的一些特点。另外，还需要认识 Android 开发环境中几个非常重要的组成部分，为任务实施做好铺垫。

- Android 的由来。
- Android 架构。
- Android 开发环境的组成部分。

一、Android 的由来

Android 是基于 Linux 内核的操作系统，是 Google 公司推出的智能终端操作系统，它有一个中文名“安卓”。2013 年装有 Android 操作系统和 IOS 操作系统的智能终端占据了市场的绝大部分份额，这也是许多人选择学习 Android 的原因之一，在 Android 智能终端领域可以看到耳熟能详的各大品牌，如三星、索尼、宏达、中兴等，如图 1-1 所示。

图 1-1　智能终端和品牌

2003 年，Andy Rubin 等人创建 Android 公司；2005 年 Google 公司收购 Android 公司后，继续开发运营 Android 系统；2008 年 Google 公司推出了 Android 的最早版本 Android 1.0；2009 年 Google 公司推出了 Android 1.5，从这个版本开始，Android 的后续版本均用一个甜品来命名。随着后续的发展，越来越多的“甜品”（Android 版本）被 Google 公司陆续推出，下面让我们来认识这些“甜品”。

如图 1-2 所示，依次是以下的 Android 版本。

- Android 1.5：Cupcake（纸杯蛋糕）。
- Android 1.6：Donut（甜甜圈）。

- Android 2.0 / 2.1：Eclair（巧克力泡芙）。
- Android 2.2：Froyo（冷冻酸奶）。
- Android 2.3：Gingerbread（姜饼）。
- Android 3.0：Honeycomb（蜂巢）。
- Android 4.0：Ice Cream Sandwich（冰淇淋三明治）。
- Android 4.1 / 4.2：Jelly Bean（果冻豆）。
- Android 4.4：KitKat（奇巧巧克力）。

2014 年 6 月 Google 公司发布了最新的 Android L，即 Android 5.0 系统。

图 1-2　Android 版本

每个版本都会有很多更新，Android 3.0 就针对平板计算机实现了优化，而 Android 4.0 则使用了全新 UI 界面，让用户的使用感受焕然一新，本书将基于 Android 4.2 版本指导大家开发。

二、Android 架构

Android 的层次架构非常清晰，不同层次采用不同技术完成不同任务，从下向上大体可以分为四层，如图 1-3 所示。

- Linux 内核（Linux Kernel）：基于 Linux 内核，内核为上层系统提供了安全、内存管理、线程管理、网络协议栈和驱动模型等系统服务。
- 系统库（Libraries）：系统库基于 C/C ++ 本地语言实现，通过 JNI 接口向应用程序框架层提供编程接口，Android 平台的本地库主要包括标准 C 系统库、多媒体库、SGL 图形引擎、OpenGL ES 引擎、SQLite、WebKit 等。
- 应用框架层（Application Framework）：通俗地说，应用框架层为开发者提供了一系列 Java API 接口，包括图形用户界面组件 View，SQLite 数据库相关的 API、Service 组件等。
- 应用程序层（Applications）：Android 平台中的应用程序包括邮件客户端、电话、短消息、日历、浏览器和联系人等各式各样的应用程序。

对于普通开发者来讲，所要做的工作就是调用应用框架层提供的 Java API 接口，设计应用程序层的应用，本书很少涉及 Linux 内核层和系统库层。

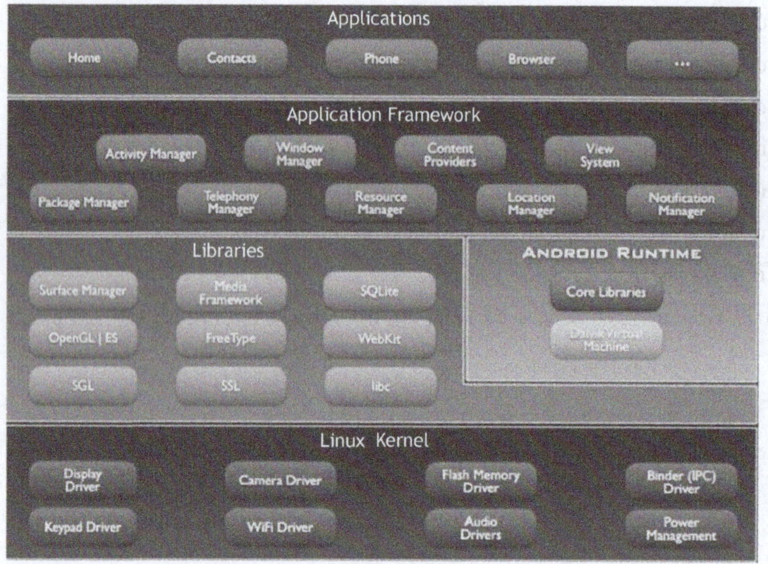

图 1-3　Android 四层架构

三、Android 开发环境介绍

由于 Android 的应用框架层使用的是 Java 语法，所以 Android 的开发环境需要安装 Java 开发包（Java Development Kit，JDK）并且配置相应的环境变量。最常见的 Java 程序开发环境是 Eclipse，本书也将使用 Eclipse 作为集成开发环境。

如果希望调用 Android 的 API 接口进行开发，Android 开发包（Android Software Development Kit，即 Android SDK）是必不可少的。另外，为了在 Eclipse 中开发、调试 Android 程序更加方便，可以在 Eclipse 开发工具中安装插件，这个插件称为 Android 开发工具插件（Android Development Tools，ADT），所以总体来讲 Android 的开发环境包括四个部分：

- Java 开发包（JDK）。
- Eclipse 开发工具。
- Android 开发包（Android SDK）。
- Android 开发工具插件（ADT）。

在 Android 的早期开发中，需要逐个安装上面四个部分，耗时耗力。但是现在已经很方便了，可以直接从 Android 官网上下载开发包，开发包已经将 Eclipse、Android SDK、ADT 打包好，经过简单配置就可以使用。

将 Android 开发环境安装好就可以开始编程了，但许多人会问一个问题，做 Android 的应用开发是否一定要配备 Android 的移动终端，答案是不需要，因为 Android 提供的模拟器可以模拟各种 Android 移动终端的运行，应用程序开发、运行、调试均可以在模拟器上进行。

任务实施

下面我们将一步一步地进行 Android 开发环境的安装，并创建运行模拟器，

然后创建第一个 Android 的应用程序，并运行到 Android 模拟器上。

一、Android 开发环境的安装

安装 Android 的开发环境步骤分为以下几步：

- 安装 JDK。
- 下载 Android 开发组件。
- 安装 Android 开发环境。

1. 安装 JDK

JDK 有很多版本，本书选择 JDK1.6 进行演示，用户可以从网络上方便地获取 JDK1.6 的安装文件。打开安装程序，出现图 1-4 所示的界面，单击【下一步】按钮。

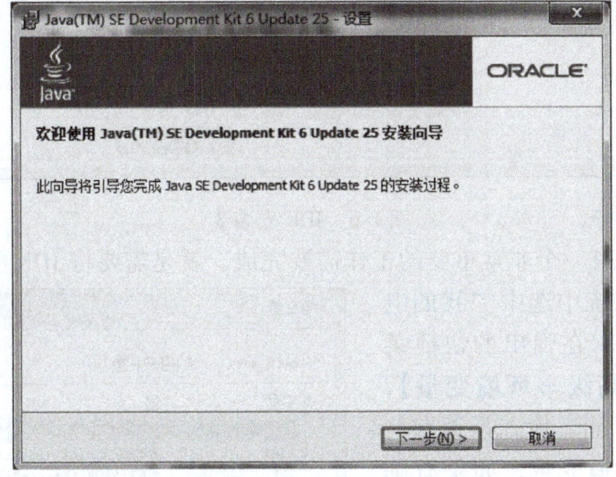

图 1-4　JDK 安装 1

出现图 1-5 所示的自定义安装界面，保持默认配置和安装路径不变，直接单击【下一步】按钮将进行安装。

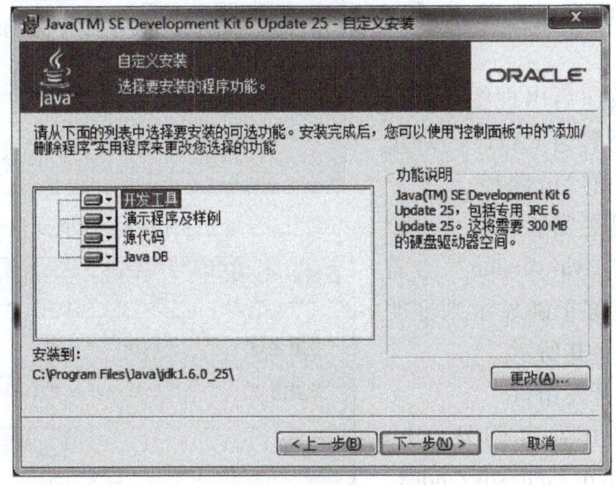

图 1-5　JDK 安装 2

安装完毕后出现图 1-6 所示的界面，单击【完成】按钮即可。

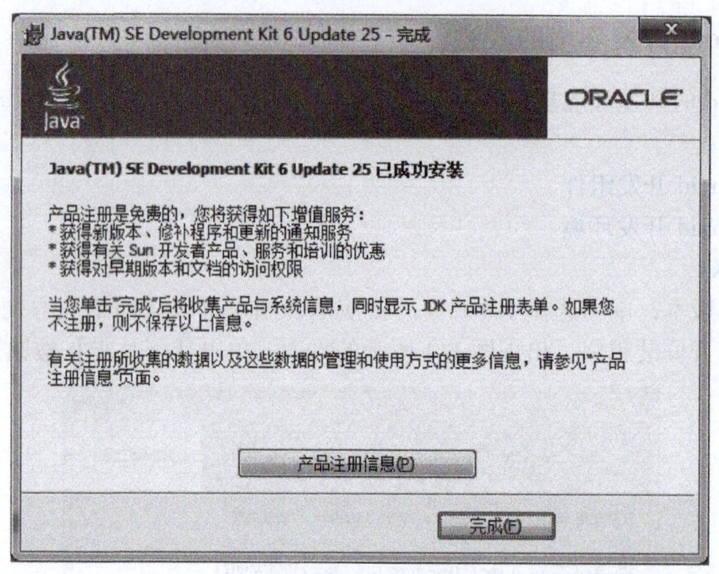

图 1-6　JDK 安装 3

JDK 安装完毕后有一个非常重要的工作需要完成，就是需要将 JDK 的 bin 目录设定到环境变量中，在操作系统中选中“我的电脑”，单击鼠标右键，在弹出的快捷菜单中选择【属性⇒高级⇒环境变量】，出现图 1-7 所示的界面。检查是否有名称为“PATH”的环境变量，如果有则编辑该环境变量，单击【编辑】按钮，添加 JDK 的 bin 路径（默认安装目录为 C:\Program Files\Java\jdk1.6.0_25\bin)，注意多个路径之间使用分号隔开。如果原先没有该环境变量，单击【新建】按钮进行设置。

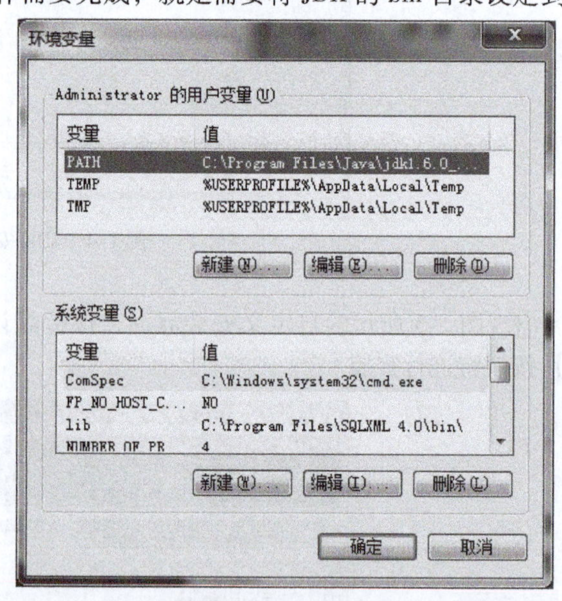

图 1-7　环境变量设定

单击【新建】按钮后出现图 1-8 所示的界面，添加一个名为 PATH 的环境变量，变量值为 JDK 的 bin 路径。

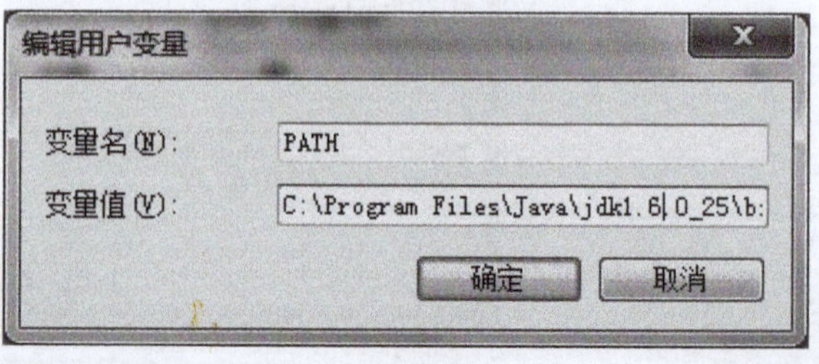

图 1-8　新建环境变量

为了验证 JDK 是否安装成功，可以打开命令行，输入“java-version”查看 Java 的版本，如果能够正确显示则证明 JDK 安装成功，如图 1-9 所示。

2. 下载 Android 开发组件

可以从 Android 开发者网站（http://developer.android.com/sdk/index.html）上轻松获取开发组件，如图 1-10

所示，在该页面中单击【Download the SDK】按钮。

```
java version "1.6.0_25"
Java(TM) SE Runtime Environment (build 1.6.0_25-b06)
Java HotSpot(TM) Client VM (build 20.0-b11, mixed mode, sharing)
```

图 1-9　查看 JDK 版本

Get the Android SDK

The Android SDK provides you the API libraries and developer tools necessary to build, test, and debug apps for Android.

If you're a new Android developer, we recommend you download the ADT Bundle to quickly start developing apps. It includes the essential Android SDK components and a version of the Eclipse IDE with built-in **ADT (Android Developer Tools)** to streamline your Android app development.

With a single download, the ADT Bundle includes everything you need to begin developing apps:

- Eclipse + ADT plugin
- Android SDK Tools
- Android Platform-tools
- The latest Android platform
- The latest Android system image for the emulator

Download the SDK
ADT Bundle for Windows

图 1-10　Android 开发组件下载页面 1

单击后出现图 1-11 所示的界面，勾选接受协议，并选择操作系统位数，单击【Download the SDK ADT Bundle for Windows】按钮，这时会提示用户保存相应的文件，把该文件保存到本地即可。

Terms and Conditions

This is the Android Software Development Kit License Agreement

1. Introduction

1.1 The Android Software Development Kit (referred to in this License Agreement as the "SDK" and specifically including the Android system files, packaged APIs, and Google APIs add-ons) is licensed to you subject to the terms of this License Agreement. This License Agreement forms a legally binding contract between you and Google in relation to your use of the SDK.

1.2 "Android" means the Android software stack for devices, as made available under the Android Open Source Project, which is located at the following URL: http://source.android.com/, as updated from time to time.

1.3 "Google" means Google Inc., a Delaware corporation with principal place of business at 1600 Amphitheatre Parkway, Mountain View, CA 94043, United States.

☑ I have read and agree with the above terms and conditions

◉ 32-bit　○ 64-bit

Download the SDK ADT Bundle for Windows

图 1-11　Android 开发组件下载页面 2

3. 安装 Android 开发环境

将下载的压缩文件进行解压并放置在某个目录中，解压后目录应该包含 eclipse 和 sdk 两个目录，eclipse 目录中放置的是 Eclipse 开发工具，而 sdk 目录中放置的是 Android 的 SDK 和其他丰富的资源。

- docs：帮助文档，可以通过它查询类的使用方法。
- platforms：Android 的 SDK，可以放置多个版本的 SDK，如果以后希望开发其他版本，可以从官网下载 SDK 放置在这个目录中。
- samples：Android 为每个版本提供了例程，是非常好的自学资料。
- tools 和 platform-tools：存放了 Android 的许多工具。

为了使用方便，首先需要将 tools 和 platform-tools 的路径加入到环境变量 PATH 中，如图 1-12 所示。

图 1-12　Android SDK 环境变量设定

进入 Eclipse 安装目录，双击 eclipse.exe 即可运行 Android 开发环境，首先会提示用户设置一个工作目录，选择一个本地目录作为工作目录，以后创建的 Android 工程都会默认存放在该目录，接着需要为 Eclipse 配置 Android 的 SDK 路径。单击 Eclipse 的菜单【Windows⇒Preferences】，在弹出界面的左侧列表框中选择 Android 选项。如图 1-13 所示，Android 的 SDK 路径没有设定，单击【Browse...】按钮，在弹出的对话框中选择解压目录中的 sdk 目录。

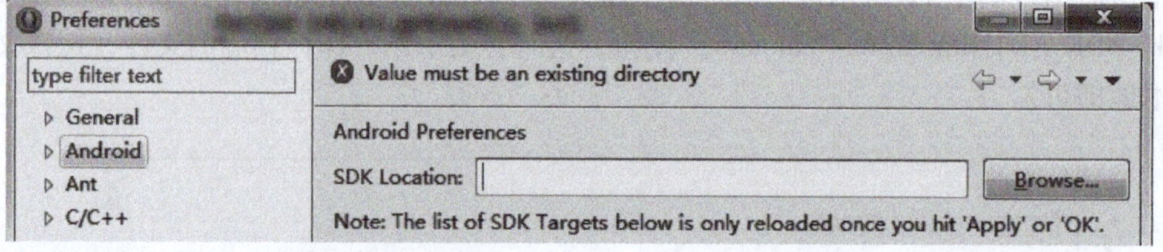

图 1-13　Eclipse 中 Android SDK 路径设定界面 1

然后单击【Apply】按钮就可以识别出 sdk 目录下已有版本的 Android 开发包，如图 1-14 所示。最后单击【OK】按钮，结束设置。

二、创建 Android 模拟器

打开 Eclipse 开发环境，单击菜单【Windows⇒Android Virtual Device Manager】，打开 Android 模拟器的管理工具，单击【New】按钮可以创建 Android 模拟器，如图 1-15 所示。在该界面中设定了必要的信息后，单击【OK】按钮即完成了创建。

- AVD Name：模拟器的名称（如 AVD4.2）。
- Device：选择要模拟的终端型号。
- Target：选择要使用的 Android 版本，如 Android 4.2.2。
- SD Card-Size：设定 SD 卡的模拟容量，如 128MiB。

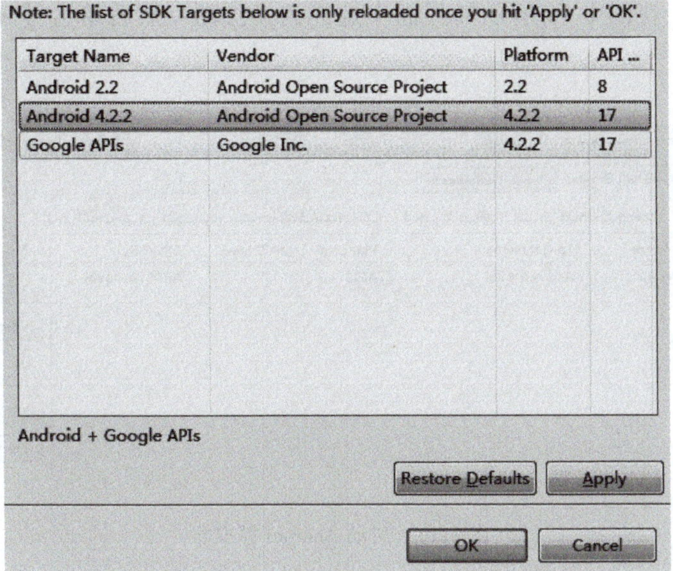

图 1-14　Eclipse 中 Android SDK 路径设定界面 2

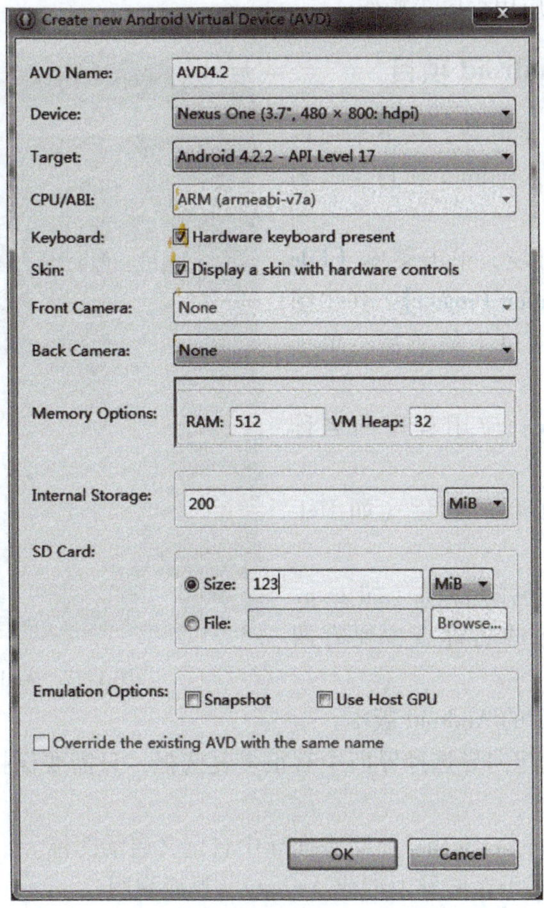

图 1-15　创建 Android 模拟器

创建完毕后，在图 1-16 所示的界面中选择该模拟器，然后单击【Start】按钮启动模拟器。

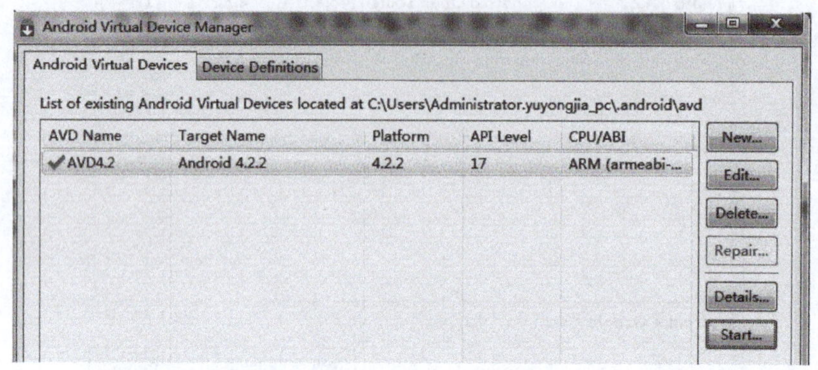

图 1-16　启动 Android 模拟器

启动后的模拟器就如同真的智能终端一样，如图 1-17 所示，可以进行屏幕滑动、发送短信、访问网络、执行应用程序等操作。

三、创建运行 Android 项目

经过一系列努力万事俱备，接下来可以创建第一个属于自己的 Android 项目了，名称为“Hello Android”。

打开 Eclipse 开发环境，单击菜单【File⇒New⇒Android Application Project】，弹出图 1-18 所示的界面，输入以下信息后，单击【Next】按钮。

- Application Name：应用程序的名称（如 HelloAndroid）。
- Project Name：项目的名称（如 HelloAndroid）。
- Package Name：包的名称（如 com.example.helloandroid，包的名称至少要有两个层次）。
- Target SDK：使用的 Android 版本。

图 1-17　Android 模拟器

如图 1-19 所示，创建向导选择界面中有很多复选框，只需要保持默认选择即可，单击【Next】按钮。

- Create custom launcher icon：是否在向导中自定义启动图标。
- Create activity：是否在向导中创建 Activity（界面视图）。
- Create Project in Workspace：是否在工作空间目录下创建该项目。

New Android Application

New Android Application

The prefix 'com.example.' is meant as a placeholder and should not be used

Application Name: HelloAndroid

Project Name: HelloAndroid

Package Name: com.example.helloandroid

Minimum Required SDK: API 8: Android 2.2 (Froyo)

Target SDK: API 17: Android 4.2 (Jelly Bean)

Compile With: API 17: Android 4.2 (Jelly Bean)

Theme: Holo Light with Dark Action Bar

图 1-18 创建 Android 应用程序

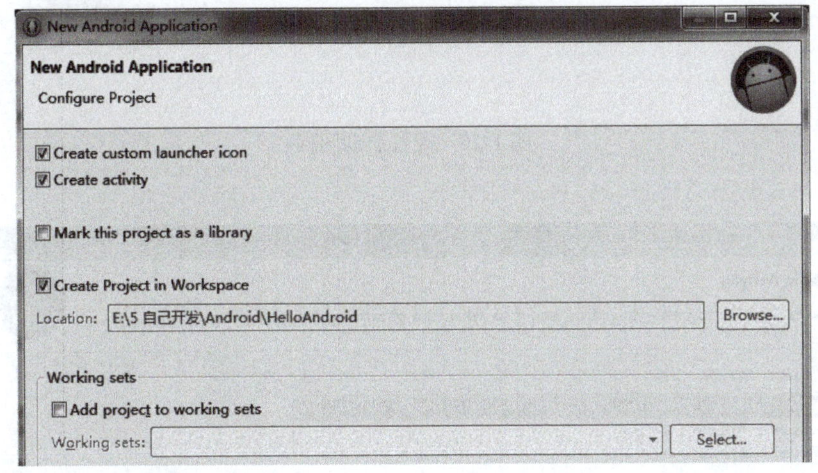

图 1-19 创建 Android 应用程序的向导选择界面

如图 1-20 所示，在该界面中可以配置应用程序启动图标，可以选择适合应用的个性化图标，如果使用默认的图标则直接单击【Next】按钮。

如图 1-21 所示，在该界面中可以创建 Activity，还可以选择 Activity 的样式，有最简单的空白 Activity（Blank Activity），也有带有导航条的 Activity（Fullscreen Activity），这里选择空白 Activity，单击【Next】按钮。

如图 1-22 所示，在该界面中可以设定 Activity 的名称以及将要使用的布局名称，使用默认的名称即可，单击【Finish】按钮完成项目创建。

完成 Android 的项目创建后我们可以运行该应用，但是运行之前还需要配置好运行环境，用鼠标右键单击工程，在弹出的快捷菜单中选择【Run As⇒Run Configurations…】，弹出配置界面，如图 1-23 所示。

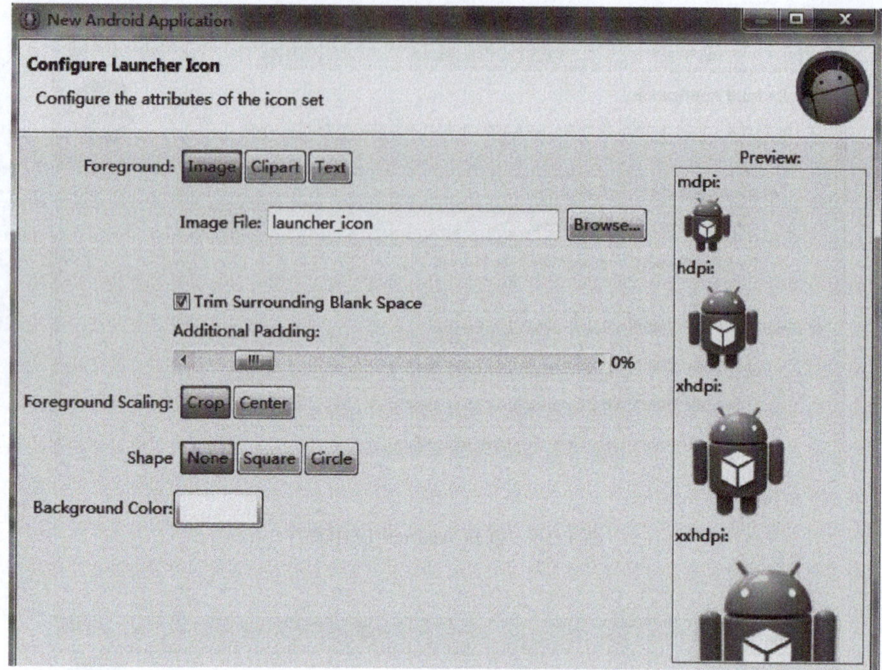

图 1-20　配置启动图标

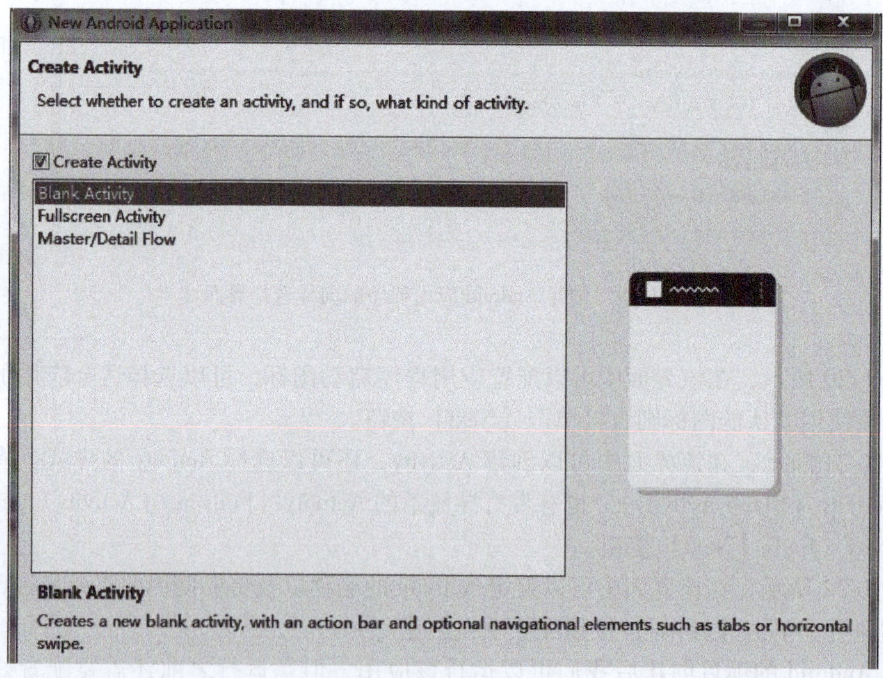

图 1-21　创建 Activity

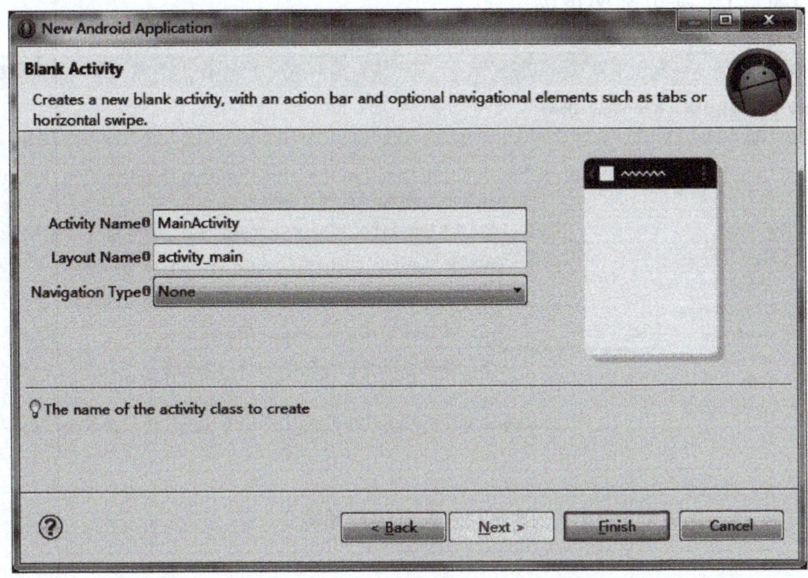

图 1-22　设定 Activity 的名称

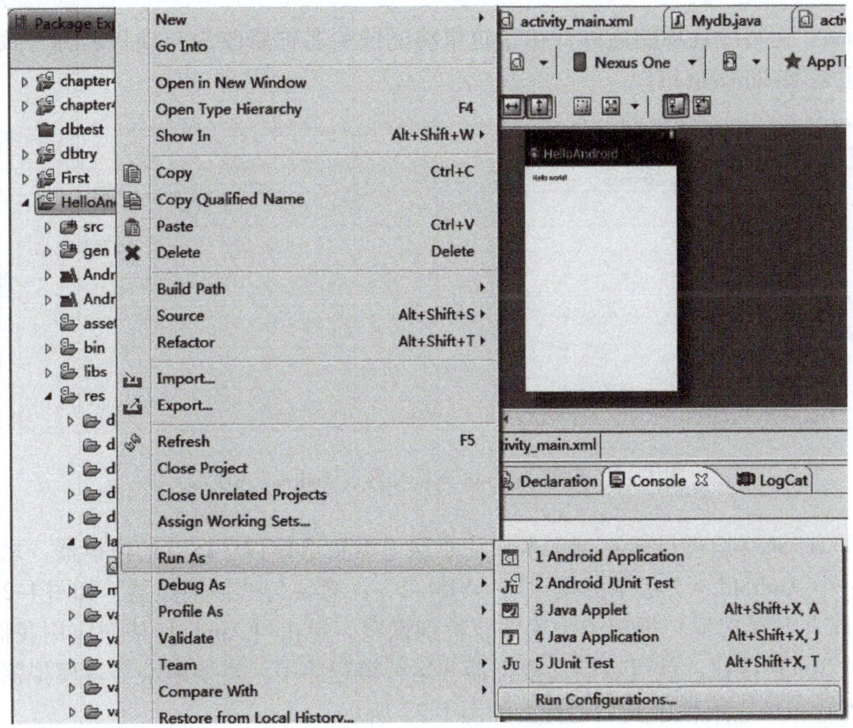

图 1-23　配置运行环境 1

如图 1-24 所示，在配置界面中用鼠标右键单击 Android Application 选项，在弹出的快捷菜单中选择【New】，弹出配置界面。

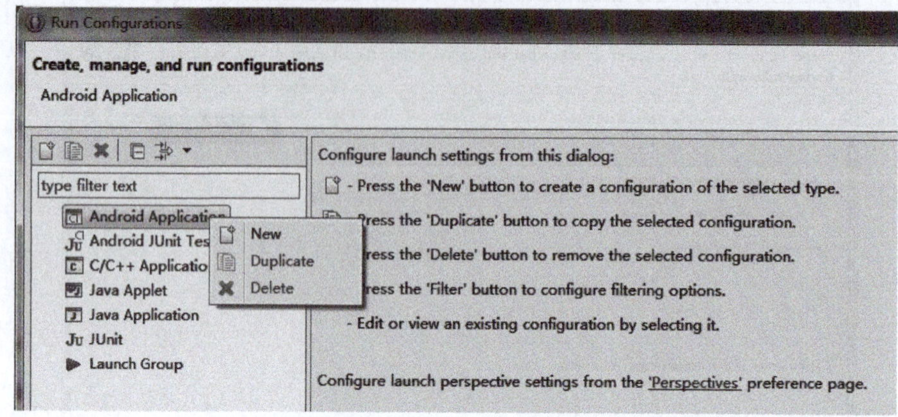

图 1-24　配置运行环境 2

如图 1-25 所示，在配置选项界面中有三个选项卡，分别是 Android、Target、Common，在 Android 选项卡中设定以下参数。

- Project：要运行的项目（如 HelloAndroid），可以通过单击【Browse】按钮进行选择。
- Name：运行配置项的名称（由于这里将配置项名称修改为与项目名称一致，所以读者看到的也是 HelloAndroid）。

图 1-25　配置 Android 运行参数（Android 选项卡）

切换到 Target（运行目标）选项卡，注意这里需要选择程序运行的模拟器，之前我们已经创建了一个 Android 4.2 版本的模拟器 AVD4.2，注意要勾选该模拟器，如图 1-26 所示。

Common（共通选项）选项卡中不需要特别设定，单击【Apply】按钮应用我们的设定，然后单击【Run】按钮，就可以启动模拟器并运行该程序了。需要耐心等待模拟器加载，最终可以看到第一个应用程序成功运行，如图 1-27 所示。

配置好运行参数后，以后如果再次运行程序，就不需要再进行配置了，只需要用鼠标右键单击项目，在弹出的快捷菜单中选择【Run As⇒Android Application】即可，如图 1-28 所示。

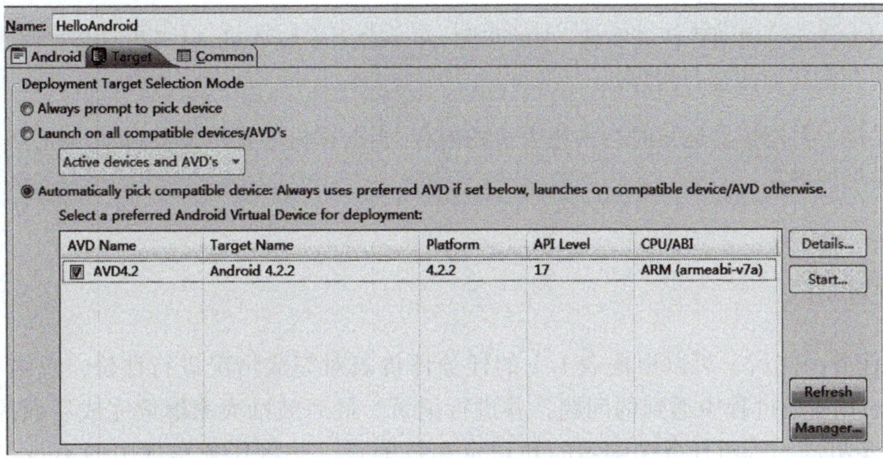

图 1-26　配置 Android 运行参数（Target 选项卡）

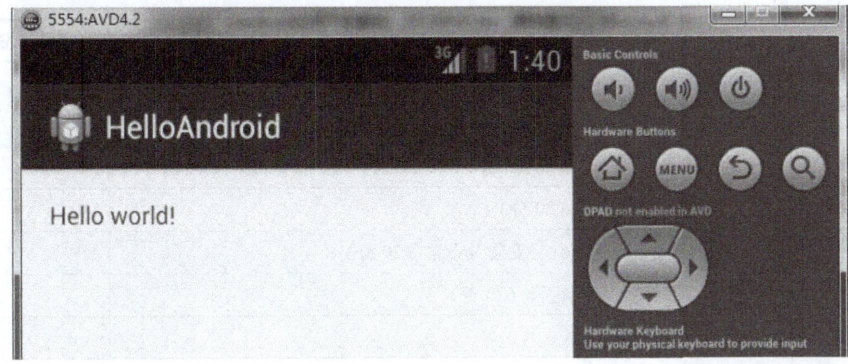

图 1-27　程序运行效果图

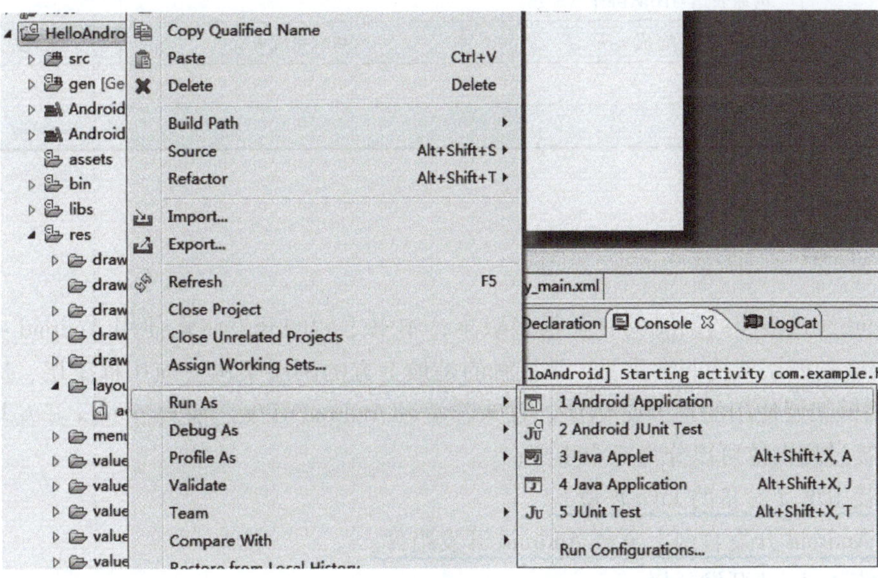

图 1-28　再次运行 Android 程序

【试一试】根据"任务实施"中的步骤,在一台未安装 Android 开发环境的计算机上,逐步安装开发环境并运行程序。

【提示】模拟器运行时会占用大量的内存,当计算机配置不是很高时,耐心等待一两分钟是常见的现象。

任务评价

完成任务一之后，可以根据表 1-1 的任务评价表对完成情况进行评价，总结在安装、创建 Android 项目过程中遇到的问题，并进行记录。最后鼓励大家继续完成后面的拓展任务，进一步巩固和练习任务中学习的知识点和技能点，并将任务实现中的不足之处进行改进。

表 1-1　任务评价表

评价内容	具体指标		完成情况（打分）
基础素养	资料搜索、筛选和整合能力（5 分）		
	计算机应用操作能力（5 分）		
专业知识	基础知识点的预学习情况（5 分）		
	课后习题的完成情况（20 分）		
技术技能	Android 开发组件的下载、安装及设置（20 分）		
	Android 项目的创建及运行（20 分）		
	问题解决（10 分）		
综合能力	任务报告编制能力（10 分）		
	沟通表达与团队协作（5 分）		
目标完成	完成★★	基本完成★☆	未完成☆☆
学习收获			
学习反思			

任务小结

Android 经过多年的发展具有了很多版本，本书之后的开发将均使用 Android 4.2 的版本。Android 的四层架构非常重要，常接触的是最上方的两层架构（应用框架层、应用程序层），应用框架层使用的是 Java 语法，意味着学习 Android 开发之前具备 Java 开发基础是必要的。安装过程大体可以分为三个步骤：

- 安装 JDK（必备的 Java 环境）。
- 从 Android 开发官网上下载 Android 开发组件。
- 安装 Android 开发环境。

配备好 Android 开发环境后，就可以进行项目的创建和运行了，步骤如下：

- 创建 Android Application 项目（在创建向导中设定项目参数、启动图标、Activity）。
- 配置项目的运行环境参数（目标模拟器等）。
- 运行项目。

课后习题

第一部分　知识回顾与思考

Android 的四层架构分别包括哪几层？分别起到什么作用？

第二部分　职业能力训练

一、单项选择题（下列答案中有一项是正确的，将正确答案填入括号内）

1. Android 的四层架构中，应用框架层使用的是什么语法？（　　）

A. C　　B. C++　　C. Java　　D. Android

2. Android 四层架构中，系统库层使用的是什么语法？（　　）

A. C　　B. C++　　C. Java　　D. Android

3. 应用程序员编写的 Android 应用程序，主要是调用（　　）提供的接口进行实现。

A. 应用程序层　　B. 应用框架层　　C. 应用视图层　　D. 系统库层

二、填空题（请在括号内填空）

1. 在 Android 智能终端中，有很多应用如拍照、联系人管理，它们都属于 Android 的（　　　）层。

2. 为了让程序员更加方便地运行调试程序，Android 提供了（　　　），可以方便地将程序运行其上，而不需要实际的移动终端。

3. 为了支持 Java 程序运行，需要安装（　　　）。

三、简答题

1. 简述 Android 开发环境安装的步骤。

2. 简述 Android 应用程序创建和运行的步骤。

拓展训练

Android 有非常多的版本，目前已经搭建了 Android 4.2 的开发环境，如果想建立其他版本的开发环境，只需要到官网上下载 Android 其他版本的 SDK 包，然后将 SDK 放置到 Android 开发环境目录（Android 开发组件解压的目录）下的 sdk \ platforms 目录中即可。

如果一切都顺利的话，可以试着创建一个其他版本的 Android 模拟器，并运行一个程序，会发现不同版本的模拟器界面并不相同。

【提示】可以使用 SDK Manager 下载其他版本的 SDK，也可以到网络上搜索相关 SDK 资源。

任务二　星座查询工具的设计与实现

学习目标

【知识目标】

■了解 Android 工程的结构，掌握其中重要目录和文件的作用。

■掌握 Android 基础控件的使用方法。

■掌握控件的属性设定、方法调用、监听器创建的方法。

■掌握 Android 的几种常见布局。

【能力目标】

■能够在 Android 工程中添加字符串、图片等资源。

■能够在 XML 布局文件中创建控件并设定控件的基本属性。

■能够灵活组织多种控件实现简单的应用。

■能够灵活运用几种常见的布局使界面得体美观。

【重点、难点】 控件属性、控件方法、监听器的使用、布局的合理运用。

【素质目标】

■通过实现“星座查询工具”任务，让学生初步体验系统性、规范化地分析、设计、开发、调试 APP 软件任务的完整过程，培养学生软件开发的工程思维。

■培养学生规范化、标准化的代码编写习惯和规范化过程文档的书写习惯。

任务简介

本次任务将制作一个运行在 Android 终端上的星座查询工具，通过输入出生日期，能够显示所属星座的图片和个性。

任务分析

本任务将要制作的 Android 星座查询工具的界面如图 2-1 所示，从图中可以看到该程序由几个部分组成，从上至下依次是姓名输入区域、日期选择区域、查询按钮、星座图片、星座说明文字，整个应用操作方法非常简单，在输入框中输入姓名，然后在日期选择控件中设

定生日后，单击【查询】按钮，程序就会自动地计算所属的星座，然后显示出星座图片和说明文字。

该任务界面中几个区域从上到下顺序排列，运用了 Android 的垂直线性布局，另外如果用户单击查询后显示的内容过长，超出了一个屏幕的范围，需要通过滚动条进行上下滚动，如图 2-1 所示，左侧为应用程序的初始状态，右侧为单击【查询】按钮屏幕滚动后的下半部分。整个任务使用到了多个控件，包括 EditText（输入框）、DatePicker（日期选择控件）、Button（按钮）、ImageView（图片）、TextView（文字）。

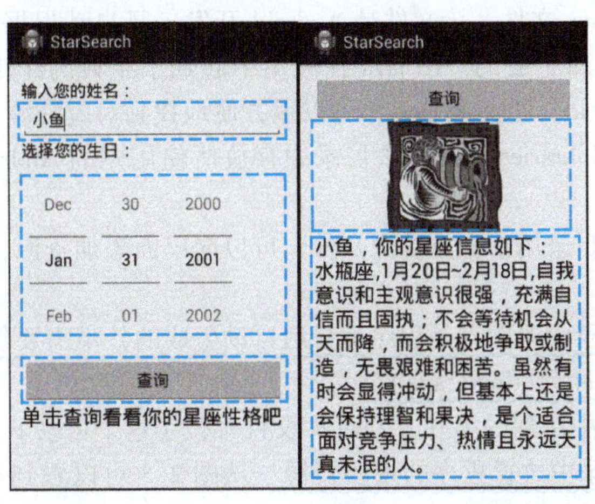

图 2-1　星座查询工具的界面

支撑知识

实施任务之前首先需要了解 Android 星座查询工具的功能，如果要做出这样一个简单的工具，需要学习以下知识：

- 如何使用 Android 基础控件。
- 如何设定布局。
- 如何设定控件的属性。
- 如何调用控件的方法。
- 如何监听控件的事件。

一、Android 工程结构

学习控件和布局之前，必须先了解 Android 工程结构，因为后续的内容经常需要操作 Android 工程的目录，如果对工程中的目录和文件不了解，操作就会非常费力。

1. 重要的目录与文件

任务一中学习了如何创建 Android 工程，本任务

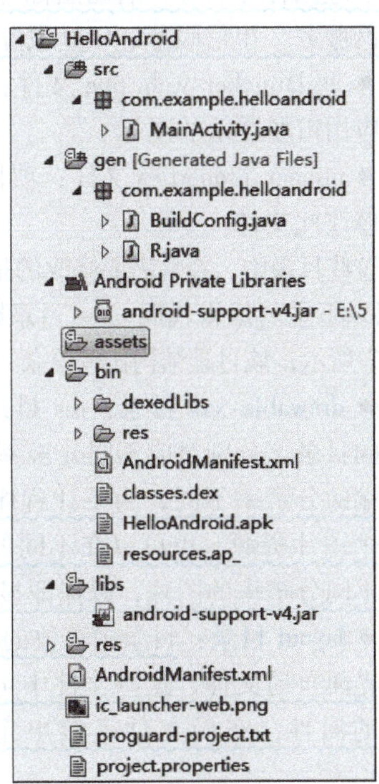

图 2-2　Android 工程目录

将要学习如何添加控件，那么应该在工程的什么地方添加控件？这需要首先了解 Android 工程文件的结构，明白工程中重要的目录和文件的作用。

以图 2-2 为例，介绍 HelloAndroid 这个新建项目的各种目录和文件的作用。

- src 目录：该目录中存放的是我们需要编辑的 Java 源代码（如 MainActivity），由于 Java 使用包来组织不同的文件，所以可以看到 src 目录中包含包的文件夹（如 com. example. helloandroid）。
- gen 目录：该目录中存放所有由 Android 开发工具自动生成的文件，不需要编辑。目录中最重要的就是 R. java 文件，该文件是 Android 开发工具自动根据 res 目录的 xml 界面文件、图标与常量同步更新生成的。R. java 在应用中起到了字典的作用，它包含了界面、图标、常量等各种资源的 id，通过 R. java，可以很方便地找到对应资源。
- Android Private Libraries 目录：该目录中存放所使用到的 Android 系统库文件，不需要做任何修改。
- assets 目录：该目录用来存放资源文件，可以向里面添加资源，这些资源会被打包到应用程序里面。
- bin 目录：该目录中的内容是程序运行后自动生成的，不需要编辑，里面包含自动生成的可执行文件（如 HelloAndroid. apk）。
- libs 目录：项目中用到的第三方 Java 库文件都位于这个目录下。
- res 目录：该目录中放置程序的重要资源，从图 2-3 可以看到 res 目录包含很多子目录，后文将对 res 目录进行详细说明。
- AndroidManifest. xml 文件：该文件非常重要，它列出了应用程序的许多基本信息（如版本、应用程序名称、启动图标等），其中还包括了程序使用到的各种服务（如电话服务、互联网服务、短信服务、GPS 服务等），甚至包括了程序中所使用到的各个 Activity 信息。
- ic_launcher-web. png 文件：该文件用于 Google Play 应用市场展示的图标。
- project. properties 文件：项目环境信息，一般不需要修改此文件。

这些目录中，经常需要修改的是 src 目录、res 目录，src 目录下主要编辑代码，res 目录则是存放资源的，如图 2-3 所示，该目录结构比较复杂，需要着重说明。

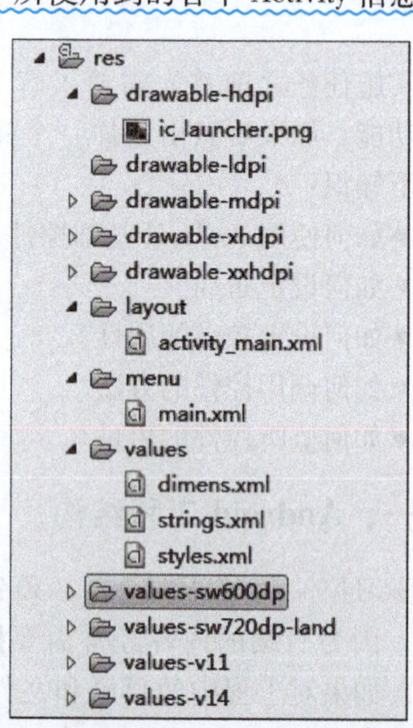

图 2-3　res 资源目录

- drawable-xxx 目录：res 目录下有多个 drawable 开头的目录，分别对应不同分辨率。Android 考虑了不同终端的分辨率不同，为了让程序适应性更强，即便同一个图片资源，也可以在不同的 drawable 目录下放置成不同分辨率的图片，以保证显示质量。
- layout 目录：目录中存放的是不同 Activity 所对应的界面布局文件，这些文件中可以添加控件、设定控件的属性，布局文件直接决定了 Activity 的显示效果。
- menu 目录：该目录中存放的是菜单资源文件，通过编辑这些菜单资源文件可以直接

控制菜单项的显示。

● values-xxx 目录：res 目录下也有多个 values 开头的目录，对应不同的屏幕尺寸、分辨率以及 Android 版本，我们主要关心 values 这个目录，这个目录中也有多个文件。

■ dimens. xml：定义尺寸常量值。

■ strings. xml：定义字符串常量值。

■ styles. xml：定义程序的样式。

res 目录经常需要修改，当添加图片时需要用到 drawable 目录，当向 Activity 界面添加控件、修改控件属性时需要用到 layout 目录，而当编辑菜单时需要使用 menu 目录，定义字符串常量时需要访问 values 目录。

2. 程序启动

Android 程序启动时首先会从 AndroidManifest. xml 文件中加载，该文件中包含了很多程序启动的信息。

● <uses-sdk>：程序支持的版本。

● <application>：该标签中有很多应用程序的属性。

■ android:icon：应用程序的图标，Android 智能终端中看到的程序图标就是这个属性指定的。

■ android:label：应用程序的名称。

● <activity>：该标签实际上位于<application>标签下方，一个应用程序可以有多个 Activity，所以可能出现多个<activity>的标签，该标签也包含很多信息：

■ android:name：该属性决定了这个 Activity 使用的是哪个类，如 com. example. starssearch. MainActivity。

■ android:label：Activity 的名称，如果指定了 Activity 的名称，系统就会优先将<activity>标签下的 android:label 属性作为应用程序名称显示，如果<activity>标签下没有 android:label 属性，则会使用<application>下的 android:label 属性作为应用程序名称。

■ <action android:name="android. intent. action. MAIN" />：程序存在多个 Activity 的时候，该属性决定了哪个 Activity 最先被启动。

```
<?xml version="1.0" encoding="utf-8"?>
<manifest xmlns:android="http://schemas.android.com/apk/res/android"
    package="com.example.starssearch"
    android:versionCode="1"
    android:versionName="1.0" >
    <uses-sdk
        android:minSdkVersion="8"
        android:targetSdkVersion="17" />
    <application
        android:allowBackup="true"
        android:icon="@drawable/ic_launcher"
```

```
            android:label = "@string/app_name"
            android:theme = "@style/AppTheme" >
            <activity
                android:name = "com.example.starssearch.MainActivity"
                android:label = "@string/app_name" >
                <intent-filter >
                    <action android:name = "android.intent.action.MAIN" />
                    <category android:name = "android.intent.category.LAUNCHER" />
                </intent-filter >
            </activity >
        </application >
    </manifest >
```

通过上述的讲解，Android 系统会从 AndroidManifest. xml 中解析出 MainActivity 最先启动，并找到 com. example. starssearch. MainActivity 这个类进行启动。MainActivity 类的父类是 Activity，启动一个 Activity 时一定会首先调用 onCreate 这个方法。

```
protected void onCreate(Bundle savedInstanceState) {
    super.onCreate(savedInstanceState);
    setContentView(R.layout.activity_main);
}
```

该方法中优先调用父类（Activity 类）的 onCreate 方法，然后将 Activity 需要显示的视图与 R. layout. activity_main 这个布局文件进行绑定，这个布局文件位于工程的 res \ layout 目录中。

```
<RelativeLayout xmlns:android = "http://schemas.android.com/apk/res/android"
    xmlns:tools = "http://schemas.android.com/tools"
    android:layout_width = "match_parent"
    android:layout_height = "match_parent"
    android:paddingBottom = "@dimen/activity_vertical_margin"
    android:paddingLeft = "@dimen/activity_horizontal_margin"
    android:paddingRight = "@dimen/activity_horizontal_margin"
    android:paddingTop = "@dimen/activity_vertical_margin"
    tools:context = ".MainActivity" >
    <TextView
        android:layout_width = "wrap_content"
        android:layout_height = "wrap_content"
        android:text = "@string/hello_world" />
</RelativeLayout >
```

这个布局文件描述了一个视图显示的布局和其中的控件。

● <RelativeLayout>：说明这个视图采用相对布局，何为相对布局将在本任务的支撑知识的相对布局中讲解。

● <TextView>：在<RelativeLayout>标签下存在一个<TextView>的标签，代表相对布局中包含了一个TextView控件（用来显示文字信息的控件），其中包含以下信息：

■ android:layout_width：控件的宽度属性。

■ android:layout_height：控件的高度属性。

■ android:text：该文本控件需要显示的内容。

通过分析R. layout. activity_main这个文件就知道最先启动的Activity需要显示成什么样的，程序启动的大体流程如图2-4所示。

在AndroidManifest.xml文件中寻找含有"android.intent.action.MAIN"属性的Activity

↓

实例化该Activity，并调用它的onCreate方法

↓

根据setContentView方法的参数，加载相应的XML视图

图2-4　Android程序启动流程图

二、TextView控件

1. 简介

如图2-5所示，TextView控件常被用来显示一段文字、电话号码、URL链接、E-Mail地址，可以称之为文本控件，通过在Activity所对应的XML布局文件中添加该控件、修改其属性能够非常迅速地创建TextView控件。

Large Text

图2-5　TextView控件显示效果图

2. 重要属性

在Activity所在的XML布局文件中，可以手动修改控件的属性，每个控件属性不尽相同，需要了解不同控件最常用的属性。

（1）android:id

定义了控件的唯一标识ID，如android:id="@+id/textView1"，代表该控件的ID为"textView1"，其中"+"代表新增一个"textView1"的ID。以后也会见到这样的写法，android:id="@android:id/tabhost"，没有"+"代表控件的ID是已经存在的。"android:id/tabhost"，"android:"开头的ID代表是Android系统已经定义好的。

（2）android:layout_width

定义控件的宽度，一般可以设定为"wrap_content"或"match_parent"。

"wrap_content"代表控件的宽度根据需要显示的内容进行调整，显示的内容多则控件宽，显示的内容少则控件窄。

"match_parent"代表该控件的宽度需要扩充至其父控件的宽度。

当然有时还会看到"fill_parent"这个值，它是Android 2.2之前的属性值，Android 2.2之后已经使用"match_parent"代替了"fill_parent"，两者含义一致。

（3）android:layout_height

定义控件的高度，与layout_width使用方式类似。

（4）android:text

定义TextView的文本显示内容，可以直接指定其为某个字符串（如android:text="Hello Android"），也可以让它引用res \ value \ strings. xml字符串资源中的某个字符串（如引用名为"hello"的字符串资源，android:text="@string/hello"，此时TextView将显示"hello"

这个资源的内容)。

(5) android:textColor

定义 TextView 的文本颜色，可以通过指定红、绿、蓝三种颜色的值设定文本颜色，如 android:textColor = "#FF0B078"，其中“FF”为红色的十六进制值（十进制为 255），“0B”为绿色的十六进制值（十进制为 11），“78”为蓝色的十六进制值（十进制为 120），三种颜色用十六进制的方式指定，每种颜色的范围为 00 ~ FF（十进制范围为 0 ~ 255）。

(6) android:textSize

定义 TextView 的字体大小，如 android:textSize = "20px"，代表大小为 20 像素。

(7) android:singleLine

定义文本是否单行显示，android:singleLine = "true" 为单行显示，值为 "false" 代表不是单行显示。

(8) android:autoLink

决定是否将某些文本显示为超链接的形式，有以下的设定值。

- none：所有文字均显示为普通文本形式，没有超链接。
- web：网站 URL 链接会显示为超链接的形式，单击之后可以浏览网页。
- email：E-Mail 地址会显示为超链接的形式，单击之后可以发送邮件。
- phone：电话显示为超链接的形式，单击之后可以拨号。
- map：地图地址显示为超链接的形式。
- all：网站 URL、E-Mail、电话、地图地址的内容均显示为超链接的形式。

需要特别说明的是，所有的控件都具有 android:id、android:layout_width、android:layout_height 属性，使用方法基本一致，之后的控件不再赘述。

3. 重要方法

通过修改 XML 属性能非常迅速地设定控件的样式，有时候需要通过调用控件的方法动态地修改控件的属性，这就要求对控件常用的方法有一定的了解。

(1) public final void setText(int resid)

功能：可以设定 TextView 的显示文字为某个字符串资源。

参数：resid 为字符串资源的 ID，如 R. string. hello。

示例：

```
TextView textview = (TextView) findViewById(R. id. text);
textview. setText(R. string. hello);
```

第一行代码使用到了 findViewByID 这个方法，该方法是通过控件的 ID 获得控件的对象，这个示例中 R. id. text 是某个 TextView 控件的 ID，textview 是该 TextView 控件对象，R. string. hello 是某个字符串资源的 ID。

(2) public final void setText(CharSequence text)

功能：可以设定 TextView 的显示文字为参数给定的字符串。

参数：text 为字符串。

示例：

```
TextView textview = (TextView) findViewById(R.id.text);
textview.setText("Hello Android");
```

(3) public CharSequence getText()

功能：可以获得 TextView 控件的显示文本。

参数：无。

返回值：控件当前的显示字符串。

示例：

```
TextView textview = (TextView) findViewById(R.id.text);
String str = textview.getText().toString();
```

由于返回值为 CharSequence 类型，通过 toString 的方法将其转化为熟悉的 String 类型。

4. 使用范例

前面介绍了 TextView 控件的主要属性和方法，下面详细说明如何创建控件、设定属性及其调用方法。打开 Activity 所对应的布局文件 res \ layout \ activity_main.xml，注意两个视图，一个是图形视图（Graphical Layout），如图 2-6 所示；另一个是实际的 XML 文件视图（activity_main.xml），如图 2-7 所示。

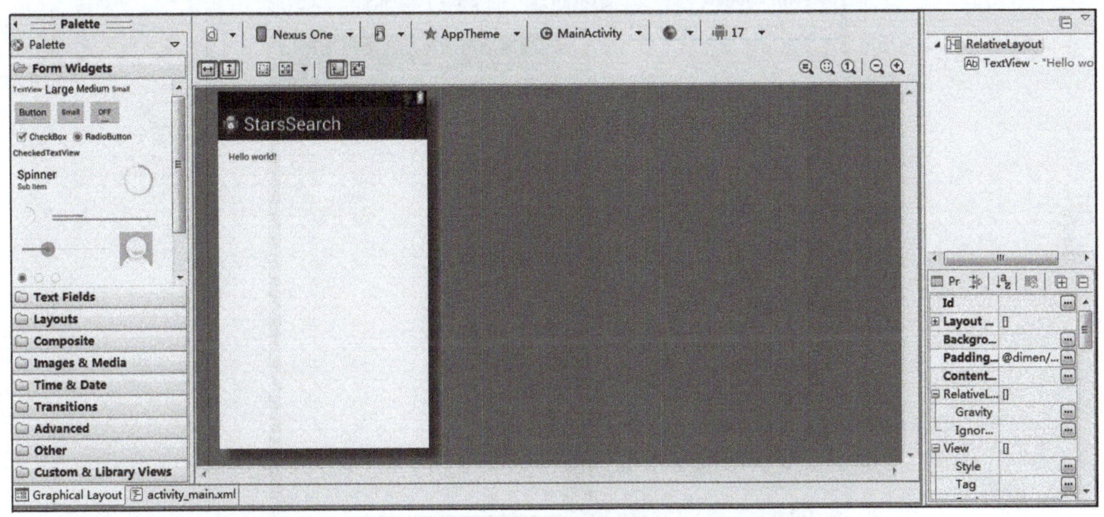

图 2-6　图形视图

首先介绍如何在图形视图中创建一个控件，如图 2-8 所示，在左侧 Palette 窗口中，单击 Form Widgets 栏，可以看到下方有多种控件，其中就有 TextView 的控件，可以通过拖动将其放到右侧的模拟器视图中。

此时再打开 XML 视图，XML 文件中已经自动添加了图 2-7 中的信息。通过拖动控件能够方便地实现控件的创建，但是有一定开发经验的人员更加习惯在 XML 文件中手动添加，这两种方式基本是等价的。

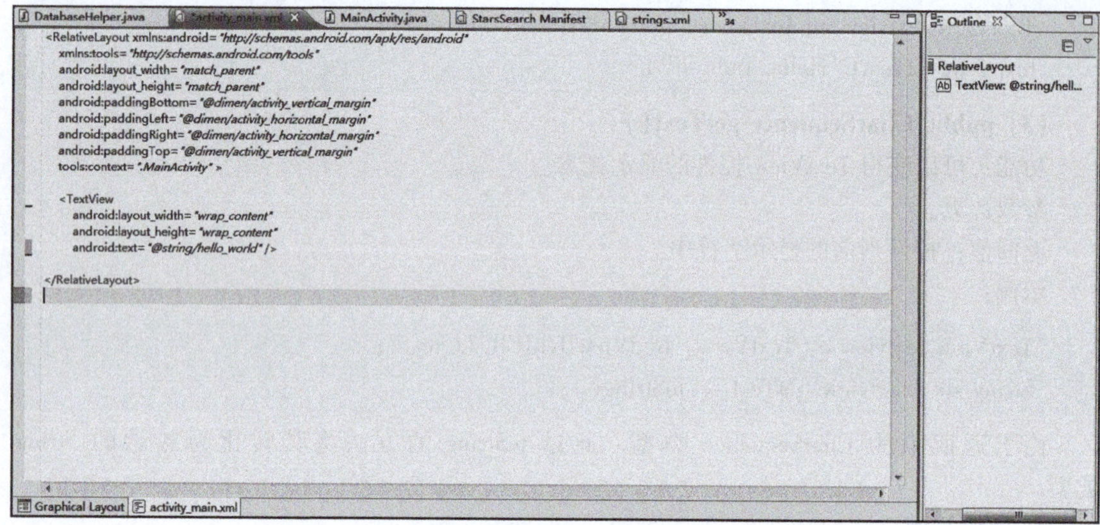

图 2-7　XML 文件视图

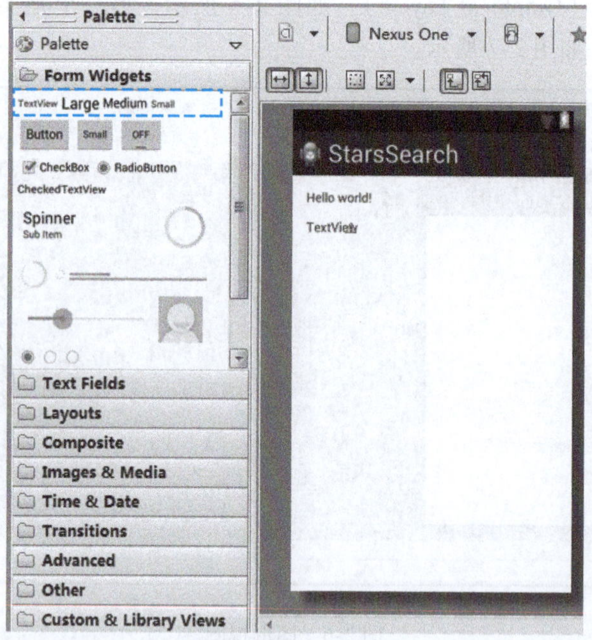

图 2-8　创建 TextView

```
<TextView
    android:id="@+id/textView1"
    android:layout_width="wrap_content"
    android:layout_height="wrap_content"
    android:layout_alignLeft="@+id/textView2"
```

```
        android:layout_below = "@ +id/textView2"
        android:layout_marginTop = "16dp"
        android:text = "TextView" />
```

完成创建后可以修改控件的属性，使其样式看上去更加美观，在图形视图的 Properties 属性窗口中可以修改各种属性，如图 2-9 就将 Text 属性修改为了“Hello Android”，这种修改属性的方法本质上还是修改了 XML 文件。

也可以通过修改 XML 文件的方式来实现属性修改，由于 XML 提供了非常好的提示功能，修改 XML 属性并不复杂。如图 2-10 所示，输入“android:”后会弹出相应的提示框。

Properties	
Id	@+id/textView1
⊞ Layout P...	[]
Text	Hello Android
Hint	
Text Color	
Text App...	?android:attr/textAppe...
Text Size	
Content ...	
⊟ TextView	[]
Text	Hello Android
Hint	
Text Col...	

图 2-9　图形视图中修改属性

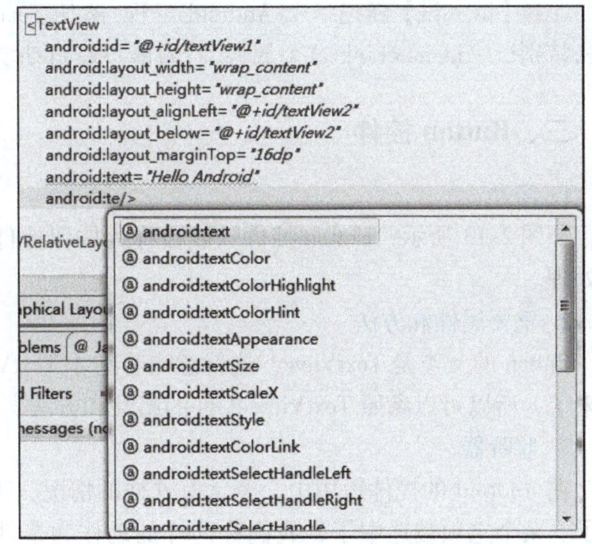

图 2-10　XML 文件视图中修改属性

利用提示框在 XML 文件中添加一个 textColor 属性（android:textColor = "#FF0000"），修改完 XML 文件后可以在图形视图中看到 TextView 显示的文字呈现红色，如图 2-11 所示。

Hello Android

图 2-11　修改属性后的 TextView

除了可以设定 XML 属性外，也可以通过调用方法来控制 TextView，在 Activity 的 OnCreate 函数中添加以下代码同样能够修改 TextView 的显示文字。

```
protected void onCreate(Bundle savedInstanceState) {
    super.onCreate(savedInstanceState);
    setContentView(R.layout.activity_main);
    TextView t = (TextView)this.findViewById(R.id.textView1);
      //根据控件的 ID 获得控件的对象
    t.setText("你好,Android");
}
```

第一行代码是根据 TextView 控件的 ID 即 R. id. textView1，通过 findViewByID 方法获得控件的对象，由于该方法是 Activity 类的方法，返回值为 View 类型，所以将其类型转换为 TextView 类型赋值给变量 t。

然后通过调用 t 的 setText 方法实现了 TextView 控件的内容设定为“你好，Android”，由于这部分代码写在 onCreate 方法中，因此在图形布局视图中是预览不到的，必须要运行程序才能看到图 2-12 所示的效果。

你好，Android

图 2-12　调用方法后程序运行效果

实际上 Android 中所有控件的创建、属性设定、方法调用都是类似的，以后其他控件不再赘述。

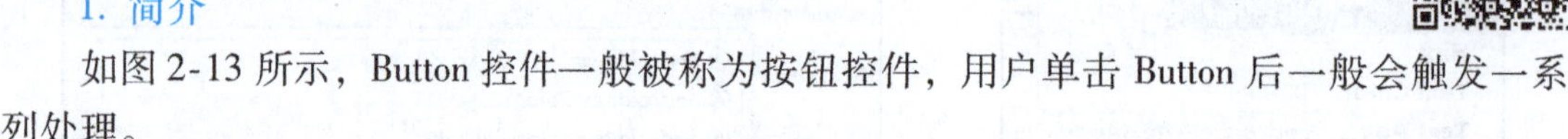
【试一试】新建一个 Android 工程，添加 TextView 控件，试试刚才讲过的属性和方法，特别试一试 autoLink 这个属性，看看能不能自动实现拨打某个手机号码的功能。

三、Button 控件

1. 简介

如图 2-13 所示，Button 控件一般被称为按钮控件，用户单击 Button 后一般会触发一系列处理。

2. 重要属性和方法

Button 的父类是 TextView，这就意味着刚才 TextView 的许多属性和方法，Button 均继承下来了，所以可以参照 TextView 控件的属性和方法。

3. 监听器

在 Android 的控件运用中，经常有这样的情况，需要监听控件发生的动作，如按钮被单击了、某个选项被选中了，我们称这样的动作为事件，一旦事件发生了，需要立即进行处理，比如计算器中就有非常多的按钮，如“=”按钮被单击后就需要进行运算。在 Android 中是通过监听器来完成对控件事件的监视处理的，一旦控件发生了某个事件，监听器就会立即做出反应，触发某段代码，如图 2-14 所示。

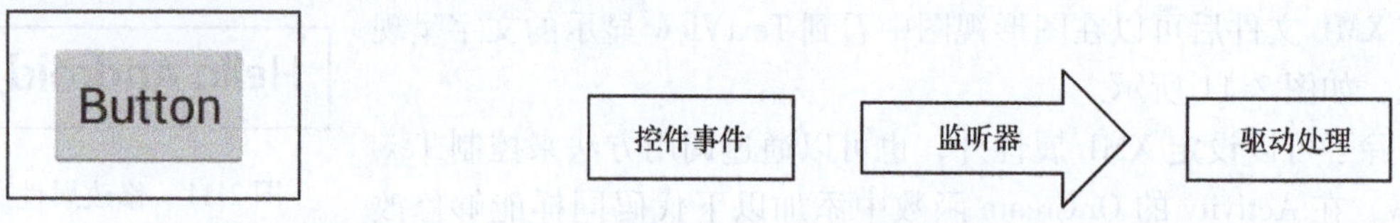

图 2-13　Button 控件显示效果图　　　　图 2-14　监听器机制

不同的控件有不同的事件，如 Button 控件，可以监听被单击的事件、被长时间按下的事件等，不同的事件对应不同的监听器，如单击监听器、长按监听器，要捕捉某个事件就一定要创建与之对应的监听器。用于设定 Button 控件的单击监听器的方法为

public void setOnClickListener（View. OnClickListener l）

功能：用于监听按钮被单击的事件。

说明：View. OnClickListener 是一个接口，抽象方法为 void onClick（View v），当按钮被单击时会触发 onClick 方法。

示例：创建监听器有多种方式，但是基本步骤都是先创建监听器，然后调用 setOnXXX-Listener 方法将该监听器与控件绑定。

方法 1：首先声明 ButtonLis 类，该类实现了 View. OnClickListener 接口，然后创建该 ButtonLis 的实例 btnlis，最后通过 setOnClickListener 方法将监听器与按钮绑定。

```
class ButtonLis implements View. OnClickListener
{
    public void onClick( View v)
    {
        // TODO Auto-generated method stub
    }
}

ButtonLis btnlis = new ButtonLis( ) ;
//设置 OnClickListener
Button button = ( Button) findViewById( R. id. button1) ;
button. setOnClickListener( btnlis ) ;
```

方法 2：重写 View. OnClickListener 接口中的 onClick 方法，并同时创建该接口的 buttonlis 监听器对象，然后通过 setOnClickListener 方法将监听器与按钮绑定。方法 2 与方法 1 的区别在于，方法 2 没有独立地声明一个类来实现 View. OnClickListener 接口，而是将实现接口和实例化对象的处理合二为一。

```
View. OnClickListener buttonlis = new View. OnClickListener( )
{
    public void onClick( View v)
    {
        // TODO Auto-generated method stub
    }
} ;

Button button = ( Button) findViewById( R. id. button1) ;
//设置 OnClickListener
button. setOnClickListener( buttonlis) ;
```

方法 3：没有独立地创建方法 2 中 buttonlis 对象，而是直接将实例化对象和设定监听器的处理合二为一。方法 3 的代码最为简洁，在后续的编码中将较多地使用该方法。

```
Button button = ( Button) findViewById( R. id. button) ;
//设置 OnClickListener
button. setOnClickListener( new View. OnClickListener( ) {
    public void onClick( View v) {
```

```
        // 处理 Button 单击事件
        }});
```

4. 使用范例

在 Activity 中创建一个 Button 按钮，初始显示的文字为“Button”。

在 MainActivity 类中声明一个 Button 的对象。

```
public class MainActivity extends Activity {
    Button b ;
…
}
```

然后在 onCreate 方法中创建单击监听器，当按钮被单击后将 Button 按钮的文本修改为“被单击了”。

```
protected void onCreate(Bundle savedInstanceState) {
    super.onCreate(savedInstanceState);
    setContentView(R.layout.activity_main);
    b = (Button)this.findViewById(R.id.button1);  //通过 Button 的 ID 获取 Button 对象
    b.setOnClickListener(new View.OnClickListener() {   //创建单击监听器
        @Override
        public void onClick(View v) {                  //实现 onClick 方法
            // TODO Auto-generated method stub
            b.setText("被单击了");                     //设定 Button 显示的文本
        }
    });
}
```

程序运行后如图 2-15 所示，原先显示“Button”，单击后显示“被单击了”。

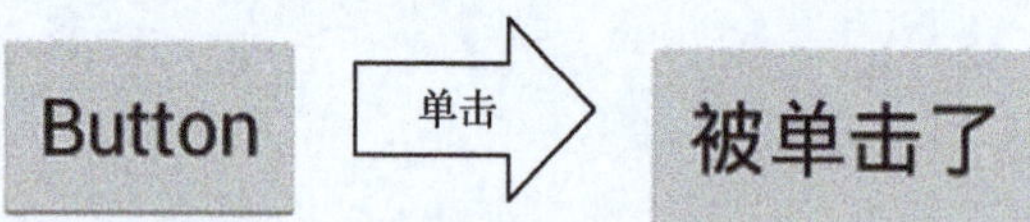

图 2-15　Button 控件运行效果图

【试一试】在工程中添加一个 Button 控件和 TextView 控件，单击 Button 按钮后将 TextView 控件的显示内容进行修改。

四、ImageView 控件

1. 简介

ImageView 控件被用来展示一幅图片，如图 2-16 所示，通过使用 ImageView 控件可以显

示照片等素材，也可以将 ImageView 做成应用美化的一部分，在 Android 中通过创建 ImageView 对象，设定其 src 属性能够方便地实现图片显示。

2. 重要属性

ImageView 控件有许多属性可以参照 TextView 控件，这里不再赘述。该控件有一个属性用于设定 ImageView 控件所显示的图片，该属性为

android:src

它用于指定 ImageView 要显示的图片，如 android:src = "@drawable/stars"，代表该控件将要显示 res\drawable 目录下 stars 这张图片。

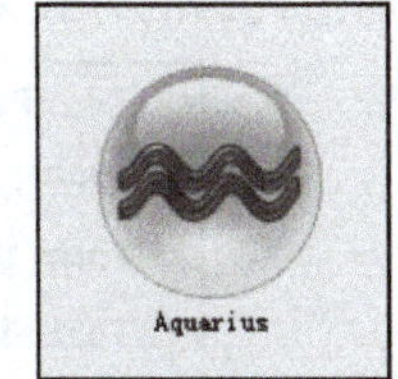

图 2-16　ImageView 控件显示效果图

3. 重要方法

通过修改 XML 属性可以设定 ImageView 默认显示的图片，但许多应用的图片是可以随着程序的运行而更新的，比如本任务的星座查询工具，用户单击【查询】按钮会根据输入的生日显示所属星座的图片，此时仅仅通过 XML 属性就不能够完成，需要调用方法才能动态地更新图片。

(1) public void setImageResource(int resId)

功能：设定 ImageView 将显示的图片。

参数：resId 为图片资源的 ID，如 R. drawable. pic。

示例：

```
ImageView img = (ImageView) this. findViewById(R. id. imageView1);
img. setImageResource(R. drawable. stars);
```

(2) public void setImageBitmap(Bitmap bm)

功能：设定 ImageView 将显示的图片。

参数：bm 为位图对象。

4. 使用范例

创建一个应用，有两个 ImageView 控件，其中一个控件显示一幅图片，而另外一个 ImageView 将等比例缩放该图片。

首先，创建第一个 ImageView 控件，创建之前需要先准备好图片，将图片直接复制到工程的 res\drawable-xxx 文件夹中，由于有很多 drawable 开头的文件夹，可以先复制到 res\drawable-hdpi 中。然后在 eclipse 里用鼠标右键单击工程，在弹出的快捷菜单中单击【Refresh(刷新)】命令，会发现工程的 res\drawable-hdpi 目录中出现了一幅图片，如图 2-17 所示，图片名为“stars. JPG”，系统会自动在 R. java 中添加一个以图片文件名为变量名的整型变量 R. drawable. stars，以后就可以通过这个 ID 来访问图片了。

有了图片资源后，可以在 activity_main. xml 的图形视图中将 ImageView 控件拖到图形布局视图上，会弹出图 2-18 所示的窗口，在窗口中选择 Project Resources 工程资源，然后在下方选择 stars 这个图片后单击【OK】按钮，这样就完成了第一个 ImageView 控件的创建。当然，如果想换一幅显示图片，可以到 XML 文件视图中编辑 android:src 属性。然

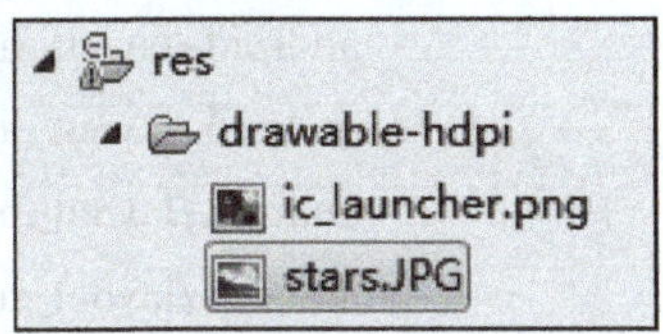

图 2-17　导入图片单击【Refresh(刷新)】命令后出现一幅图片

后接着创建第二个 ImageView 控件，同样，将一个 ImageView 控件拖动到图形布局视图上，也会弹出图 2-18 所示的窗口，此时单击该窗口下方的【Clear】按钮，不设定任何图片。下面将通过代码的方式来进行该 ImageView 的图片显示。

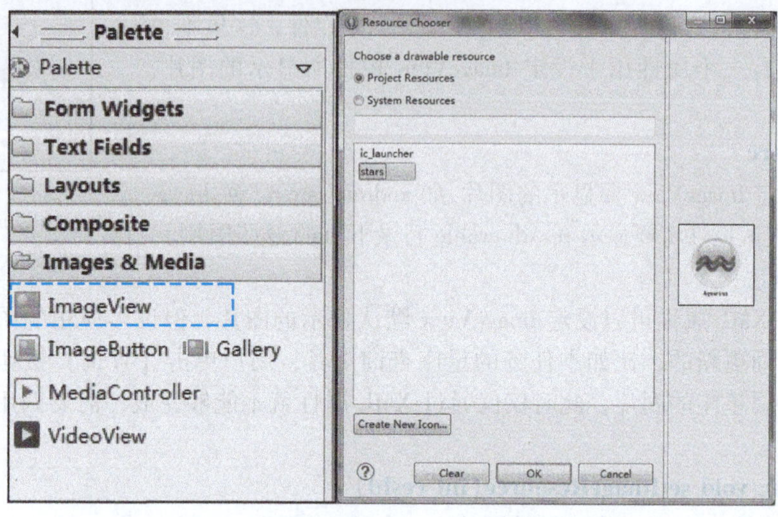

图 2-18 创建 ImageView 控件

创建完两个 ImageView 控件后，默认的 ID 应该分别为 R. id. imageView1 和 R. id. imageView2，XML 文件内容如下：

```
<RelativeLayout xmlns:android = "http://schemas.android.com/apk/res/android"
    xmlns:tools = "http://schemas.android.com/tools"
    android:layout_width = "match_parent"
    android:layout_height = "match_parent"
    android:paddingBottom = "@dimen/activity_vertical_margin"
    android:paddingLeft = "@dimen/activity_horizontal_margin"
    android:paddingRight = "@dimen/activity_horizontal_margin"
    android:paddingTop = "@dimen/activity_vertical_margin"
    tools:context = ".MainActivity" >
    <ImageView
        android:id = "@ +id/imageView1"
        android:layout_width = "wrap_content"
        android:layout_height = "wrap_content"
        android:layout_alignParentLeft = "true"
        android:layout_alignParentTop = "true"
        android:layout_marginLeft = "36dp"
        android:layout_marginTop = "20dp"
        android:src = "@drawable/stars" />
    <ImageView
```

```
        android:id = "@ +id/imageView2"
        android:layout_width = "wrap_content"
        android:layout_height = "wrap_content"
        android:layout_alignLeft = "@ +id/imageView1"
        android:layout_below = "@ +id/imageView1" / >
</RelativeLayout >
```

ImageView1 目前已经能够显示一幅图片了，而 ImageView2 需要等比例显示 ImageView1 的图片，还需要在 onCreate 方法中添加以下处理。

```
    protected void onCreate(Bundle savedInstanceState) {
        super.onCreate(savedInstanceState);
        setContentView(R.layout.activity_main);

        //从资源文件获得位图对象
        Bitmap pic = BitmapFactory.decodeResource(getResources(),R.drawable.stars);
        //查询位图的宽和高
        int w = pic.getWidth();
        int h = pic.getHeight();
        //缩放图片
        Bitmap scaled = Bitmap.createScaledBitmap(pic,200,200 * h/w,false);
        //获取 ImageView2 控件的对象
        ImageView image = (ImageView)findViewById(R.id.imageView2);
        //ImageView2 显示等比例缩放的图片
        image.setImageBitmap(scaled);
    }
```

代码中首先通过 BitmapFactory 类的 decodeResource 方法从 R. drawable. stars 资源中获取位图的信息保存在 pic 变量中，然后通过 pic 的 getWidth 和 getHeight 方法获取位图的宽度和高度。接着通过 Bitmap 类的 createScaledBitmap 方法创建一个缩放的图片 scaled，该缩放图片的宽度为 200，高度则是通过计算获得的等比例高度。最后获取 ImageView2 控件的对象 image，通过调用 setImageBitmap 方法让其显示这张缩放的图片，程序的运行效果如图 2-19 所示。

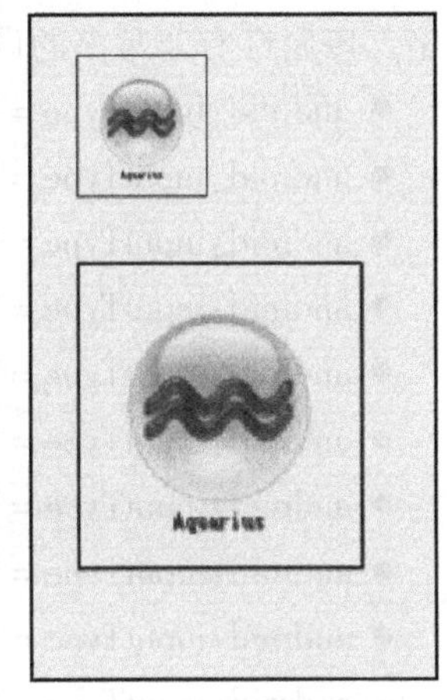

图 2-19　等比例缩放图片

【提示】图片文件名只能包含小写字母(a ~ z)、数字(0 ~ 9)、下划线(_)、点(.)这些字符，所以不能出现大写字母、中文和其他标点，否则添加图片进行刷新后 Console 窗口会出现图 2-20 所示的提示。而且图片的名称要以小写字母开头，如果以数字开头，系统自动产生资源 ID 时也会产生错误。

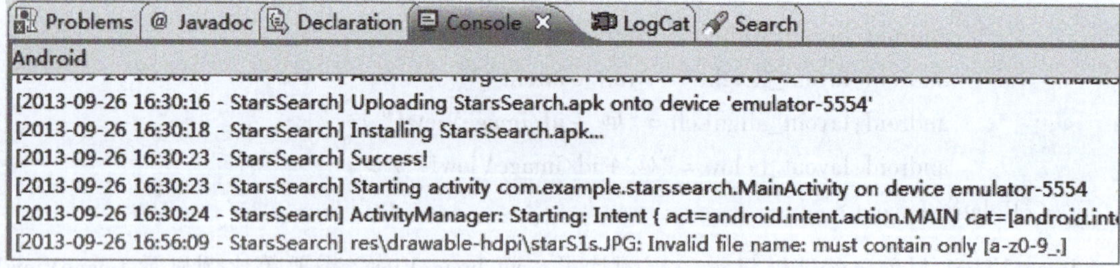

图 2-20　导入图片名称时产生的错误提示

【试一试】在工程中添加一个 ImageView 控件和 Button 按钮，单击 Button 按钮后让 ImageView 显示一张照片。

五、EditText 控件

1. 简介

EditText 是一个非常重要的控件，可以说它是用户和 Android 应用进行数据交互的窗户，有了它用户就可以输入数据，然后 Android 应用就可以得到用户输入的数据，如图 2-21 所示。EditText 是 TextView 的子类，所以 TextView 的属性和方法同样存在于 EditText 中。

hello

图 2-21　EditText 控件显示效果图

2. 重要属性

EditText 控件的多个属性也可以参照 TextView 控件，而 EditText 与 TextView 的不同之处在于 EditText 是用于用户输入数据的，下面介绍该控件的 inputType 属性：

android:inputType

这是父类 TextView 的属性，inputType 属性会影响 EditText 输入值时启动的虚拟键盘的风格，该属性有非常多的设定值，下面介绍其中常用的几项。

- android:inputType = "none"：无特别限定。
- android:inputType = "text"：输入普通字符。
- android:inputType = "textUri"：URI 格式。
- android:inputType = "textEmailAddress"：电子邮件地址格式。
- android:inputType = "textPassword"：密码格式。
- android:inputType = "number"：数字格式。
- android:inputType = "numberSigned"：有符号数字格式。
- android:inputType = "numberDecimal"：可以带小数点的浮点格式。
- android:inputType = "phone"：拨号键盘。
- android:inputType = "datetime"：日期时间键盘。
- android:inputType = "date"：日期键盘。

● android:inputType = "time"：时间键盘。

【试一试】试试 inputType 的各种值,运行后看看不同值所启动的虚拟键盘有什么不同。

3. 重要方法

EditText 控件最常用的方法就是获取用户输入的信息，下面介绍用于获取用户输入的方法 getText()。

public Editable getText()

功能：获得 EditText 控件中用户输入的信息。

返回值：内容字符串。

示例：

```
EditText t = (EditText)this.findViewById(R.id.editText1); //根据 ID 获得控件对象
String str = t.getText().toString();//获得信息后,通过 toString 将其转为 String 类型
```

4. 使用范例

创建一个应用，含有一个 EditText、一个 TextView、一个 Button。单击 Button 后，获取 EditText 的输入内容，将该输入内容显示在 TextView 控件上。

首先创建工程，并将三个控件拖放在图形布局视图上，最终的 XML 文件如下：

```
<RelativeLayout xmlns:android = "http://schemas.android.com/apk/res/android"
    xmlns:tools = "http://schemas.android.com/tools"
    android:layout_width = "match_parent"
    android:layout_height = "match_parent"
    android:paddingBottom = "@dimen/activity_vertical_margin"
    android:paddingLeft = "@dimen/activity_horizontal_margin"
    android:paddingRight = "@dimen/activity_horizontal_margin"
    android:paddingTop = "@dimen/activity_vertical_margin"
    tools:context = ".MainActivity" >
    <EditText
        android:id = "@+id/editText1"
        android:layout_width = "wrap_content"
        android:layout_height = "wrap_content"
        android:layout_alignParentLeft = "true"
        android:layout_alignParentTop = "true"
        android:layout_marginLeft = "16dp"
        android:layout_marginTop = "42dp"/>
    <Button
        android:id = "@+id/button1"
        android:layout_width = "wrap_content"
        android:layout_height = "wrap_content"
```

```
        android:layout_alignLeft = "@ +id/editText1"
        android:layout_below = "@ +id/editText1"
        android:text = "Button" />
    <TextView
        android:id = "@ +id/textView1"
        android:layout_width = "wrap_content"
        android:layout_height = "wrap_content"
        android:layout_alignLeft = "@ +id/button1"
        android:layout_below = "@ +id/button1"
        android:layout_marginTop = "30dp"
        android:text = "Large Text"
        android:textAppearance = "? android:attr/textAppearanceLarge" />
</RelativeLayout>
```

在 MainActivity 类中声明三个控件的对象：

```
public class MainActivity extends Activity {
    Button btn;
    TextView text;
    EditText edit;
    …
}
```

然后在 onCreate 方法中实现功能：

```
    protected void onCreate(Bundle savedInstanceState) {
        super.onCreate(savedInstanceState);
        setContentView(R.layout.activity_main);

        text = (TextView)this.findViewById(R.id.textView1);
        edit = (EditText)this.findViewById(R.id.editText1);
        btn = (Button)this.findViewById(R.id.button1);
        btn.setOnClickListener(new View.OnClickListener() {
            @Override
            public void onClick(View v) {
                // TODO Auto-generated method stub
                String str = edit.getText().toString();
                text.setText(str);
            }
        });
    }
```

该方法中，首先通过 findViewByID 获取三个控件的对象，然后创建 Button 的单击监听器。在 onClick 方法中通过 EditText 的 getText 方法获得用户输入的字符串并保存在 str 变量中，然后通过 TextView 的 setText 方法将 str 设定给 TextView 显示。

完成编码后运行程序，如图 2-22 所示，无论 EditText 中输入什么内容，一旦单击了 Button 按钮，TextView 的内容也会发生变化。

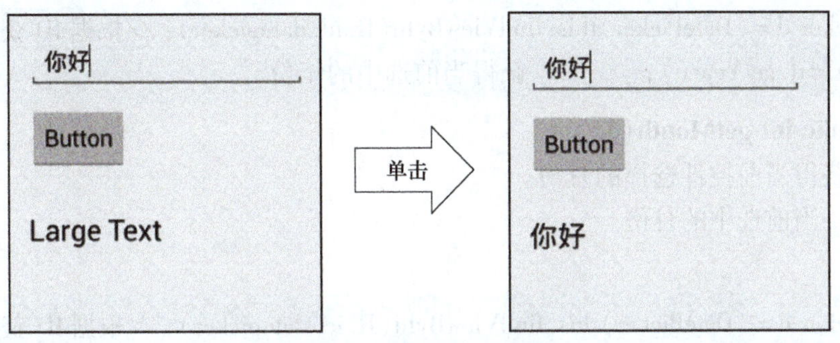

图 2-22　程序效果演示图

六、DatePicker 控件

1. 简介

DatePicker 从英文名称就可以看出来，是一个用来选择日期的控件。如图 2-23 所示，通过选择年、月、日，可以确定一个日期。该控件还提供一个监听器，用于监视用户修改日期的事件。

2. 重要属性

（1）android:startYear

定义该控件的起始年份，实际上就是该控件可以选择的最小的一年。

（2）android:endYear

定义该控件的结束年份，实际上就是该控件可以选择的最大的一年。

（3）android:calendarViewShown

定义是否显示日历，值为“true”时，该控件会显示图 2-23 所示的样式，其中含有日历；值为“false”时，控件显示图 2-24 所示的样式，不包含日历。

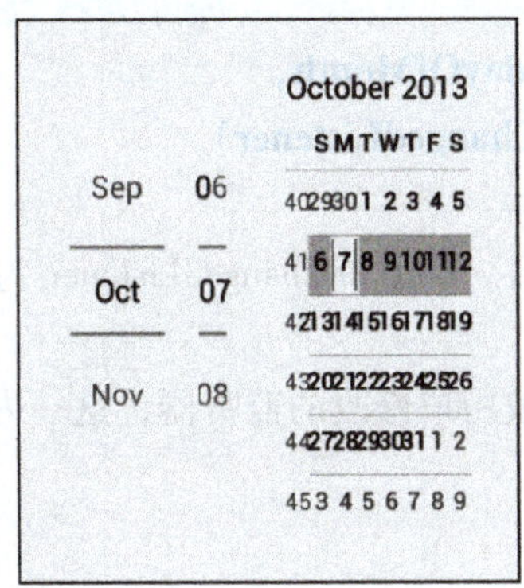

图 2-23　DatePicker 控件显示效果图

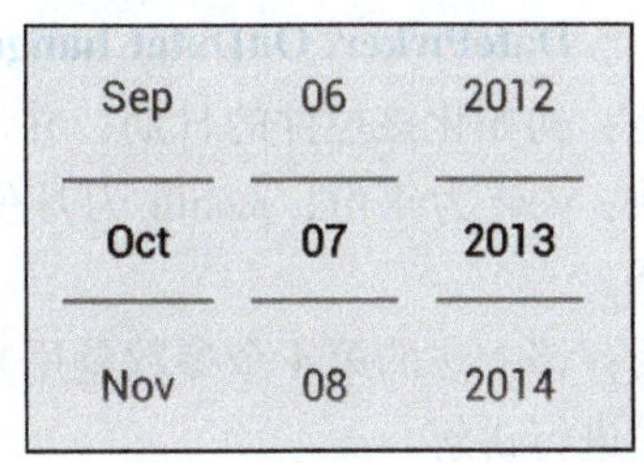

图 2-24　不包含日历的样式

3. 重要方法

（1）public int getYear( )

功能：获得当前控件选择的年份。

返回值：当前选中的年份。

示例：

```
DatePicker d = (DatePicker)this.findViewById(R.id.datepicker); //根据 ID 获得控件对象
int year = d.getYear();          //获得当前选中的年份
```

（2）public int getMonth( )

功能：获得当前控件选择的月份。

返回值：当前选中的月份。

示例：

```
DatePicker d = (DatePicker)this.findViewById(R.id.datepicker); //根据 ID 获得控件对象
int month = d.getMonth();          //获得当前选中的月份
```

（3）public int getDayOfMonth( )

功能：获得当前控件选择的日期。

返回值：当前选中的日期。

示例：

```
DatePicker d = (DatePicker)this.findViewById(R.id.datepicker); //根据 ID 获得控件对象
int day = d.getDayOfMonth();          //获得当前选中的日期
```

（4）public void updateDate(int year, int month, int dayOfMonth)

功能：设定控件所显示的年月日。

参数：year 为年份，month 为月份（取值为 0 ~ 11，代表 1 ~ 12 月份），dayOfMonth 为日。

示例：

```
DatePicker d = (DatePicker)this.findViewById(R.id.datepicker); //根据 ID 获得控件对象
d.updateDate(2013,11,1);          //设定为 2013 年 12 月 1 日
```

（5）public void init(int year, int monthOfYear, int dayOfMonth, DatePicker.OnDateChangedListener onDateChangedListener)

功能：初始化该控件的日期，并设定日期变化监听器。

参数：year 为年份，month 为月份，dayOfMonth 为日，OnDateChangedListener 为日期变化监听器。

说明：该方法的第 4 个参数是用来监听控件的日期被用户修改的监听器，这一内容将在监听器中进行讲解。

4. 监听器

前面介绍了 Button 控件的单击监听器，DatePicker 是一个给用户选择日期的控件，当用户选择了日期，也就是控件上日期被修改的时候，需要及时进行处理，所以 DatePicker 控件

提供了一个日期变化的监听器，该监听器为

DatePicker. OnDateChangedListener

功能：用于监听该控件所显示日期被修改的事件。

说明：DatePicker. OnDateChangedListener 是一个接口，抽象方法为 onDateChanged (DatePicker view, int year, int monthOfYear, int dayOfMonth)，这个抽象方法的四个参数有各自的含义，view 代表用户操作的那个 DatePicker 控件的对象，year 为当前选择的年份，monthOfYear 为当前选择的月份，dayOfMonth 为当前选择的日。

示例：与 Button 按钮的单击监听器设定方法不同的是，该控件的监听器是在 init 方法中一起设定的，所以需要一同指定年月日。

```
DatePickerdatePicker = (DatePicker)findViewById(R. id. datepicker);//获得控件的对象
//初始化控件的年月日(2013 年 10 月 1 日),并设定日期变化监听器
//当用户修改日期时 onDateChanged()被调用
datePicker. init(2013,10,1,new DatePicker. OnDateChangedListener()
{
    public void onDateChanged(DatePicker view,int year,
    int monthOfYear,int dayOfMonth)
        {
        //填写日期被修改后的处理
        }
});
```

5. 使用范例

下面将介绍另外一个与时间有关的控件 TimePicker，之后一起进行范例的练习。

七、TimePicker 控件

1. 简介

DatePicker 控件是用来选择日期的，TimePicker 控件则是用来选择时间的，两者常常配合起来使用。TimePicker 也提供一个监听器，可以监视用户修改时间的事件，如图 2-25 所示。

2	51	AM
3 :	52	PM
4	53	

图 2-25　TimePicker 控件显示效果图

2. 重要方法

(1) public Integer getCurrentHour()

功能：获得当前控件选择的小时。

返回值：当前选中的小时。

示例：

```
TimePickert = (TimePicker) this. findViewById(R. id. timepicker); //根据 ID 获得控件
                                                                   对象
int hour = t. getCurrentHour();          //获得当前选中的小时
```

（2）public Integer getCurrentMinute( )

功能：获得当前控件选择的分钟。

返回值：当前选中的分钟。

示例：

```
TimePicker t = (TimePicker)this.findViewById(R.id.timepicker); //根据 ID 获得控件对象
int min = t.getCurrentMinute( );          //获得当前选中的分钟
```

（3）public void setCurrentHour（Integer currentHour）

功能：设定当前控件显示的小时。

参数：currentHour 为需要设定的小时。

示例：

```
TimePicker t = (TimePicker)this.findViewById(R.id.timepicker); //根据 ID 获得控件对象
t.setCurrentHour(9);//获得当前显示的小时为 9
```

（4）public void setCurrentMinute(Integer currentMinute)

功能：设定当前控件显示的分钟。

参数：currentMinute 为需要设定的分钟。

示例：

```
TimePicker t = (TimePicker)this.findViewById(R.id.timepicker); //根据 ID 获得控件对象
t.setCurrentMinute(59);//获得当前分钟为 59 分
```

（5）public void setIs24HourView(Boolean is24HourView)

功能：设定控件是否采用 24 小时制来显示。

返回值：false 代表使用 12 小时制，如图 2-25 所示，会有一个 AM（上午）和 PM（下午）的选项。true 代表采用 24 小时制，则没有 AM 和 PM 的选项，如图 2-26 所示。

示例：

```
TimePicker t = (TimePicker)this.findViewById(R.id.timepicker); //根据 ID 获得控件对象
t.setIs24HourView(true);          //控件采用 24 小时制
```

3. 监听器

和 DatePicker 类似，TimePicker 是给用户选择时间的，意味着经常需要监听用户修改时间的事件，所以该控件也提供了一个时间变化监听器，设定该监听器的方法为

public void setOnTimeChangedListener(
TimePicker.OnTimeChangedListener onTimeChangedListener)

22	57
23	58
00	59

图 2-26　24 小时制的 TimePicker 控件

功能：用于监听该控件所显示时间被修改的事件，使用 TimePicker 类的 setOnTimeChangedListener( ) 方法设定监听器。

说明：TimePicker.OnTimeChangedListener 是一个接口，抽象方法为 onTimeChanged(TimePicker view, int hourOfDay, int minute)，这个抽象方法的三个参数的含义为：view 代表用户操作的那个 TimePicker 控件的对象，hourOfDay 为当前选择的小时，minute 为当前选择的分钟。

示例：与 DatePicker 不同的是，TimePicker 可以直接通过 setOnTimeChangedListener 方法设定监听器，而不需要同时进行时间的初始化。

```
TimePickertimePicker = (TimePicker)findViewById(R.id.timepicker);//获得控件的对象
//当用户修改时间时 OnTime Changed()被调用
timePicker.setOnTimeChangedListener(new TimePicker.OnTimeChangedListener(){
public void onTimeChanged(TimePicker view,int hourOfDay,int minute){
    //填写时间被修改后的处理
    }
});
```

4. 使用范例

下面将创建一个 Android 应用，由 DatePicker、TimePicker、TextView 控件组成。运行程序后 DatePicker 显示系统当前的年月日，TimePicker 显示系统当前的时间，TextView 则通过文字的方式显示 DatePicker 和 TimePicker 当前所表示的年月日时分。当用户修改了 DatePicker 和 TimePicker 后，TextView 控件也会立即更新显示。

创建 Android 工程，含有一个 MainActivity，该 Activity 的 XML 布局文件如下，从上向下包含 TextView、DatePicker、TimePicker 三个控件：

```
<RelativeLayout xmlns:android="http://schemas.android.com/apk/res/android"
    xmlns:tools="http://schemas.android.com/tools"
    android:layout_width="match_parent"
    android:layout_height="match_parent"
    android:paddingBottom="@dimen/activity_vertical_margin"
    android:paddingLeft="@dimen/activity_horizontal_margin"
    android:paddingRight="@dimen/activity_horizontal_margin"
    android:paddingTop="@dimen/activity_vertical_margin"
    tools:context=".MainActivity" >
    <TextView
        android:id="@+id/textView1"
        android:layout_width="wrap_content"
        android:layout_height="wrap_content"
        android:layout_alignParentLeft="true"
        android:layout_alignParentTop="true"
        android:text="Large Text"
        android:textAppearance="?android:attr/textAppearanceLarge" />
    <DatePicker
        android:id="@+id/datePicker1"
        android:layout_width="wrap_content"
        android:layout_height="wrap_content"
        android:layout_alignLeft="@+id/textView1"
```

```
        android:layout_below = "@ +id/textView1"
        android:calendarViewShown = "false"/>
    <TimePicker
        android:id = "@ +id/timePicker1"
        android:layout_width = "wrap_content"
        android:layout_height = "wrap_content"
        android:layout_alignLeft = "@ +id/datePicker1"
        android:layout_below = "@ +id/datePicker1" />
</RelativeLayout>
```

在 MainActivity 类中为 3 个控件声明变量：

```
public class MainActivity extends Activity {
    DatePicker datePicker;
    TimePicker timePicker;
    TextView textView;}
```

由于程序一运行就要显示当前的年月日，所以在 MainActivity 类的 onCreate 方法中添加日期的初始化代码，在获取了当前年月日和时间后，对 DatePicker 和 TimePicker 进行设定。由于 TextView 也需要同步更新，所以调用了一个自定义的 updateTextView 方法。特别需要注意的是，为了在用户修改了 DatePicker 和 TimePicker 时，能够及时更新 TextView 的显示，在 DatePicker 和 TimerPicker 的监听器中调用了 updateTextView 方法。

```
@Override
protected void onCreate(Bundle savedInstanceState) {
    super.onCreate(savedInstanceState);
    setContentView(R.layout.activity_main);
    //获得控件的对象
    timePicker = (TimePicker)findViewById(R.id.timePicker1);
    datePicker = (DatePicker)findViewById(R.id.datePicker1);
    textView = (TextView)findViewById(R.id.textView1);

    Calendar calendar = Calendar.getInstance();             //获取系统的日历
    int year = calendar.get(Calendar.YEAR);                 //根据日历获取当前的年份
    int month = calendar.get(Calendar.MONTH);               //根据日历获取当前的月份
    int day = calendar.get(Calendar.DAY_OF_MONTH); //根据日历获取当前的日
    Time t = new Time();
    t.setToNow();                                           //获取当前时间

    //初始化 DatePicker 控件的年月日,并设定监听器
    datePicker.init(year,month,day,new DatePicker.OnDateChangedListener()
```

```
{
    public void onDateChanged(DatePicker view,int year,
    int monthOfYear,int dayOfMonth) {
        //当用户设定了日期后,同步更新 TextView 控件的显示
        updateTextView();
    }
});

//设定 TimePicker 控件的小时和分钟
timePicker.setCurrentHour(t.hour);
timePicker.setCurrentMinute(t.minute);
//设定时间发生变化的监听器
timePicker.setOnTimeChangedListener(new TimePicker.OnTimeChangedListener() {
    public void onTimeChanged(TimePicker view,int hourOfDay,int minute) {
        //当用户设定了时间后,同步更新 TextView 控件的显示
        updateTextView();
    }
});
updateTextView();
}
```

updateTextView 的方法实际上非常简单，就是获取当前 DatePicker 和 TimePicker 所选择的日期和时间，然后通过字符串的处理后，显示在 TextView 控件上。

```
public void updateTextView() {
    int year = datePicker.getYear();
    int month = datePicker.getMonth() + 1;
    int day = datePicker.getDayOfMonth();
    int hour = timePicker.getCurrentHour();
    int minute = timePicker.getCurrentMinute();
    String str = Integer.toString(year) + "/" + Integer.toString(month) + "/" + Inte-
            ger.toString(day) + "    " + Integer.toString(hour) + ":" + Inte-
            ger.toString(minute);

    textView.setText(str);
}
```

如图 2-27 所示，程序一运行就会出现当前的日期和时间，当用户修改了日期或时间后，TextView 控件也会及时更新显示。注意：该应用没有实现监视系统时间的功能，所以当系统时间发生变化时，控件不会显示最新的时间。

八、布局

学习了多种控件后，如何将这些控件美观地排放，就需要用到布局。有人将布局比喻为建筑里的框架，把控件比喻为建筑里的砖瓦。控件要按照布局的要求依次排列，组成了用户所看见的界面。Android 的五大布局分别是 FrameLayout（框架布局）、LinearLayout（线性布局）、AbsoluteLayout（绝对布局）、RelativeLayout（相对布局）和 TableLayout（表格布局）。

2013/10/7 16:37

Sep	06	2012
Oct	07	2013
Nov	08	2014

3	36	AM
4	37	PM
5	38	

图 2-27 时间显示程序的运行效果

1. FrameLayout（框架布局）

FrameLayout 是最简单的一个布局，在这个布局中，整个界面被当成一块空白区域，所有的子元素都不能被指定位置，它们都放置在该区域的左上角，并且后面的子元素直接覆盖在前面的子元素之上，将前面的子元素部分或全部遮挡。

```
<FrameLayout xmlns:android = "http://schemas.android.com/apk/res/android"
    xmlns:tools = "http://schemas.android.com/tools"
    android:id = "@ +id/FrameLayout1"
    android:layout_width = "match_parent"
    android:layout_height = "match_parent"
    tools:context = ".MainActivity" >
    <Button
        android:id = "@ +id/button1"
        android:layout_width = "212dp"
        android:layout_height = "117dp"
        android:text = "Button1" />
    <Button
        android:id = "@ +id/button2"
        style = "?android:attr/buttonStyleSmall"
        android:layout_width = "wrap_content"
        android:layout_height = "wrap_content"
        android:text = "Button2" />
</FrameLayout>
```

如图 2-28 所示，框架布局内有两个控件分别是 Button1 和 Button2，Button1 声明在前，而 Button2 声明在后，后面的 Button2 会覆盖 Button1 的部分区域。

2. LinearLayout（线性布局）

LinearLayout 按照一定方向线性地排列子元素，每一个子元素都位于前一个元素之后，线性布局有两个方向即垂直或者水平。用来控制线性布局方向的是 android:orientation 属性，

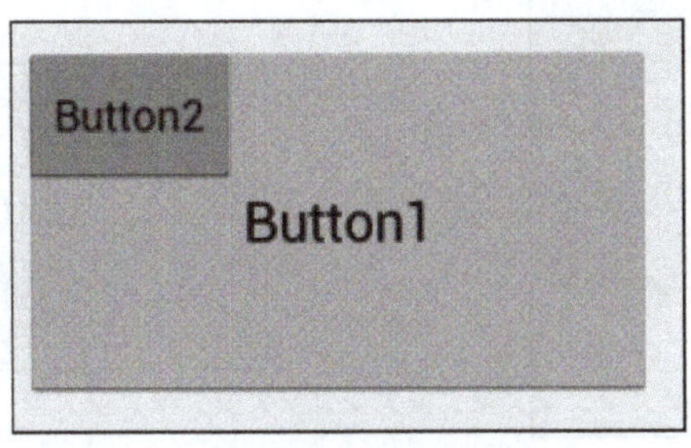

图 2-28　框架布局

其值为：horizontal 代表水平，vertical 代表垂直。

```
<LinearLayout xmlns:android="http://schemas.android.com/apk/res/android"
    xmlns:tools="http://schemas.android.com/tools"
    android:id="@+id/LinearLayout1"
    android:layout_width="match_parent"
    android:layout_height="match_parent"
    android:orientation="vertical"
    tools:context=".MainActivity" >
     <Button
         android:id="@+id/button1"
         android:layout_width="212dp"
         android:layout_height="117dp"
         android:text="Button1" />
     <Button
         android:id="@+id/button2"
         style="?android:attr/buttonStyleSmall"
         android:layout_width="wrap_content"
         android:layout_height="wrap_content"
         android:text="Button2" />
</LinearLayout>
```

上面的 XML 布局就是垂直方向的线性布局，所有控件从上向下排列互不遮挡，如图 2-29 所示，Button1 和 Button2 从上到下依次排开。

如果将刚才的 XML 文件中线性布局的 android:orientation 属性修改为 “horizontal”，马上就变为了水平线性布局，运行后显示效果如图 2-30 所示。

3. AbsoluteLayout（绝对布局）

绝对布局中子元素的位置，由子元素的 android:layout_x 和 android:layout_y 属性决定。如图 2-31 所示，屏幕左上角为坐标原点（0，0），第一个 0 代表 x 坐标，向右移动此值增大，第二个 0 代表 y 坐标，向下移动此值增大。在此布局中的子元素可以相互重叠。在绝对布局中，控件可以任意摆放位置。

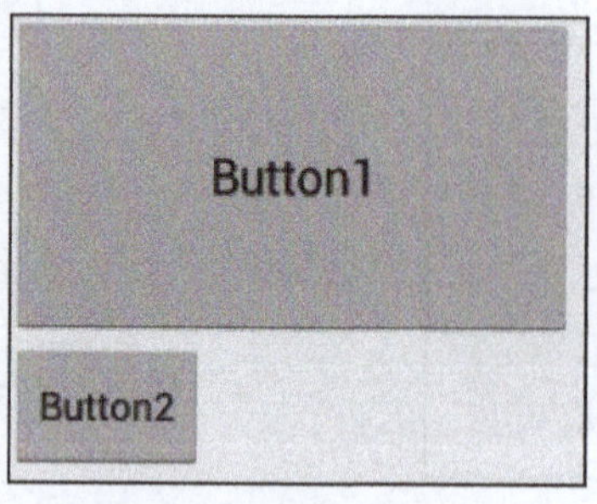

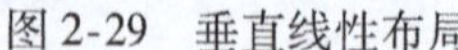

图 2-29　垂直线性布局

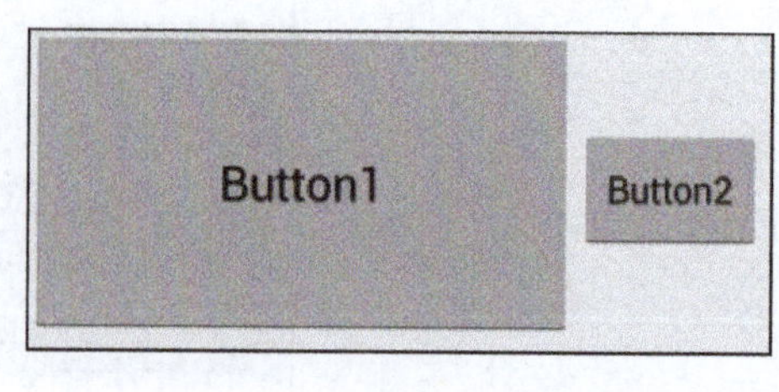

图 2-30　水平线性布局

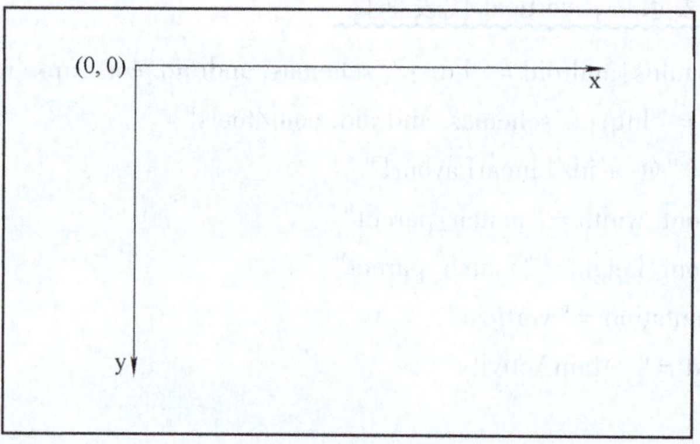

图 2-31　Android 布局的坐标系

```
<AbsoluteLayout xmlns:android="http://schemas.android.com/apk/res/android"
    xmlns:tools="http://schemas.android.com/tools"
    android:id="@+id/AbsoluteLayout1"
    android:layout_width="match_parent"
    android:layout_height="match_parent"
    tools:context=".MainActivity" >
    <Button
        android:id="@+id/button1"
        android:layout_width="212dp"
        android:layout_height="117dp"
        android:text="Button1" />
    <Button
        android:id="@+id/button2"
        android:layout_width="wrap_content"
        android:layout_height="wrap_content"
        android:layout_x="220dp"
        android:layout_y="84dp"
```

```
        android:text = "Button2" />
</AbsoluteLayout>
```

上面的 XML 文件就是一个绝对布局，该布局中有 Button1 和 Button2 两个控件，两个控件之间没有任何联系，而是通过 android:layout_x 和 android:layout_y 指定其位置，需要说明的是 Button1 控件没有这两个属性，那么意味着它处于坐标系的原点，也就是屏幕的左上角位置，如图 2-32 所示。

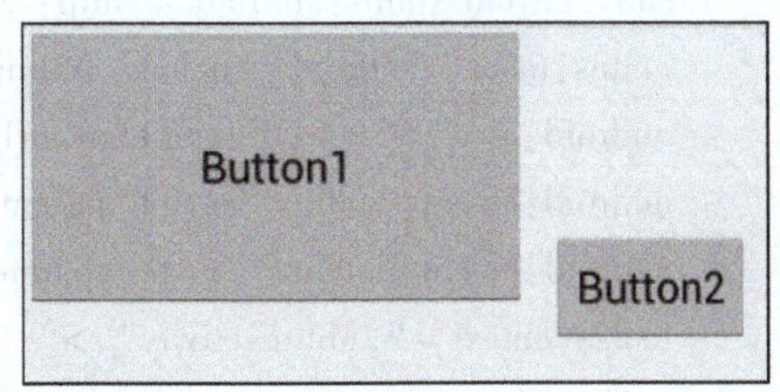

图 2-32 绝对布局

【提示】使用绝对布局看似可以任意放置控件的位置，非常简单方便，但是由于 Android 终端屏幕尺寸千差万别，如果指定某个控件位于绝对位置，很可能在屏幕较小的终端上看不到该控件而影响用户的使用感受，所以在实际开发中，通常不采用绝对布局。

4. RelativeLayout（相对布局）

相对布局按照各子元素之间的相对关系来控制元素位置。为了控制子元素之间的相互关系，该布局提供了非常多的位置属性，可以在某个控件设定这些属性，从而控制该控件的相对位置。

- 与引用控件的位置关系，该属性的值是所引用的控件 ID。
  - android:layout_toLeftOf：该控件位于引用控件的左方，如 android:layout_toLeftOf = "@id/text_01"，代表的是该控件将位于 text_01 控件的左侧。
  - android:layout_toRightOf：该控件位于引用控件的右方。
  - android:layout_above：该控件位于引用控件的上方。
  - android:layout_below：该控件位于引用控件的下方。
- 与引用控件的对齐关系，该属性的值是所引用的控件 ID。
  - android:layout_alignLeft：该控件与引用控件左侧对齐，如 android:layout_alignLeft = "@id/text_01"，代表的是该控件将与 text_01 控件的左侧对齐。
  - android:layout_alignRight：该控件与引用控件右侧对齐。
  - android:layout_alignTop：该控件与引用控件上方对齐。
  - android:layout_alignBottom：该控件与引用控件下方对齐。
  - android:layout_alignBaseline：该控件与引用控件基线对齐。
- 与父控件的位置关系，该属性的值为 true 和 false。
  - android:layout_alignParentLeft：该控件与父控件左侧对齐，如 android:layout_alignParentLeft = ” true” 代表的是该控件将与父控件左侧对齐。
  - android:layout_alignParentRight：该控件与父控件右侧对齐。
  - android:layout_alignParentTop：该控件与父控件上方对齐。
  - android:layout_alignParentBottom：该控件与父控件下方对齐。
  - android:layout_centerInParent：该控件是否相对于父控件居中。

■ android:layout_centerHorizontal：该控件是否横向居中。

■ android:layout_centerVertical：该控件是否垂直居中。

```
<RelativeLayout xmlns:android = "http://schemas.android.com/apk/res/android"
    xmlns:tools = "http://schemas.android.com/tools"
    android:id = "@ +id/RelativeLayout1"
    android:layout_width = "match_parent"
    android:layout_height = "match_parent"
    tools:context = ".MainActivity"  >
    <TextView
        android:id = "@ +id/label"
        android:layout_width = "fill_parent"
        android:layout_height = "wrap_content"
        android:text = "请输入信息" />
    <EditText
        android:id = "@ +id/entry"
        android:layout_width = "fill_parent"
        android:layout_height = "wrap_content"
        android:layout_below = "@id/label" />
    <Button
        android:id = "@ +id/ok"
        android:layout_width = "wrap_content"
        android:layout_height = "wrap_content"
        android:layout_alignParentRight = "true"
        android:layout_below = "@id/entry"
        android:layout_marginLeft = "10dip"
        android:text = "OK" />
    <Button
        android:layout_width = "wrap_content"
        android:layout_height = "wrap_content"
        android:layout_alignTop = "@id/ok"
        android:layout_toLeftOf = "@id/ok"
        android:text = "Cancel" />
</RelativeLayout>
```

上面的 XML 中，TextView 控件没有设定任何布局属性，所以默认显示在布局的左上角；EditText 控件的 layout_below 属性表示它位于 TextView 控件的下方；而【OK】按钮的 layout_below 属性表示它位于 EditText 控件的下方，android:layout_marginLeft 属性说明它与左边有 10dip（dip:device independent plxels，设备独立像素）的间距，android:layout_alignParent-Right 属性说明它与布局的右侧对齐，所以能够看到它靠右显示；【Cancel】按钮的 layout_

alignTop 属性代表它与【OK】按钮的顶部齐平，layout_toLeftOf 属性代表它位于【OK】按钮的左侧，最终的显示效果如图 2-33 所示。

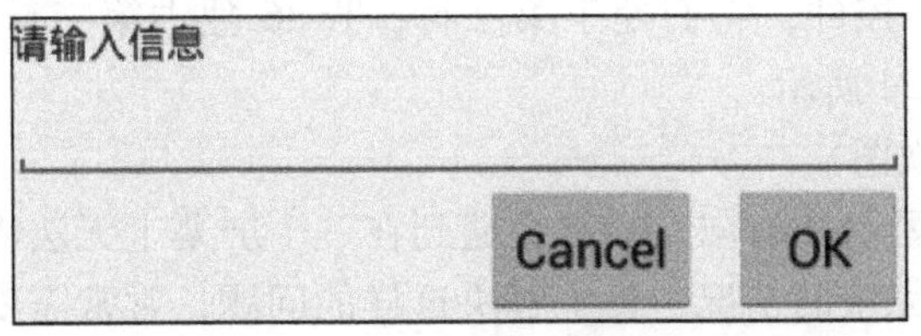

图 2-33　相对布局

【提示】RelativeLayout 是 Android 五大布局结构中最灵活的一种布局结构，比较适合一些复杂界面的布局。

5. TableLayout(表格布局)

表格布局实际上就是使用表格的方式显示子元素，该布局中可以包含多行，每行又可以包含多列。TableRow 代表一行，每行包含一个或者多个子元素。TableRow 是 LinearLayout 的子类，它的 android:orientation 属性值恒为 horizontal，所以 TableRow 中的子元素都是横向排列。并且 TableRow 的 android:layout_width 和 android:layout_height 属性值恒为 "match_parent" 和 "wrap_content"，所以TableRow 的宽度永远填充父容器，而高度取决于其子元素的高度，这样的设计使得每个 TableRow 里的子元素都相当于表格中的单元格一样。

```
<TableLayout xmlns:android = "http://schemas.android.com/apk/res/android"
    xmlns:tools = "http://schemas.android.com/tools"
    android:id = "@ +id/TableLayout1"
    android:layout_width = "match_parent"
    android:layout_height = "match_parent"
    tools:context = ".MainActivity" >
    <TableRow >
        <TextView android:text = "Text1" / >
        <TextView android:text = "Text2" / >
        <TextView android:text = "Text3" / >
    </TableRow >

    <TableRow >
        <TextView android:text = "Text4" / >
        <TextView android:text = "Text5" / >
    </TableRow >

    <TextView android:text = "Text6" / >
</TableLayout >
```

上面的 XML 中，表格布局含有两个 TableRow 和一个 Text6，它们从上到下依次排开。而第一个 TableRow 含有 Text1、Text2、Text3 三个控件，它们处于第一行；第二个 TableRow 含有 Text4 和 Text5 两个控件，它们处于第二行；Text6 独占第三行，最终的显示效果如图 2-34 所示。

Text1Text2Text3
Text4Text5
Text6

图 2-34 表格布局

6. ScrollView（滚动视图）

由于移动终端的屏幕尺寸有限，经常会遇到在一个屏幕上无法将所有的控件或信息显示完整的情况，为了解决这样的问题，常常需要通过滚动视图来实现。

ScrollView 的父类是 FrameLayout，它拥有 FrameLayout 的特性，另外当 ScrollView 中拥有很多内容，屏幕无法显示完整时，会通过滚动条进行显示。特别需要注意的是，ScrollView 只支持垂直滚动。较常用的方法是在 ScrollView 中放置一个垂直方向的 LinearLayout，然后在 LinearLayout 中放置控件，这样当控件较多时会自动出现垂直方向的滚动条。

```
<ScrollView xmlns:android="http://schemas.android.com/apk/res/android"
    xmlns:tools="http://schemas.android.com/tools"
    android:id="@+id/ScrollView1"
    android:layout_width="match_parent"
    android:layout_height="match_parent"
    tools:context=".MainActivity" >
    <LinearLayout
        android:layout_width="match_parent"
        android:layout_height="match_parent"
        android:orientation="vertical" >
    <TextView
        android:id="@+id/textView1"
        android:layout_width="wrap_content"
        android:layout_height="wrap_content"
        android:text="Large Text"/>
    <Button
        android:id="@+id/button1"
        android:layout_width="match_parent"
        android:layout_height="137dp"
        android:text="Button" />
    <TimePicker
        android:id="@+id/timePicker1"
        android:layout_width="wrap_content"
        android:layout_height="wrap_content" />
    <ImageView
        android:id="@+id/imageView1"
```

```
            android:layout_width = "wrap_content"
            android:layout_height = "wrap_content"
            android:src = "@drawable/ic_launcher" />
        <Button
            android:id = "@+id/button2"
            android:layout_width = "match_parent"
            android:layout_height = "101dp"
            android:text = "Button" />
    </LinearLayout>
</ScrollView>
```

上面的XML中，首先是一个ScrollView，ScrollView下是一个垂直的线性布局，在线性布局中又放置了大量的控件，依次是TextView、Button、TimePicker、ImageView、Button。由于控件过多，屏幕无法全部显示，如图2-35所示，最后一个Button仅显示了一部分，通过滚动后可以看到最后一个Button。

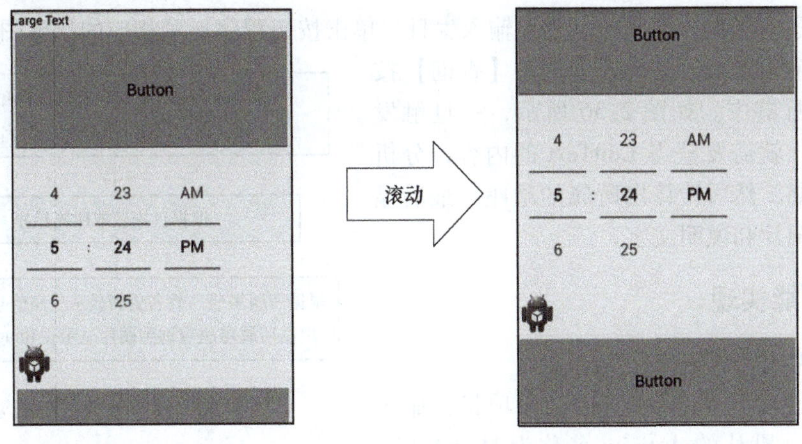

图2-35　滚动视图

【提示】ScrollView只能支持垂直方向的滚动条，如果界面在水平方向需要支持滚动的话，可以使用HorizontalScrollView。

任务实施

下面将利用已经具备的知识来完成星座查询工具，首先进行总体分析，了解程序的功能和结构，然后进行界面设计和功能编码。

一、总体分析

Android星座查询工具界面已经介绍过，从上至下依次是日期输入框、查询按钮、星座图片、星座说明文字，分别对应的控件是 EditText（输入框）、Button（按钮）、ImageView（图片）、TextView（文字），这 4 个控件按照从上到下的顺序排列，与前面介绍的纵向线性布局相一致。

考虑到有 12 星座，因此还需要准备一些素材：12 幅星座的图片以及 12 星座的描述，这些素材在网上都不难找到，可以先准备好。有了图片素材之后，就可以根据表 2-1 所示的对应关系，将日期范围与星座对应上了。

表 2-1 星座日期对应表

星　座	日期范围	星　座	日期范围
水瓶座	1 月 20 日 ~2 月 18 日	狮子座	7 月 23 日 ~8 月 22 日
双鱼座	2 月 19 日 ~3 月 20 日	处女座	8 月 23 日 ~9 月 22 日
白羊座	3 月 21 日 ~4 月 19 日	天秤座	9 月 23 日 ~10 月 23 日
金牛座	4 月 20 日 ~5 月 20 日	天蝎座	10 月 24 日 ~11 月 22 日
双子座	5 月 21 日 ~6 月 21 日	射手座	11 月 23 日 ~12 月 21 日
巨蟹座	6 月 22 日 ~7 月 22 日	摩羯座	12 月 22 日 ~1 月 19 日

整个程序的逻辑并不复杂，用户输入生日，单击按钮程序显示相应的星座图片和说明文字，所以整个程序最核心的处理就在【查询】按钮的单击监听器中。如图 2-36 所示，一旦触发了单击事件，就需要获得 EditText 的内容，分析出月份和日期，然后计算出所属的星座，最后显示该星座的图片和说明文字。

从 DatePicker 中获取选择月份和日期
从 EditText 中获取用户姓名
↓
根据日期获取所属星座
↓
根据所属星座、姓名更新显示星座信息 TextView
根据所属星座查询到图片显示在 ImageView 上

图 2-36 程序处理流程概要图

二、功能实现

1. 创建项目

首先创建一个 Android 应用程序项目，命名为 StarSearch，默认的 Activity 名称为 MainActivity，其对应的 XML 布局文件为 res \ layout \ activity_main. xml，创建 Android 项目的方法可以参考任务一中的内容。

2. 导入资源

下面要将准备的 12 幅星座图片导入到工程的 res \ drawable 目录中，首先说明 12 幅星座图片的分布。

- 白羊座：aries。
- 金牛座：taurus。
- 双子座：gemini。
- 巨蟹座：cancer。
- 狮子座：leo。
- 处女座：virgo。
- 天秤座：libra。
- 天蝎座：scorpio。

● 射手座：sagittarius。
● 摩羯座：capricornus。
● 水瓶座：aquarius。
● 双鱼座：pisces。

每幅图片均以星座的英文名称命名，而且都是小写英文字母，将这些图片复制到工程文件夹下的 res \ drawable-hdpi 目录中，然后刷新，在 Ecplise 工程中应该能看到相应的图片资源，如图 2-37 所示。

完成了图片导入后，系统会自动为这 12 幅图片生成 ID，如图 2-38 所示，它们的 ID 为 R. drawable. xxx，其中“xxx”代表图片的名称，后续编码中就可以直接通过 ID 来使用这些图片了。

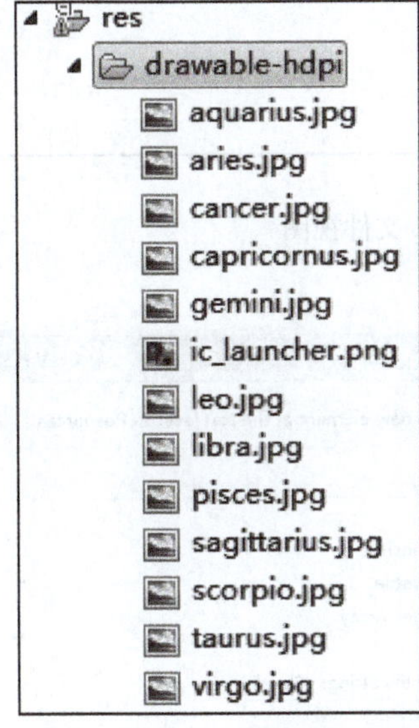

图 2-37　导入后的图片资源

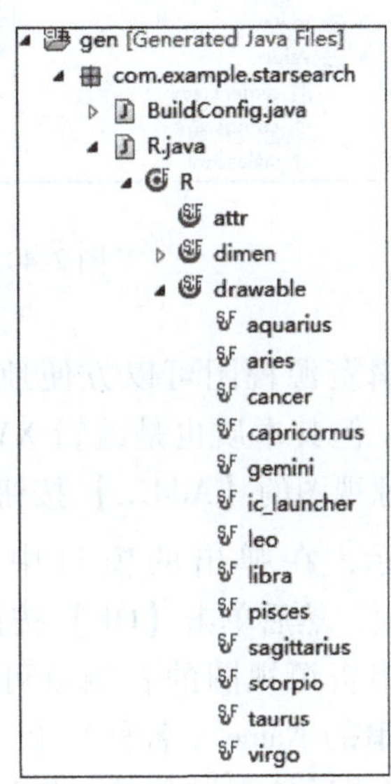

图 2-38　自动生成的 ID

另外，还需要创建 12 星座说明的字符串资源，创建字符串资源的方法也非常简单，进入 res \ value \ strings. xml 文件，存在两个视图，一个是资源视图（见图 2-39），另一个是 XML 文件视图（见图 2-40）。

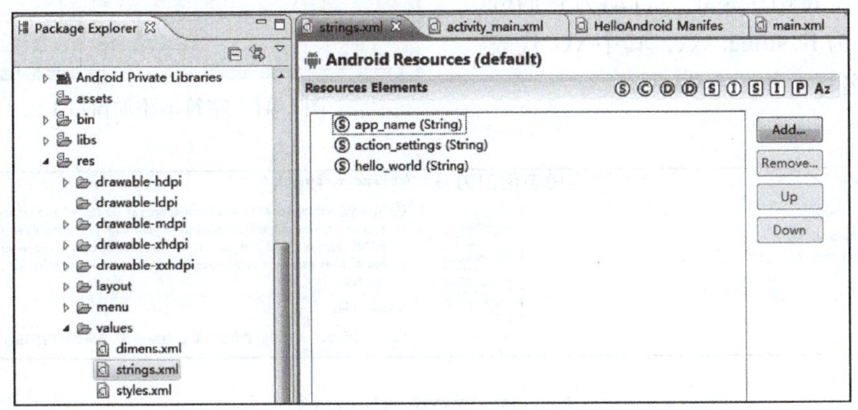

图 2-39　字符串资源的资源视图

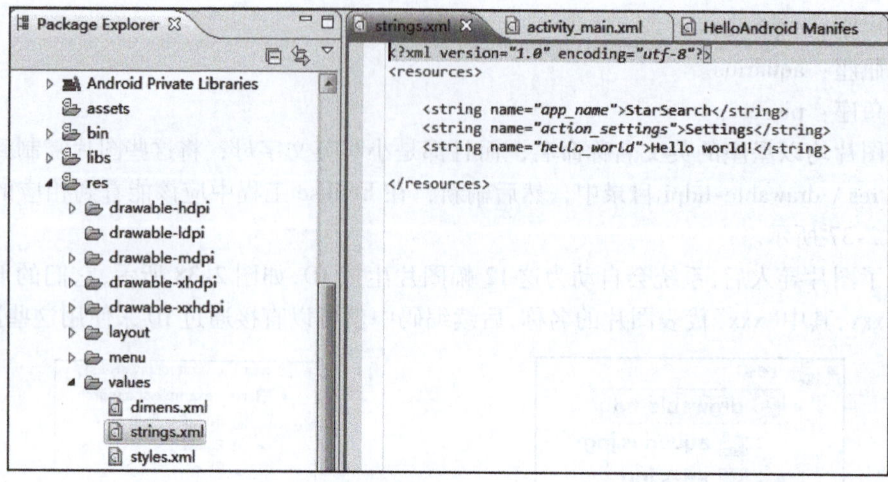

图 2-40　字符串资源的 XML 文件视图

通过编辑资源视图可以方便地添加字符串资源，但其本质也是编辑 XML 文件。单击资源视图的【Add...】按钮，如图 2-41 所示，在弹出的窗口中单击【String】选项，然后单击【OK】按钮。

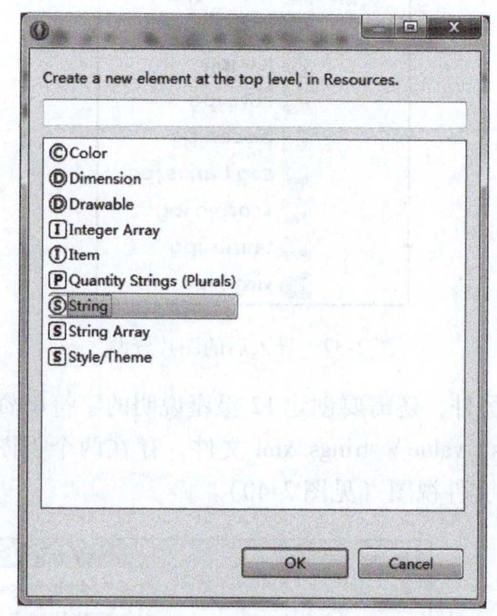

图 2-41　字符串添加窗口 1

在字符串资源视图的右侧就可以输入新增字符串的 Name（名称）和 Value（值），填写完毕后按下键盘的 <Ctrl + S> 组合键进行保存，就会发现资源视图左侧出现了添加的字符串。如图 2-42 所示，就添加了 aries（白羊座）的字符串。

如法炮制可以创建用来描述星座性格的 12 个字符串，系统会自动为它们分配 ID，ID 为 R. string. xxx，其中 xxx 代表字符串的名称，如图 2-43 所示。

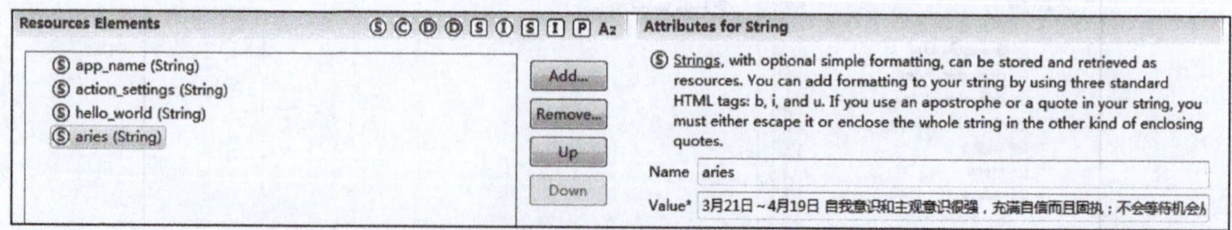

图 2-42　字符串添加窗口 2

3. 界面布局

在 MainActivity 的 XML 布局文件中，默认使用的是 RelativeLayout（相对布局）。由于纵向的布局比较长，需要依赖滚动条来看到所有的控件，所以该布局实际上是 ScrollView 加上一个垂直线性布局。单击 res \ layout 目录的 activity_main. xml 文件，出现该布局文件的预览视图，在该视图的右侧有一个 Structure 窗口，用来显示界面布局的层次，在该窗口中找到默认的相对布局并用鼠标右键单击，在弹出的快捷菜单中单击【Change Layout...】更改布局，如图 2-44 所示。

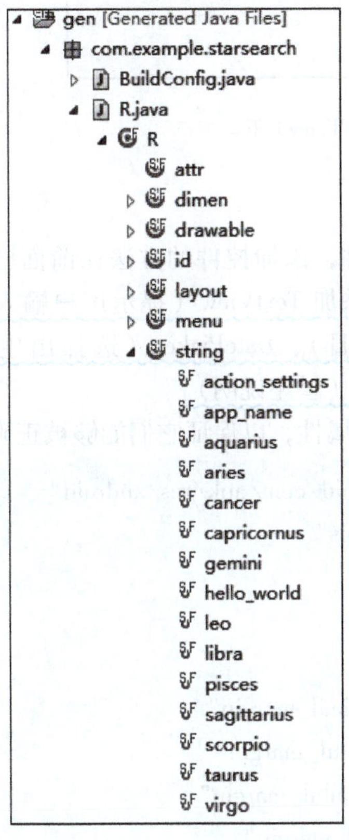

图 2-43　自动生成的字符串 ID

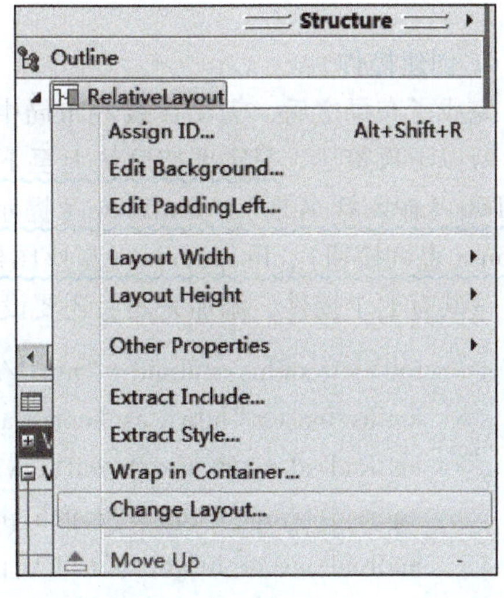

图 2-44　更改布局

更改布局后会出现图 2-45 所示的窗口，在 New Layout Type 下拉列表框中选择 ScrollView，单击【OK】按钮就完成了布局的修改。

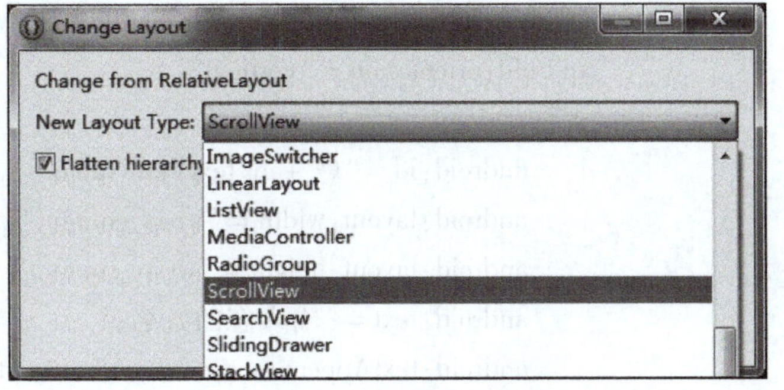

图 2-45　更改布局为 ScrollView

布局修改为 ScrollView 后，删除默认存在的 TextView 控件。然后从 Palette 窗口下选择 Layouts 下的 LinearLayout (Vertical) 线性布局，将其拖到 Structure 窗体中的 ScrollView1 下，如图 2-46 所示。

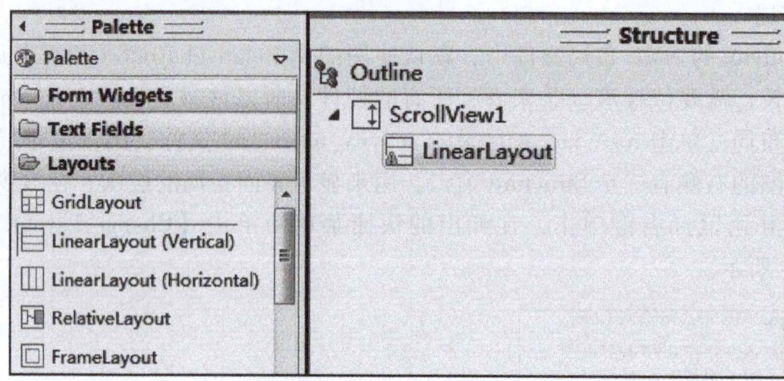

图 2-46　将线性布局添加到 ScrollView1 下

4. 创建控件

完成了布局之后，需要在线性布局中添加各种控件，添加控件的方法在前面已经讲过了，所以不再赘述，只需要按照从上至下的顺序分别添加 TextView（提示用户输入姓名）、EditText（输入姓名框）、TextView（提示用户选择生日）、DatePicker（选择出生日期）、Button（查询按钮）、ImageView（星座图标）、TextView（星座说明）。

一共有七个控件，添加完之后还要设定这些控件的属性，以保证它们能够被正确使用。

```
<ScrollView xmlns:android = "http://schemas.android.com/apk/res/android"
    xmlns:tools = "http://schemas.android.com/tools"
    android:id = "@ +id/ScrollView1"
    android:layout_width = "match_parent"
    android:layout_height = "match_parent"
    android:paddingBottom = "@ dimen/activity_vertical_margin"
    android:paddingLeft = "@ dimen/activity_horizontal_margin"
    android:paddingRight = "@ dimen/activity_horizontal_margin"
    android:paddingTop = "@ dimen/activity_vertical_margin"
    tools:context = ".MainActivity"  >
    <LinearLayout
        android:layout_width = "match_parent"
        android:layout_height = "match_parent"
        android:orientation = "vertical"  >
        <TextView
            android:id = "@ +id/textViewName"
            android:layout_width = "wrap_content"
            android:layout_height = "wrap_content"
            android:text = "输入您的姓名:"
            android:textAppearance = "? android:attr/textAppearanceMedium" />
```

```
        <EditText
            android:id = "@ +id/editTextName"
            android:layout_width = "match_parent"
            android:layout_height = "wrap_content"
            android:ems = "10"
            android:inputType = "textPersonName"  >
        <requestFocus />
        </EditText>
        <TextView
            android:id = "@ +id/textViewBir"
            android:layout_width = "wrap_content"
            android:layout_height = "wrap_content"
            android:text = "选择您的生日:"
            android:textAppearance = "? android:attr/textAppearanceMedium" />
        <DatePicker
            android:id = "@ +id/datePickerBir"
            android:layout_width = "wrap_content"
            android:layout_height = "wrap_content"
            android:calendarViewShown = "false"  />
        <Button
            android:id = "@ +id/buttonSearch"
            android:layout_width = "match_parent"
            android:layout_height = "wrap_content"
            android:text = "查询" />
        <ImageView
            android:id = "@ +id/imageViewStar"
            android:layout_width = "wrap_content"
            android:layout_height = "wrap_content"
            android:layout_gravity = "center_horizontal"  >
        </ImageView>
        <TextView
            android:id = "@ +id/textViewInfo"
            android:layout_width = "wrap_content"
            android:layout_height = "wrap_content"
            android:text = "单击查询看看你的星座性格吧"
            android:textAppearance = "? android:attr/textAppearanceLarge" />
    </LinearLayout>
</ScrollView>
```

大部分控件的属性都比较常见，下面着重对其中几个控件属性进行说明。首先为了能够从控件 ID 一看就区分出该控件的类型和作用，将控件的 ID 都进行了修改，如 textViewName 代表提示输入姓名的 TextView 控件。

（1）TextView

一共存在三个 TextView，分别是提示用户输入姓名的 textViewName、提示用户选择日期的 textViewBir、显示星座信息的 textViewInfo，这几个控件的属性比较常见，通过 android:text 属性指定控件的显示内容，而 android:textAppearance 指定了文字显示外观，"?android:attr/textAppearanceMedium"代表中等字体，"?android:attr/textAppearanceLarge"代表大字体。

（2）Button

Button 控件为了显示美观，将 android:layout_width 属性设定为"match_parent"，所以 Button 按钮占据了一整行的宽度。

（3）DatePicker

为了让 DatePicker 看上去比较简洁，将日历隐去，所以将 android:calendarViewShown 属性设定为"false"。

（4）ImageView

为了让星座图片能够在水平方向居中，将 android:layout_gravity（对齐）属性设定为"center_horizontal"（水平居中）。

5. 编码实现

（1）成员变量

由于程序中需要经常使用一些控件，因此声明这些控件对象为成员变量。

```
public class MainActivity extends Activity {
EditText edittext_name;              //输入姓名的 EditText 控件
DatePicker datepicker_bir;           //选择日期的控件
Button btn_search;                   //查询按钮控件
ImageView imageview_star;            //星座图片控件
TextView textview_info;              //星座信息控件
…
}
```

（2）onCreate 方法

Activity 一运行就会执行 onCreate 方法，该方法需要根据控件的 ID 获取控件的对象，并创建查询按钮的单击监听器。

```
protected void onCreate(Bundle savedInstanceState) {
    super.onCreate(savedInstanceState);
    setContentView(R.layout.activity_main);

    edittext_name = (EditText)this.findViewById(R.id.editTextName);
    datepicker_bir = (DatePicker)this.findViewById(R.id.datePickerBir);
```

```
        btn_search = (Button)this. findViewById(R. id. buttonSearch);
        imageview_star = (ImageView)this. findViewById(R. id. imageViewStar);
        textview_info = (TextView)this. findViewById(R. id. textViewInfo);

        btn_search. setOnClickListener(new View. OnClickListener() {
            @Override
            public void onClick(View v) {
                // TODO Auto-generated method stub
            }
        });
```

(3) 监听器实现

单击按钮的监听器本质上是一个接口，需要实现接口的 onClick 抽象方法，该方法实际上是这个应用的核心，可以根据总体分析中的流程图进行编程。

```
@Override
public void onClick(View v) {
    // TODO Auto-generated method stub
    int month = datepicker_bir. getMonth();//获取当前选择的月份
    int day = datepicker_bir. getDayOfMonth();//获取当前选择的日
    //调用 searchStar,根据月日获取相应的星座索引(0 ~ 11:水瓶座 ~ 摩羯座)
    int index = searchStar(month,day);

    int[] infoarray = {R. string. aquarius,R. string. pisces,R. string. aries,R. string. taurus,
                       R. string. gemini, R. string. cancer, R. string. leo, R. string. virgo, R.
                       string. libra,R. string. scorpio,R. string. sagittarius,R. string. capricor-
                       nus};
    int[] imgarray = {R. drawable. aquarius,R. drawable. pisces,R. drawable. aries,R.
                       drawable. taurus,R. drawable. gemini,R. drawable. cancer,R. drawa-
                       ble. leo,R. drawable. virgo,R. drawable. libra,R. drawable. scorpio,
                       R. drawable. sagittarius,R. drawable. capricornus};
    //根据索引获取星座信息字符串
    String star = MainActivity. this. getString(infoarray[index]);
    //设定星座信息控件
    textview_info. setText(edittext_name. getText(). toString() + ",你的星座信息如
下:\r\n" + star);
    //根据索引设定星座图片
    imageview_star. setImageResource(imgarray[index]);
}
```

首先获得的是 DatePicker 控件选择的月份和日期，然后根据月份和日期调用 searchStar 方法获取所属星座的索引，searchStar 方法是自定义的方法，稍后会讲解如何实现。index 是星座的索引，范围为 0 ~ 11，分别代表从水瓶座到摩羯座的 12 个星座。

infoarray 和 imgarray 是非常重要的两个数组，分别对应了星座描述字符串 ID 数组和星座图片 ID 数组，有了这两个数组，根据 index 就可以方便地访问星座对应的图片和字符串资源。通过调用 MainActivity. this. getString( ) 方法，能够将所属星座的描述字符串存放在 star 变量中，然后通过姓名 EditText 控件的内容与 star 进行字符串拼接显示到 TextView 控件上，图片也是通过 index 索引获取图片资源后设定到 ImageView 控件上的。

（4）自定义方法实现

自定义 startSearch 方法，实现根据日期参数获取星座的功能。

```
//根据月日获取所在星座的索引,0 ~ 11 分别代表 12 个星座，-1 代表参数异常
//参数:month 月份取值范围为 0 ~ 11,代表 1 ~ 12 月
//参数:day 日期取值范围为 1 ~ 31
public int searchStar( int month,int day)
{
    int[ ] DayArr = {20,19,21,20,21,22,23,23,23,24,23,22};  // 两个星座分割日
    int index = month;

    // 所查询日期在分割日之前,索引减 1,否则不变
    if (day < DayArr[ month])
    {
        index = index - 1;
        if( index < 0 )
        {
            index = 11;
        }
    }
    return index;
}
```

三、运行结果

程序编码完毕后，直接运行程序查看结果，不出意外的话可以看到程序能够正确运行，初始界面如图 2-47 所示。

输入姓名并选择生日后，界面如图 2-48 所示。

单击【查询】按钮，会在下方出现所属星座的图片和文字说明，此时拖动屏幕上下滑动，就会看到程序的运行结果，如图 2-49 所示。

【试一试】根据任务实施这一节的内容，自己搜索一些星座的图片和描述文件，完成一个属于自己的 Android 星座查询工具。

图 2-47　运行初始界面

图 2-48　运行界面

图 2-49　查询界面

【提示】可以根据自己的喜好将程序的文字变得更加美观，特别是对于属于自己的星座，可以做一些特别处理。

任务评价

完成任务二之后，可以根据表 2-2 的任务评价表对完成情况进行评价，并根据评价表创新能力中提到的指标对 APP 应用进一步改进。最后鼓励大家继续完成后面的拓展任务，进一步巩固和练习任务中学习的知识点和技能点，并将任务实现中的不足之处进行改进。

表 2-2　任务评价表

评价内容	具体指标	完成情况（打分）
基础素养	资料搜索、筛选和整合能力（3 分）	
	信息技术应用与数字化素养（2 分）	
专业知识	基础知识点的预学习情况（5 分）	
	知识点案例的掌握情况（15 分）	
	课后习题的完成情况（10 分）	
技术技能	分析问题、解构问题、技术选择、将问题图形化表达的能力（15 分）	
	代码编写能力（20 分）	
	程序调试技术（10 分）	
综合能力	任务报告编制能力（10 分）	
	沟通表达与团队协作（5 分）	

（续）

评价内容	具体指标		完成情况（打分）
创新能力	改进或重设计 UI 界面（3 分）		
	更新或改进实现方法、程序结构重构或代码优化（2 分）		
目标完成	完成★★	基本完成★☆	未完成☆☆
学习收获			
学习反思			

任务小结

通过星座查询工具这个应用，真正意义上完成了一个 Android 应用。如果有移动终端，还可以将 bin 目录下的 APK 文件安装到移动终端上去，看看运行效果如何。

通过这样一个应用，可以掌握很多知识和技能，这都是后面进行复杂应用开发非常重要的基础和前提。首先是 Android 工程结构，一个 Android 工程有很多目录，但是需要记住其中非常重要的几个。

- src 目录：这是我们编写的 Java 文件的根据地，经常需要访问。
- bin 目录：这里面有 Android 的 APK 安装文件，程序编写运行后就会自动产生 APK 文件，可以直接将它安装到移动终端上。
- res 目录：该目录中放置程序的重要资源。
    - drawable 目录：存放图片资源。
    - values 目录：里面含有字符串资源。
    - layout 目录：里面含有布局文件。

另外介绍了控件，对于控件的学习需要特别注意控件的属性、方法、监听器，掌握一个控件需要了解这个控件最常用的属性、方法、监听器。

还介绍了布局，布局可以更加方便地摆放控件的位置，移动终端由于屏幕分辨率和尺寸的不同，并不推荐使用绝对布局，而多使用线性布局、表格布局、相对布局。

课后习题

第一部分　知识回顾与思考

1. Android 的属性、方法、监听器如何使用？它们分别起了什么作用？
2. 回顾 Android 工程中重要的目录和文件，它们的作用是什么？

第二部分　职业能力训练

一、单项选择题（下列答案中有一项是正确的，将正确答案填入括号内）

1. 以下哪个控件用来显示图片？（　　）

A. ImageView　　B. TextView　　C. EditText　　D. Button

2. 如果要实现用户单击后触发一定的处理，以下哪个控件最合适？（　　）

A. ImageView　　B. TextView　　C. EditText　　D. Button

3. 如果需要捕捉某个控件的事件，需要为该控件创建（　　）。

A. 属性　　B. 方法　　C. 监听器　　D. 工程

4. 以下哪个属性用来表示引用图片的资源 ID？（　　）

A. text　　B. img　　C. id　　D. src

5. 以下哪个属性用来控制虚拟键盘输入类型？（　　）

A. keyboard　　B. inputType　　C. text　　D. src

6. Android 工程启动最先加载的是 AndroidManifest. xml，如果有多个 Activity，以下哪个属性决定了该 Activity 最先被加载？（　　）

A. android. intent. action. MAIN　　B. android. intent. action. LAUNCHER

C. android. intent. action. ACTIVITY　　D. android. intent. action. ICON

7. 如果需要导入一幅图片资源，需要将图片放在哪个工程目录中？（　　）

A. res \ drawable　　B. res \ string　　C. res \ picture　　D. res \ icon

8. 如果需要创建一个字符串资源，需要将字符串放在 res \ values 的哪个文件中？（　　）

A. value. xml　　B. strings. xml　　C. dimens. xml　　D. styles. xml

9. 以下哪个布局最不适合在多种移动终端上使用？（　　）

A. 相对布局　　B. 线性布局　　C. 绝对布局　　D. 表格布局

10. 相对布局中，如果指定一个控件位于引用控件的左侧，应该使用（　　）属性。

A. android:layout_toParentLeftOf　　B. android:layout_alignParentLeft

C. android:layout_alignLeft　　D. android:layout_toLeftOf

二、填空题（请在括号内填空）

1. 在 Android 控件使用过程中，经常需要根据控件的 ID 获取控件的对象，可以使用（　　　）方法。

2. 导入图片时，需要特别注意图片的名称不可以包含（　　　）。

3. 创建控件的时候，可以在布局文件的界面视图中拖动控件，但本质上还是编辑的（　　　）文件。

4. 表格布局可以包含多行，（　　　）代表一行。

5. 如果创建了一个字符串资源为 hello，那么它的 ID 应该是（　　　）。

三、简答题

1. 简述五种布局的特点和运用场合。

2. 简述本任务所学控件的特点和作用。

拓展训练

学会了几个控件和布局后，可以把它们组合起来实现很多简单的应用，例如：可以做一个计算 BMI 值的程序。BMI 指数（Body Mass Index，身体质量指数），又称体质指数、体重指数，BMI 值是根据身高、体重按照一定的公式计算得出的数值，是一个衡量身体健康的参数。BMI 的计算公式如下：

$$\text{BMI 值} = \text{体重（kg）} \div \text{身高}^2\text{（m）}$$

例如：一个人的身高为 1.75m，体重为 68kg，他的 BMI $=68/1.75^2\ \text{kg/m}^2 = 22.2\text{kg/m}^2$。

通常会用 BMI 值来衡量一个人的身体健康情况，成人的 BMI 范围与健康的情况对照表见表 2-3。

表 2-3　BMI 范围与健康情况对照表

健康情况	BMI 范围
过轻	低于 18.5
适中	20 ~ 25
过重	25 ~ 30
肥胖	30 ~ 35
非常肥胖	高于 35

【提示】输入身高、体重，单击【计算】按钮，通过 TextView 显示 BMI 值和相应的健康提示。

任务三　计算器的设计与实现

学习目标

【知识目标】

■掌握 Spinner 控件的用法，对 Adapter 适配器的用法有一定了解。
■掌握 Android 的几种提示方式，如 Toast、Dialog、Notification。
■掌握 Android 的菜单使用方法。
■掌握 Android 的调试方法和日志的记录方法。

【能力目标】

■能够利用 Spinner 控件和 Adapter 适配器进行下拉列表的设计。
■能够利用简单的提示方式如 Toast、Dialog，进行相关信息的提示。
■能够通过使用 Android 菜单，为用户提供丰富的功能选项。
■当程序出现 Bug 时，能够通过调试或者日志的方式排除 Bug。
【重点、难点】 Adapter 适配器的使用，Dialog 的使用、调试。

【素质目标】

■通过实现“计算器”任务，培养学生使用流程图分析、整理业务处理过程的意识和职业素养。
■培养学生“随写随测”的测试习惯和严谨细致、精益求精的程序员品质。

任务简介

本任务将制作一个可以完成加减乘除运算的简易计算器，并且能够在用户输入错误的情况下给予合理的提示，该计算器还支持菜单操作，通过菜单可以查看制作者和退出应用程序。

任务分析

本任务将要制作的计算器界面如图 3-1 所示，从图中可以看到该程序由几个控件组成，这些控件除了 EditText、TextView、Button 之外，还有一个用于选择运算符的下拉控件，在

Android 中这个控件称为 Spinner 控件。

单击计算器的菜单按键，会弹出一个菜单，含有两个菜单项，分别是【关于】和【退出】，如图 3-2 所示。

单击【关于】菜单项后会弹出一个提示框，显示该计算器的一些信息，如图 3-3 所示，这个提示框在 Android 中被称为 Dialog。单击【退出】按钮，则会退出该应用。

涉及计算器就要考虑除法运算，因为除数为 0 是不允许的。在这个计算器里，如果除数为 0，进行计算时就会出现一个提示，提示显示一段时间后就会自动消失，Android 称为 Toast，这个 Toast 经常用于一些短暂的提示，如图 3-4 所示。

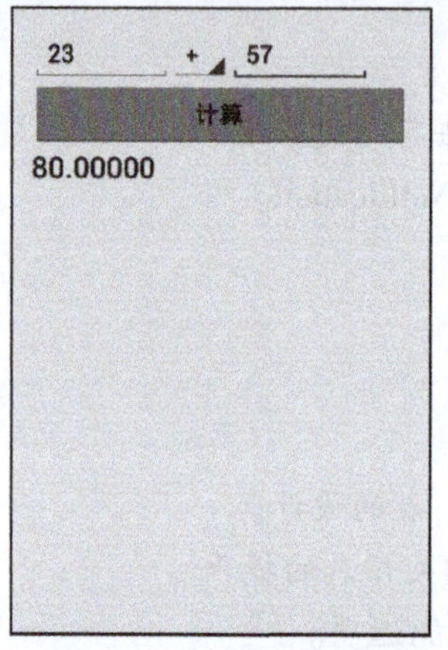

图 3-1　计算器界面

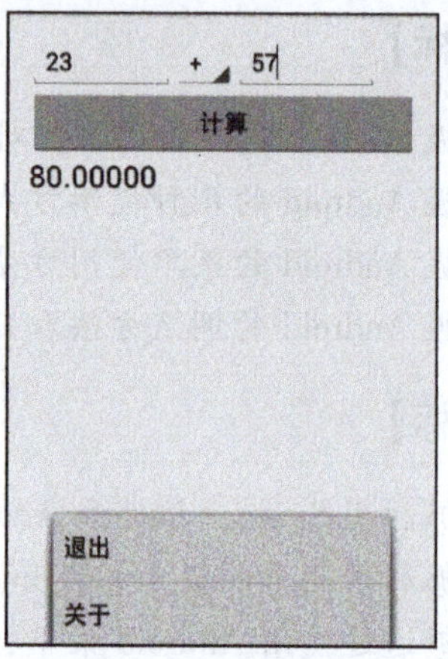

图 3-2　计算器的菜单

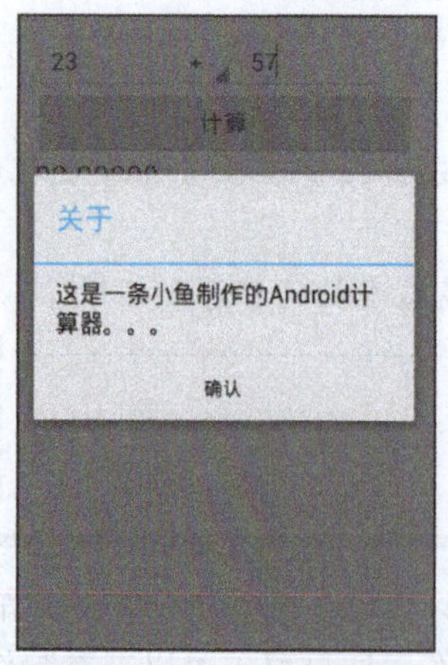

图 3-3　单击菜单后出现的 Dialog

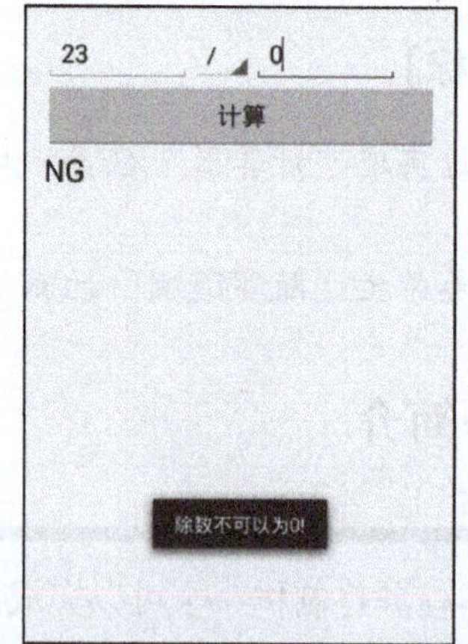

图 3-4　除数为 0 时出现的 Toast

支撑知识

熟悉了计算器的功能后，还需要先学习以下支撑知识。

- 提示的用法：计算器中使用了 Toast、Dialog，还会介绍 Notification（通知）的用法。
- 菜单的使用。

● Spinner 控件和 Adapter 适配器的用法。

●程序编写过程中出现 Bug 是不可避免的事情，出现 Bug 后如何进行问题排查，就要求掌握调试的方法，作为扩展知识还会介绍日志的用法。

一、Toast

在用户使用 Android 应用程序的过程中，经常有信息需要提示给用户，Android 提供了很多种提示方法，下面将介绍其中三种：Toast、Dialog、Notification。

1. 简介

Toast 是 Android 中最常见也最简单的提示方式，它在屏幕的下方显示一段文字进行提示，这段文字在显示几秒钟之后会自动消失，如图 3-5 所示。

2. 重要方法

(1) public static Toast makeText(Context context, CharSequence text, int duration)

图 3-5　Toast 显示效果图

功能：创建一个 Toast。

参数：context 代表 Activity 环境；text 为 Toast 显示的字符串；duration 为 Toast 持续显示的时间，它有两个值：Toast. LENGTH_SHORT 显示时间稍短，而 Toast. LENGTH_LONG 显示时间稍长。

返回值：所创建的 Toast 对象。

示例：

```
Toast t = Toast.makeText(MainActivity.this, "这是我的第一片面包!", Toast.LENGTH_SHORT);
```

第一个参数为 MainActivity. this，代表的是所在 Activity 的对象实例。

(2) public static Toast makeText(Context context, int resId, int duration)

功能：也是创建一个 Toast，与上述（1）的方法属于重载关系。

参数：第二个参数 resID 为资源的 ID，上述（1）的方法是直接指定字符串，而这个方法指定的是字符串资源的 ID。

返回值：所创建的 Toast 对象。

示例：

```
Toast t = Toast.makeText(this, R.string.hello_world, Toast.LENGTH_LONG);
```

(3) public void show()

功能：显示 Toast。

参数：无。

返回值：无。

示例：

```
Toast t = Toast.makeText(MainActivity.this, "这是我的第一片面包!", Toast.LENGTH_SHORT);
t.show();
```

两行代码比较明确，第一行创建了一个 Toast 对象 t，然后调用 show 的方法将其显示。但是许多程序员喜欢将这两行代码合并为一行，所以下方的代码也能够弹出一个提示框。

```
Toast. makeText ( MainActivity. this, " 这 是 我 的 第 一 片 面 包!", Toast. LENGTH _
SHORT). show( );
```

需要特别注意的是，刚开始学习时，许多人会忘记调用 show 方法，导致 Toast 无法显示出来。

3. 使用范例

下面设计一个简单的应用，程序一运行就弹出一个 Toast，告诉用户程序运行了。实现的方法非常简单，创建一个 Android 项目，包含一个 MainActivity，在 MainActivity 的 onCreate 方法中，添加一行代码创建并显示 Toast 即可。

```
protected void onCreate(Bundle savedInstanceState) {
    super.onCreate(savedInstanceState);
    setContentView(R.layout.activity_main);
    Toast.makeText(MainActivity.this, "程序运行了!", Toast.LENGTH_SHORT).show();
}
```

由于应用程序运行后，会首先加载 MainActivity，从而调用该 Activity 的 onCreate 方法，所以如图 3-6 所示，只要一打开程序就会出现“程序运行了!”的提示。

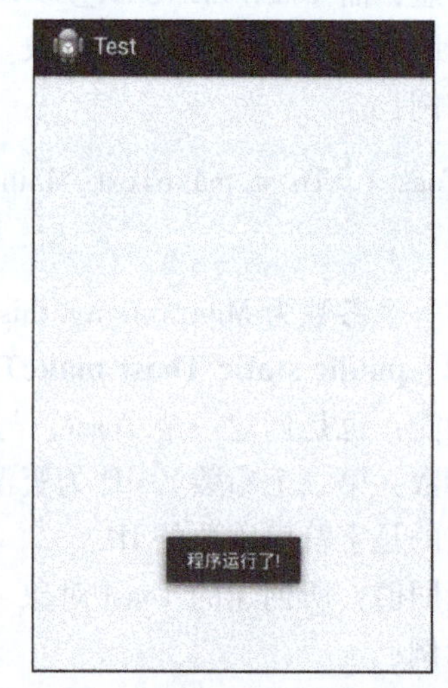

图 3-6　Toast 自动显示效果图

【试一试】结合前面学习过的控件和 Toast，做一个简单的应用。比如单击了 Button 按钮弹出一个 Toast，或者更加复杂一点的应用。

二、Dialog

1. 简介

Dialog 对话框是 Android 中比较常见的另一种提示方式，如图 3-7 所示，它除了可以像 Toast 一样向用户传递信息外，还可以通过多个按钮的组合让用户进行一些选择，甚至可以在 Dialog 上面添加一些控件（如 EditText、单选按钮、复选框、列表项），使其功能更加丰富。

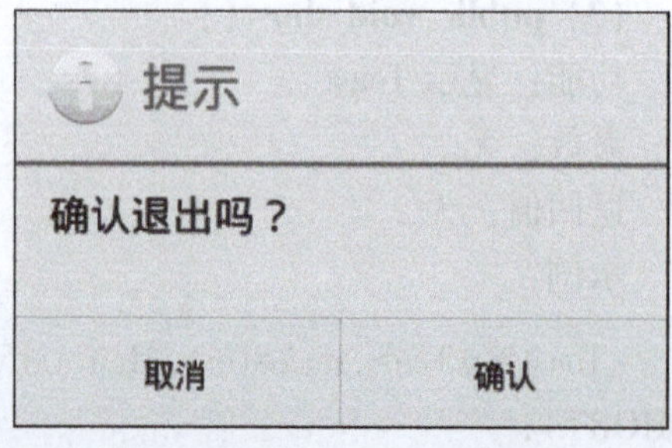

图 3-7　Dialog 提示框显示效果图

2. 重要方法

Dialog 最常见的子类为 AlertDialog，AlertDialog 可以显示多个按钮以供用户选择。此外，如果希望得到一个 AlertDialog 的话，还需要了解一个专门构造 Dialog 的类，那就是 AlertDialog. Builder，可以把它称为对话框构造器。

（1）AlertDialog. Builder setMessage(CharSequence message)

功能：设定对话框的提示内容。

参数：对话框的提示内容字符串。

返回值：对话框构造器。

（2）AlertDialog. Builder setTitle(CharSequence title)

功能：设定对话框的标题。

参数：对话框的标题字符串。

返回值：对话框构造器。

（3）AlertDialog. Builder setIcon(int iconId)

功能：设定对话框的图标。

参数：图标资源的 ID。

返回值：对话框构造器。

（4）AlertDialog. Builder setPositiveButton(CharSequence text, DialogInterface. OnClickListener listener)

功能：设定对话框的【确认】按钮。

参数：text 为【确认】按钮上显示的字符串，listener 是该按钮单击监听器（与 Button 单击监听器类似）。

返回值：对话框构造器。

（5）AlertDialog. Builder setNegativeButton(CharSequence text, DialogInterface. OnClickListener listener)

功能：设定对话框的【取消】（否定）按钮。

参数：text 为【取消】按钮上显示的字符串，listener 是该按钮单击监听器（与 Button 单击监听器类似）。

返回值：对话框构造器。

（6）AlertDialog. Builder setNeutralButton(CharSequence text, DialogInterface. OnClickListener listener)

功能：设定对话框的中立按钮。

参数：text 为中立按钮上显示的字符串，listener 是该按钮单击监听器（与 Button 单击监听器类似）。

返回值：对话框构造器。

（7）AlertDialog create()

功能：创建一个对话框。

参数：无。

返回值：对话框构造器所生成的对话框对象。

示例：

```
//生成一个对话框构造器
AlertDialog. Builder builder = new AlertDialog. Builder(MainActivity. this);
//设定对话框的显示内容
```

```
builder.setMessage("确认退出吗?");
//设定对话框的标题
builder.setTitle("提示");
//设定对话框的图标
builder.setIcon(android.R.drawable.ic_dialog_info);
//设定确认按钮
builder.setPositiveButton("确认", new DialogInterface.OnClickListener() {
    public void onClick(DialogInterface dialog, int which) {
    //单击确认按钮后,执行的代码
    }});
//设定取消按钮
builder.setNegativeButton("取消", new DialogInterface.OnClickListener() {
    public void onClick(DialogInterface dialog, int which) {
        //单击取消按钮后,执行的代码
    }});
//创建一个对话框对象
AlertDialog dialog = builder.create();
//显示该对话框
dialog.show();
```

创建一个对话框一般遵循图 3-8 所示的流程图，首先创建一个对话框构造器 AlertDialog.Builder 对象，然后调用该对象的各种方法设定对话框的样式，最后生成一个 AlertDialog 对话框的对象并进行显示。

实际上许多程序员为了方便，会将流程图的最后两个步骤合并为一行代码，效果也是一样的。

```
builder.create().show();
```

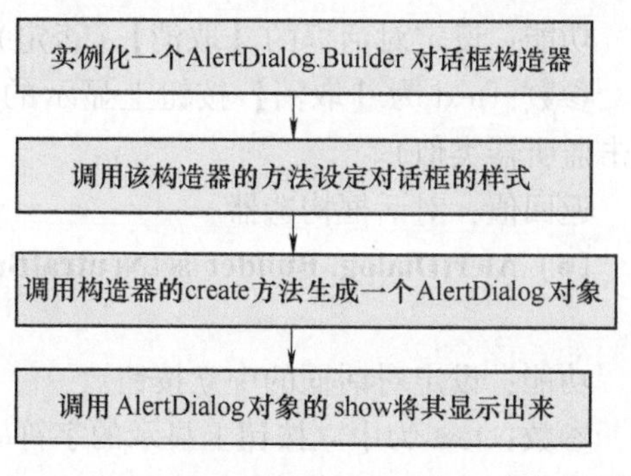

图 3-8　创建对话框流程图

3. 使用范例

创建一个 Android 工程,包含一个 MainActivity,该 Activity 上有一个【退出】按钮,单击该【退出】按钮后,会弹出 Dialog 提示框,提示框中含有两个选项,分别为【是】和【否】。若用户单击【是】将退出该应用,单击【否】则保留在 MainActivity 上。

下面创建 Android 工程，并在 Activity 的 XML 布局文件中添加一个 Button 控件。在 Activity 的 onCreate 方法中，需要创建该按钮的单击监听器，并实现监听器的 onClick 方法。

```
protected void onCreate(Bundle savedInstanceState) {
    super.onCreate(savedInstanceState);
    setContentView(R.layout.activity_main);
```

```
Button btn = (Button) this. findViewById(R. id. button1);
btn. setOnClickListener(new View. OnClickListener() {
    @ Override
    public void onClick(View v) {
        // TODO Auto-generated method stub
        //生成一个对话框构造器
        AlertDialog. Builder builder = new AlertDialog. Builder(MainActivity. this);
        //创建一个对话框对象
        builder. setMessage("确认退出吗?"). setTitle("提示")
        . setPositiveButton("确认", new DialogInterface. OnClickListener() {
            public void onClick(DialogInterface dialog, int which) {
                MainActivity. this. finish();
            }})
        . setNegativeButton("取消", new DialogInterface. OnClickListener() {
            @ Override
            public void onClick(DialogInterface dialog, int which) {
                //单击取消按钮后,执行的代码
            }}). create(). show();
    }
});
}
```

在 onClick 方法中，创建了一个 Dialog，设定了提示内容、标题、确认按钮、取消按钮。可以发现这个例子的写法与前面创建对话框的写法有所不同，这个例子的写法将所有对话框设定方法都连在了一起，这是由于这些设定方法的返回值都是 AlertDialog. Builder 对象。

在确认按钮的单击监听器 onClick 方法中，调用了 MainActivity 实例的 finish 方法关闭了这个 Activity。程序运行后如图 3-9 所示，单击【退出】按钮，出现确认对话框，用户单击【确认】按钮则退出该 Android 应用，单击【取消】按钮则不做任何处理。

图 3-9　程序运行效果图

【试一试】配合前面学习过的控件和 Toast，做一个简单的应用。

三、自定义 Dialog

1. 简介

之前介绍的 Dialog 形式比较单一，Android 为了让 Dialog 的界面更个性化，支持自定义

Dialog 的布局，如图 3-10 所示。用户一般通过以下几个步骤即可完成自定义 Dialog：

- 创建 Dialog 的 XML 布局文件，并在该布局中添加相应的控件。
- 利用 LayoutInflater 类动态加载 XML 布局文件，得到相应的视图 View 对象。
- 利用 AlertDialog. Builder 创建 Dialog，并显示第二步加载得到的视图。

第一步的具体操作流程将在使用范例中详细介绍；第二步使用到了 LayoutInflater 类，可以通过调用当前 Activity 上下文环境 Context 的 getSystemService( ) 方法获得已有的 LayoutInflater 对象，然后利用 LayoutInflater 对象的 inflate( ) 方法动态加载 XML 布局文件获得 View 对象；第三步的过程可以参考图 3-8 所示的流程，但是需要添加代码设定 Dialog 的 View 对象。

图 3-10　Dialog 提示框显示效果图

2. 重要方法

下面介绍 Context 类和 LayoutInflater 类的相关方法。

(1) Context 类：public Object getSystemService(String name)

功能：获取上下文环境中系统级别的服务对象。

参数：name 用于区分不同服务对象，常见的一些参数取值如下。

- LAYOUT_INFLATER_SERVICE：获得当前环境下的 LayoutInflater 对象。
- NOTIFICATION_SERVICE：获取 Notification 通知管理者的对象。
- WIFI_SERVICE：获得 Wifi 管理者的对象。
- POWER_SERVICE：获得电源管理者的对象。
- DOWNLOAD_SERVICE：获得下载管理者的对象。

返回值：相应的服务对象。

(2) LayoutInflater 类：public View inflate(int resource, ViewGroup root)

功能：动态加载 XML 布局文件，获得一个层次结构的 View 对象。

参数：resource 为 XML 布局文件的 ID；root 为生成的层次结构的根视图，如果希望加载生成的 View 对象就是根视图，该参数填写 null 即可。

返回值：生成的根视图，如果第二个参数为 null，实际上就是动态加载获得的视图。

示例：

```
Context context = MainActivity. this;
LayoutInflater inflater = ( LayoutInflater) context. getSystemService( LAYOUT_INFLATER_
SERVICE);
View dialogview = inflater. inflate( R. layout. dialoglayout, null);
```

3. 使用范例

下面将创建一个 Android 工程，实现图 3-10 所示的 Dialog。该工程默认包含一个 MainActivity，在 MainActivity 上有一个【添加】按钮，ID 为 button1，编写代码为该按钮创建单击监听器。

```
public class MainActivity extends Activity {
    @ Override
    protected void onCreate( Bundle savedInstanceState) {
        super. onCreate( savedInstanceState) ;
        setContentView( R. layout. activity_main) ;

        Button btn = ( Button) this. findViewById( R. id. button1) ;
        btn. setOnClickListener( new View. OnClickListener( ) {
            @ Override
            public void onClick( View v) {
                // TODO Auto-generated method stub
            }
        }) ;
    }
    …
}
```

单击【添加】按钮后，希望能够弹出一个自定义 Dialog，该 Dialog 含有一个 EditText 和两个按钮，分别为【确认】按钮和【取消】按钮，当用户单击【确认】按钮后会通过 Toast 的方式显示 EditText 中的信息。

第一步，创建 Dialog 将要使用到的 XML 布局文件。在【Package Explorer】中用鼠标右键单击本工程下的 res \ layout 目录，在弹出的快捷菜单中选择【New⇒Android XML File】，弹出图 3-11 所示的界面，在【File】文本框中输入创建的 XML 文件名称，如“dialoglayout”，然后在【Root Element】列表框中选择根元素，可以选择 LinearLayout（线性布局），最后单击【Finish】按钮。可以发现在 res \ layout 目录中出现了创建的布局文件 dialoglayout. xml，在该布局文件中添加 EditText 控件。

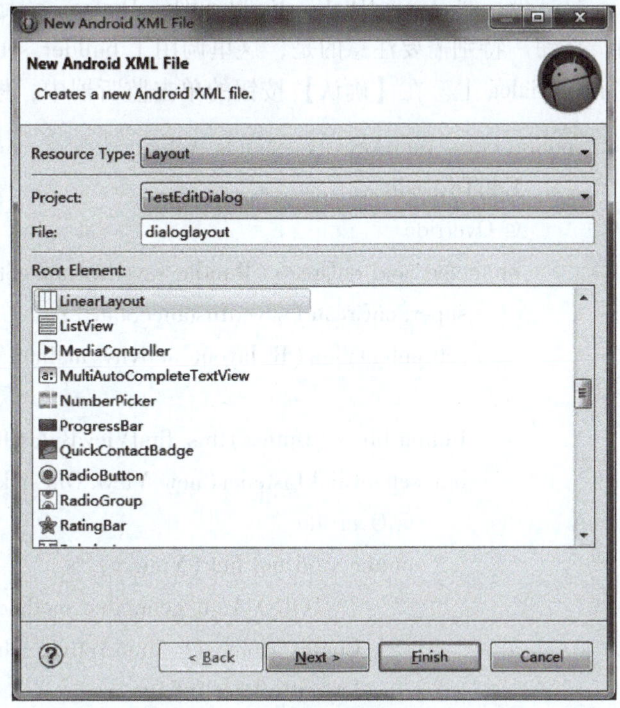

图 3-11　创建 XML 布局文件

```
<? xml version = "1.0" encoding = "utf-8" ? >
```

```
<LinearLayout xmlns:android = "http://schemas.android.com/apk/res/android"
    android:layout_width = "match_parent"
    android:layout_height = "match_parent"
    android:orientation = "vertical"  >
<EditText
    android:id = "@ +id/editText1"
    android:layout_width = "match_parent"
    android:layout_height = "wrap_content"
    android:ems = "10"  >
     <requestFocus />
</EditText>
</LinearLayout>
```

第二步，在【添加】按钮的单击监听器的 onClick 方法中，添加相应的代码动态加载 R. layout. dialoglayout 布局文件获得视图对象 dialogview。为了单击 Dialog 的【确认】按钮后能够获得 EditText 控件的内容，还声明了成员变量 edit，并且通过 dialogview. findViewById（R. id. editText1）获得 Dialog 中 EditText 控件对象。

第三步，通过 AlertDialog. Builder 创建 Dialog，设定其标题、图标和【确认】按钮、【取消】按钮。特别需要注意的是，这里调用了 builder. setView（dialogview）将动态创建的视图显示到 Dialog 上。在【确认】按钮的单击监听器中，根据 edit 的内容显示 Toast 进行提示。

```
public class MainActivity extends Activity {
    EditText edit;
    @Override
    protected void onCreate(Bundle savedInstanceState) {
        super.onCreate(savedInstanceState);
        setContentView(R.layout.activity_main);

        Button btn = (Button)this.findViewById(R.id.button1);
        btn.setOnClickListener(new View.OnClickListener() {
            @Override
            public void onClick(View v) {
                // TODO Auto-generated method stub
                Context context = MainActivity.this;
                LayoutInflater inflater =
                    (LayoutInflater) context.getSystemService(LAYOUT_INFLATER_
                    SERVICE);
                View dialogview = inflater.inflate(R.layout.dialoglayout, null);
                edit = (EditText) dialogview.findViewById(R.id.editText1);
```

```
                AlertDialog. Builder builder = new AlertDialog. Builder( context) ;
                builder. setIcon( R. drawable. ic_launcher) ;
                builder. setTitle( "输入信息") ;
                builder. setView( dialogview) ;
                builder. setPositiveButton( "确认", new DialogInterface. OnClickListen-
                er( ) {
                    public void onClick( DialogInterface dialog, int whichButton) {
                        Toast. makeText( MainActivity. this, edit. getText( ),
                                    Toast. LENGTH_SHORT) . show( ) ;
                        }}) ;
                builder. setNegativeButton( "取消", new DialogInterface. OnClickLis-
                tener( ) {
                    public void onClick( DialogInterface dialog, int whichButton) {
                        // TODO Auto-generated method stub
                        }}) ;
                builder. show( ) ;
            }
        }) ;
    }
…
}
```

运行程序后，单击【添加】按钮后会弹出自定义 Dialog，在该 Dialog 中输入信息，如输入“Hello Android”，单击【确认】按钮后会弹出 Toast，显示内容为“Hello Android”。

【试一试】自定义一个 Dialog,将已经掌握的多种控件灵活地运用到 Dialog 中。

四、Notification

1. 简介

用过 Android 终端的人应该都有这样的使用感受，当手机接收到短信时，Android 终端最上面会有一个图标出现，说明此时有未读的短信，通过向下滑动屏幕会出现 Android 的提示信息栏，一般把这个称为通知栏，如图 3-12 所示最上面的部分。在通知栏中能够看到该条未读短信的简要内容，单击通知栏中的信息，还能够切换到短信应用程序，然后进一步操作如回复短信等。实际上这是 Android 系统的一种特有的提示方法，称为 Notification（通知）。

虽然在使用 Android 的通知时，觉得非常方便，但是创建一个 Notification 通知还需要认识很多类和方法，首先介绍 Android 的通知机制。Android 上面的通知栏，在 Android 系统中是由专门的服务进行管理的，所对应的类是 NotificationManager。如果要发送一个通知，必须要告诉它。

Android 中通知所对应类的名称为 Notification。当 Android 发出了一个通知时，通知栏上方会出现图 3-13 所示的信息，左边的图标是这个通知的小图标（Small Icon），后面是这个通知的提示信息（Ticker）。

当将屏幕下滑的时候，会出现图 3-14 所示的详细通知信息。左侧的图标是该条通知的大图标（Large Icon）；中间上方的文字是通知内容的标题（ContentTitle），中间下方的文字是通知内容的信息（ContentText）；右侧上方是该通知发生的时间（When），右侧下方还是小图标（Small Icon）。

图 3-12　通知栏

图 3-13　通知的小图标和提示信息

图 3-14　详细通知信息

当单击该条通知后，一般会切换到某个 Activity 中，这样又涉及启动 Activity 的操作，在 Android 中常用到意图类（Intent）。由于这样一种切换动作并不是立即发生，而是等到用户单击通知时才发生，需要使用到 PendingIntent 类。这部分内容将在任务四中详细讲解，作为通知必备的一部分，读者只需要参照使用范例中给出的代码即可。

可见一条通知具备非常多的属性，和 Dialog 比较类似的是，创建一个 Notification 也需要依赖于构造器，它所对应的类为 Notification. Builder。如图 3-15 所示，通过获取一个构造器，然后调用各类方法设定通知的属性后，由构造器创建一条通知出来。这条通知需要告知 NotificationManager，由它来处理。

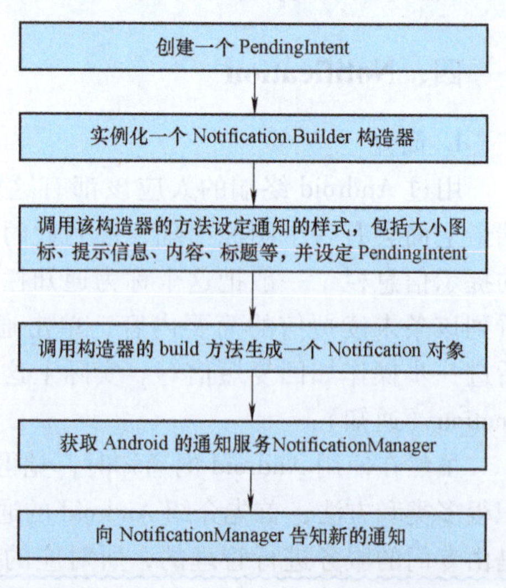

图 3-15　Notification 创建的流程图

2. 重要方法

在整个创建过程中使用最多的是 Notification. Builder 的方法，下面将着重说明该类的一些方法。

(1) public Notification. Builder setContentIntent(PendingIntent intent)

功能：设定通知被单击后将执行的意图。

参数：intent 代表的是将要执行的意图。

返回值：通知构造器对象。

(2) public Notification. Builder setLargeIcon(Bitmap icon)

功能：设定通知的大图标。

参数：icon 为大图标的位图。

返回值：通知构造器对象。

(3) public Notification. Builder setSmallIcon(int icon)

功能：设定通知的小图标。

参数：icon 为小图标的资源 ID。

返回值：通知构造器对象。

(4) public Notification. Builder setTicker(CharSequence tickerText)

功能：设定通知在通知栏上的提示信息。

参数：tickerText 代表的是提示信息的字符串。

返回值：通知构造器对象。

(5) public Notification. Builder setWhen(long when)

功能：设定通知显示的时间。

参数：when 代表显示的时间，如果需要立即显示通知，一般通过 System. currentTimeMillis()获取当前时间。

返回值：通知构造器对象。

(6) public Notification. Builder setContentTitle(CharSequence title)

功能：设定通知的标题。

参数：title 为标题字符串。

返回值：通知构造器对象。

(7) public Notification. Builder setContentText (CharSequence text)

功能：设定通知的内容。

参数：text 为内容字符串。

返回值：通知构造器对象。

(8) public Notification. Builder setAutoCancel(boolean autoCancel)

功能：设定通知单击后是否自动消失。

参数：true 为自动消息，false 则一直保留在通知栏。

返回值：通知构造器对象。

(9) public Notification build()

功能：创建一条通知。

参数：无。

返回值：创建的通知对象。

3. 使用范例

由于 Android 早期的版本使用其他方法创建通知，而不是使用 Notification. Builder，所以创建工程时，注意要将最小的 SDK 版本选择为 4.0 以上，如图 3-16 所示。

创建的工程还含有一个 MainActivity，并在布局文件中添加一个按钮，将其文本修改为“单击生成一条通知”，然后添加一幅图片到 drawable 目录，这里使用的是 stars 这幅图片，对应的 ID 为 R. drawable. stars。

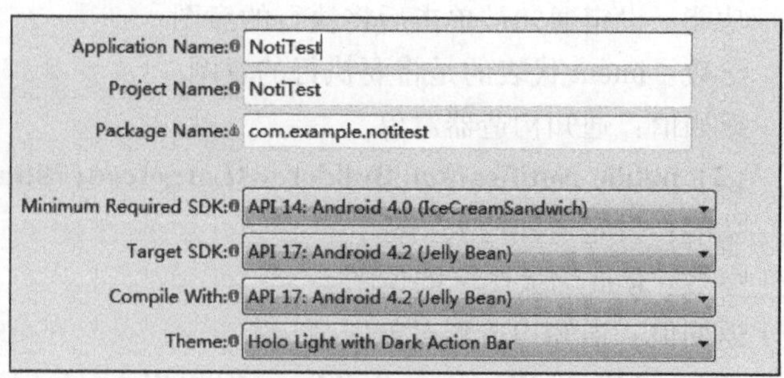

图 3-16　工程创建时最低的版本选择

然后还是在 Activity 的 onCreate 方法中填写代码，首先获取 Button 控件对象，然后设定其单击监听器，最后实现监听器的 onClick 方法，在该方法中创建一条通知。下面仅列出了 onClick 方法中的代码。

```
PendingIntent contentIntent = PendingIntent. getActivity(
      MainActivity. this,
      0,
      new Intent( MainActivity. this, MainActivity. class),
      PendingIntent. FLAG_UPDATE_CURRENT);

Notification. Builder builder = new Notification. Builder( MainActivity. this);
builder. setContentIntent( contentIntent)
      . setSmallIcon( android. R. drawable. star_on)//设置状态栏里面的图标(小图标)
      . setLargeIcon( BitmapFactory. decodeResource( MainActivity. this. getResources( ), R.
       drawable. stars))
                                                //设置下拉列表里面的图标(大图标)
      . setTicker( "My Ticker")                 //设置状态栏的提示信息
      . setAutoCancel( true)                    //设定通知单击后自动取消
      . setWhen( System. currentTimeMillis( ))  //设置发生时间
      . setContentTitle( "My ContentTitle")     //设置下拉后显示的标题
      . setContentText( "My ContentText");      //设置下拉后显示的内容

      Notification msg = builder. build( );     //生成一条通知
      NotificationManager manager =             //获取 NotificationManager 通知管理服务
          (NotificationManager) getSystemService( NOTIFICATION_SERVICE);
      manager. notify(1, msg);                  //发出该通知
```

首先通过 PendingIntent. getActivity 方法获取一个 PendingIntent 对象，需要特别解释一下这个方法，第一个参数为该 PendingIntent 所在的 Activity 的环境，第二个参数一般不使用，填 0 即可，第三个参数是通知单击后执行的意图（Intent 的内容将在任务四中介绍，这里只要明白它将跳转到 MainActivity 即可），第四个参数是一个标志，PendingIntent. FLAG_UP-

DATE_CURRENT 代表当有多个通知产生时，将以最新的通知信息为准，该参数有多种值，有兴趣的话可以查阅相关资料。

接着生成一个构造器 builder，并通过调用一系列方法设定通知的许多属性，设定完成后通过 build 方法生成一个通知 msg。

然后使用 getSystemService 获取系统的通知服务对象 manager，最后通过调用 manager. notify 的方法发送通知，该方法第一个参数指定的是通知的 ID，第二参数为通知的对象。

如图 3-17 所示，运行程序后，单击 Button 立即产生一条通知出现在通知栏，下拉通知栏后出现该条通知，单击该条通知会出现原来的 Activity。

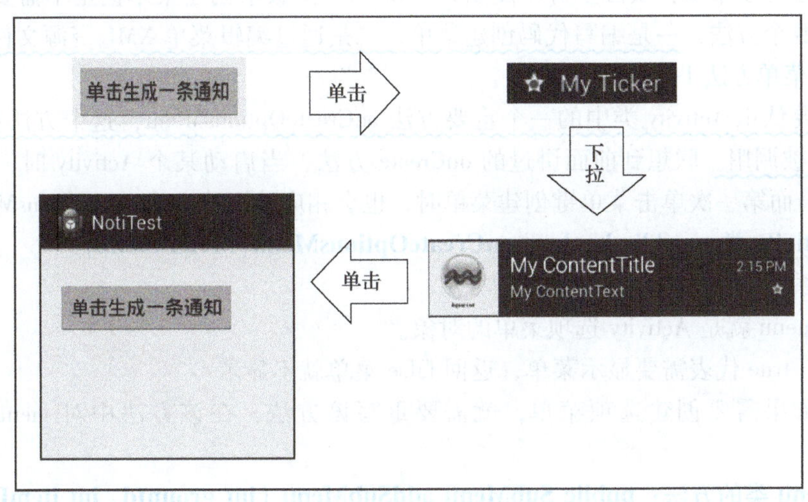

图 3-17　运行效果图

【试一试】创建一条属于自己的通知。

【提示】这里只介绍了 Notification 的基本用法，实际上还可以设定其出现时的声音、灯光等，感兴趣的话可以查阅相关资源。

五、Option Menu

许多智能终端都带有菜单键，触摸菜单键后会在 Activity 底部弹出菜单，提供相应的功能，Android 称这种菜单为 Option Menu（选项菜单），与之对应的类为 Menu。每个菜单由多个子菜单项组成，如图 3-18 所示的【新增学生】、【更新信息】、【删除学生】，与之对应的是 SubMenu 类。只要单击子菜单就会触发相应的处理，但有的子菜单还有菜单项，如单击了【更新信息】这个子菜单，还会弹出具体的菜单项，如图 3-18 所示的【姓名】、【年龄】、【学号】，菜单项所对应的类是 MenuItem。

要使用菜单实际上需要解决两个问题：一是如何创建菜单，二是如何监听菜单项被单击。Android 已经充分考虑了这一点。在 Activity 类中有多个方法与选项菜单有关系。

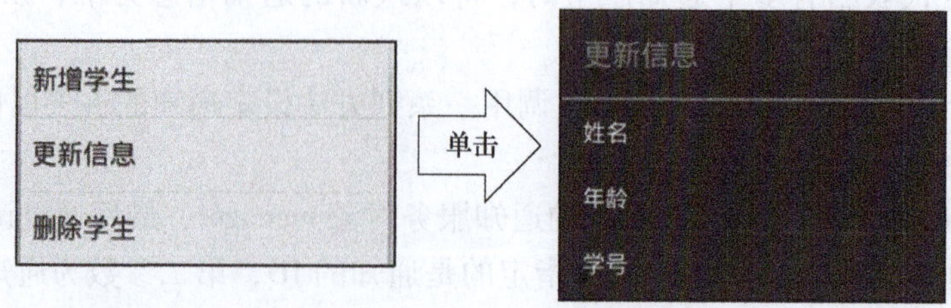

图 3-18 选项菜单的子菜单和菜单项

如何创建选项菜单？实际上并不复杂，Android 4.2 版本创建菜单甚至不需要使用代码，下面将介绍两个方法：一是编写代码创建菜单，二是通过编辑菜单 XML 资源文件创建菜单。

1. 创建菜单方法 1——代码创建

首先需要认识 Activity 类中的一个重要方法 onCreateOptionsMenu，这个方法在启动某个 Activity 时会被调用。联想到前面讲过的 onCreate 方法，当启动某个 Activity 时，会调用 onCreate 方法；而第一次单击菜单键创建菜单时，也会相应地调用 onCreateOptionsMenu。

（1）Activity 类：public boolean onCreateOptionsMenu(Menu menu)

功能：系统创建选项菜单时调用的方法。

参数：menu 就是 Activity 选项菜单的对象。

返回值：true 代表需要显示菜单，返回 false 菜单就不显示。

说明：如果需要创建选项菜单，就需要重写该方法，在该方法中对 menu 对象进行操作。

（2）Menu 类的方法：public SubMenu addSubMenu（int groupId，int itemId，int order，CharSequence title）

功能：为选项菜单添加子菜单。

参数：一个菜单可以有多个子菜单，可以把它们编为一组以方便管理，groupId 就是其所属的组号；itemId 是每个子菜单的 ID，建议将不同菜单项的 ID 区分开；order 参数为子菜单在菜单中显示的位置序号，如 0 代表第一位，1 为第二位；title 为菜单项表示的字符串。

返回值：所创建的子菜单，类型为 SubMenu。

（3）SubMenu 类的方法：public MenuItem add(int groupId，int itemId，int order，CharSequence title)

功能：为子菜单添加菜单项。

参数：参数可以参照 addSubMenu 方法。

返回值：所添加的 MenuItem 对象。

说明：该方法实际上是 SubMenu 类实现了 Menu 接口后含有的。

示例：

```
@Override
public boolean onCreateOptionsMenu(Menu menu) {
    menu.addSubMenu(0, 1, 0, "新增学生");
```

```
        menu.addSubMenu(0, 2, 2, "删除学生");
        SubMenu updatemenu = menu.addSubMenu(0, 3, 1, "更新信息");
        updatemenu.add(1, 10, 0, "姓名");
        updatemenu.add(1, 11, 1, "年龄");
        updatemenu.add(1, 12, 2, "学号");
        return true;
    }
```

上面的代码是一个比较传统的创建选项菜单的代码，通过重写 onCreateOptionsMenu 方法，调用 addSubMenu 方法分别添加了三个子菜单：“新增学生”“删除学生”“更新信息”。三个子菜单的 GroupID 均为 0，说明它们处于同一组，ID 分别为 1、2、3，而 order 分别为 0、2、1，所以如图 3-18 所示，“新增学生”位于第一行，而第二行是“更新信息”，最后一行是“删除学生”。

特别需要注意的是，添加“更新信息”子菜单后，将方法的返回值赋给 updatemenu。然后调用 updatemenu 的 add 方法，添加“姓名”“年龄”“学号”三个菜单项。如图 3-18 所示，这三个菜单项处于一组，ID 分布为 10、11、12，并且顺序排列。

2. 创建菜单方法 2——菜单布局 XML 文件

Android 较早的版本里，大部分选项菜单的创建需要依靠代码完成，但是较高的 Android 版本提供了菜单的布局文件，默认的菜单布局文件是 res\menu\main.xml，只需要编辑该文件就可以了。那么系统是怎么知道加载这个文件来创建菜单的？看看默认的 onCreateOptionsMenu 代码就知道了。

```
@Override
public boolean onCreateOptionsMenu(Menu menu) {
    // Inflate the menu; this adds items to the action bar if it is present.
    getMenuInflater().inflate(R.menu.main, menu);
    return true;
}
```

这段代码通过调用 getMenuInflater()方法获得系统选项菜单的布局对象，然后调用 inflate 让 R.menu.main 的布局填充 menu 这个菜单，我们的任务就是编辑 res\menu\main.xml 文件。

```
<menu xmlns:android="http://schemas.android.com/apk/res/android" >
<item
    android:id="@+id/menu_add"
    android:title="Add"
    android:icon="@android:drawable/ic_menu_add"/>
<item
    android:id="@+id/menu_del"
    android:title="Delete"
```

```
        android:icon = "@android:drawable/ic_menu_delete"/>
    <item
        android:id = "@+id/menu_upd"
        android:title = "Update"
        android:icon = "@android:drawable/ic_menu_info_details"/>
</menu>
```

在 menu 结点下添加了三个 item，即三个子菜单，三个子菜单的 ID 分别为 R.id.ic_menu_add、R.id.menu_del、R.id.menu_upd，而 android:title 代表三个子菜单的提示标题，android:icon 代表子菜单显示的图标，该菜单的显示效果如图 3-19 所示。

应该马上有人会问，android:icon 不是给每个菜单项都指定图片了吗？怎么没有看见？这是因为工程默认的主题不支持菜单图标。将 AndroidManifest.xml 文件中主题从原来的 android:theme = "@style/AppTheme" 修改为 android:theme = "@android:style/Theme.Black"，就可以看到图 3-20 所示的效果了。

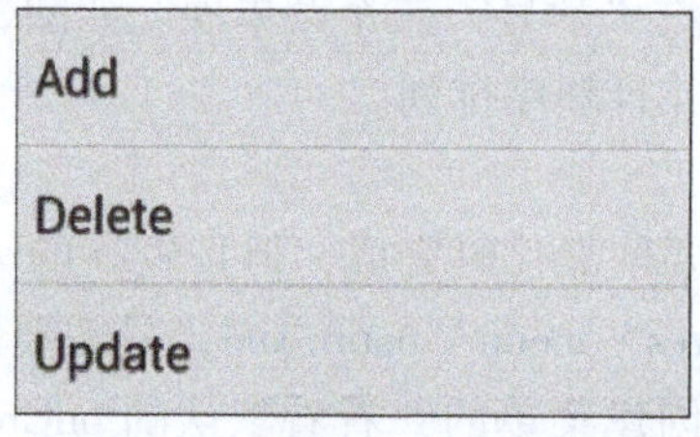

图 3-19　利用菜单布局 XML 文件所创建的菜单

图 3-20　含有图标的菜单

这里讲解的两种方法本质上是一样的，但是第二种方法非常好地实现了逻辑代码和表现样式的分离，特别是在需要修改菜单样式时，第二种方法能够更少地修改代码而专注于 XML 布局文件，是目前更为推崇的架构方式。

【试一试】看完两种菜单创建方法，许多人应该会想方法 1 如何能够让菜单显示图标？下面介绍一个关于菜单图标的方法。

SubMenu 类的方法：public abstract SubMenu setHeaderIcon（int iconRes）设定子菜单的标题图标。

SubMenu 类的方法：public abstract SubMenu setIcon（int iconRes）设定子菜单的图标。

查阅资料，然后在方法 1 的代码上试着去调用这两个方法，看看有什么效果。

3. 菜单响应

创建菜单后，还需要监听菜单被选择的事件，一旦菜单被选中一般会执行有关操作，这些操作所对应的代码应放到哪个函数中？需要重写 Activity 类的 onOptionsItemSelected 方法。

Activity 类的方法：boolean onOptionsItemSelected（MenuItem item）

功能：单击菜单项后会自动触发该方法。

参数：item 参数是被单击的菜单项。

返回值：false 代表系统会继续执行菜单被单击的处理，true 代表菜单单击处理到此

为止。

示例：

若响应菜单单击事件，需要重写 Activity 的 onOptionsItemSelected( )方法，并在 onOptionsItemSelected( )方法中获取 item 的一些属性来判断到底单击了哪个菜单项。

在方法 2 已经创建好菜单的基础上，进入 MainActivity 的 Java 文件中，单击 eclipse 工具的菜单【Source⇒Override/Implement Methods...】，勾选 onOptionsItemSelected( )方法，如图 3-21 所示，单击【OK】按钮，会发现在 Activity 的 Java 文件中重写了该方法。

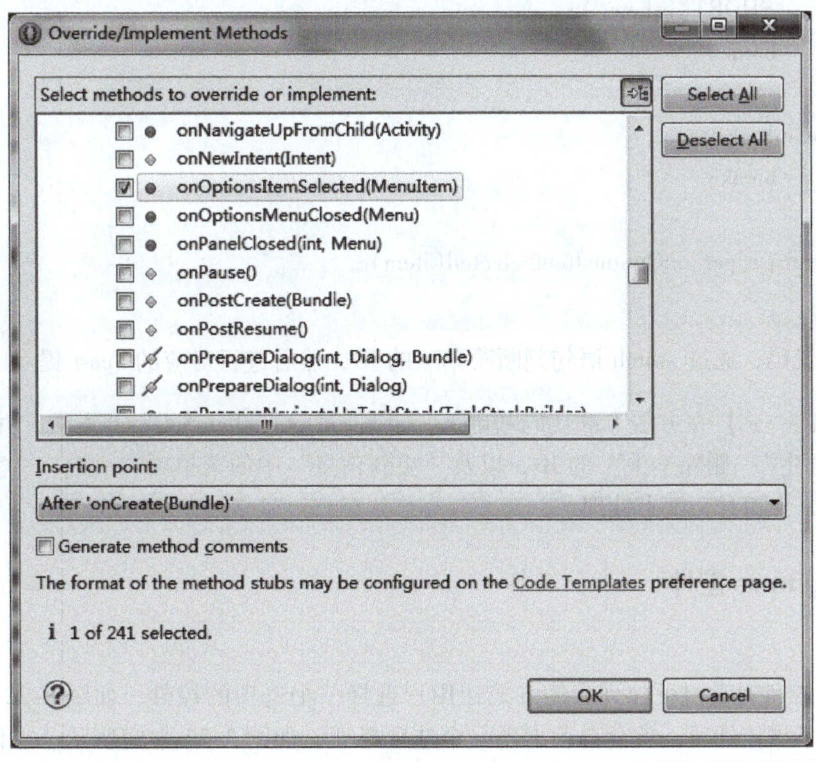

图 3-21　重写 Activity 的方法

判断单击菜单项的 ID，就可以进行不同菜单项单击代码的添加：

```
@ Override
public boolean onOptionsItemSelected( MenuItem item) {
    // TODO Auto-generated method stub
    switch( item. getItemId( ) )
    {
    case R. id. menu_add:
        Toast. makeText( MainActivity. this, "你单击了新增按钮", Toast. LENGTH_
        SHORT). show( );
        break;
```

```
        case R. id. menu_del:
            Toast. makeText(MainActivity. this, "你单击了删除按钮", Toast. LENGTH_
            SHORT). show();
            break;

        case R. id. menu_update:
            Toast. makeText(MainActivity. this, "你单击了更新按钮", Toast. LENGTH_
            SHORT). show();
            break;

        default:
            break;
        }
        return super. onOptionsItemSelected(item);
    }
```

上面的代码，通过 switch 语句判断菜单项的 ID，然后进行对应的 Toast 提示。

【试一试】在方法 1 的代码基础上，重写 onOptionsItemSelected 方法，并判断子菜单“新增学生”“删除学生”的 ID，以及“更新信息”中的菜单项“姓名”“学生”“学号”的 ID，分别对其做出处理。

六、Spinner 控件

1. 简介

Spinner 控件是通过下拉列表的方式让用户选择一个选项的控件，如图 3-22 上方所示。当用户单击了该控件后，就会自动出现一个选项界面，如图 3-22 中间所示。在该选项界面中任意选择一项，会发现控件的选择项发生了改变，如图 3-22 下方所示。

Spinner 是 AdapterView 的子类，AdapterView 是一种比较特别的控件，AdapterView 所派生出来的类都有一个共同点，即控件如果希望显示数据必须要用到 Adapter 适配器，所谓适配器可以看作一个桥梁，它连接着数据和控件，告诉控件如何显示这些数据，如图 3-23 所示。

2. 重要属性

Spinner 控件是 AdapterView 的子类，AdapterView 是 View 类的子类，所以 Spinner 控件继承了许多 View 类的属性，下面主要介绍 Spinner 特有的属性。

（1）android：spinnerMode

用来改变 Spinner 控件下拉列表框的样式，可以为弹出列表（dialog），也可以为下拉列表（dropdown），默认为下拉列表。

（2）android：prompt

单击 Spinner 控件出现下拉列表框的标题，仅在 dialog 模式下有效，可以将其设定为一

个类似于“@ string/name”字符串资源。

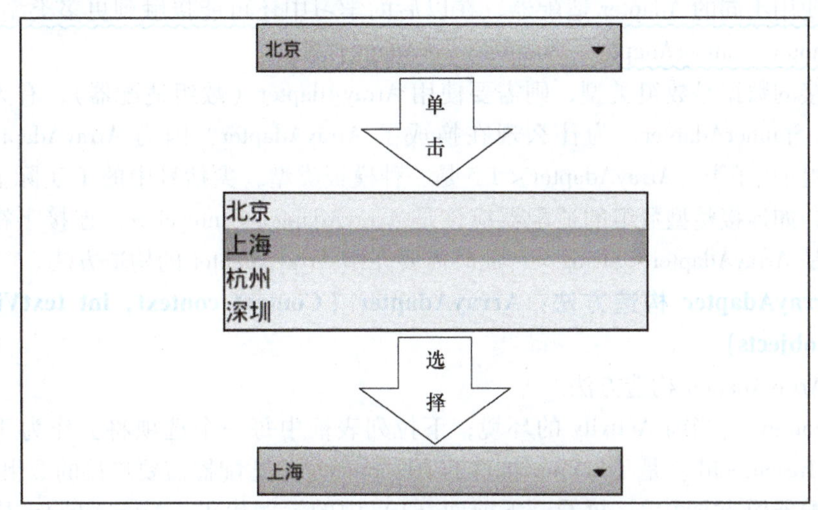

图 3-22 Spinner 控件显示效果图

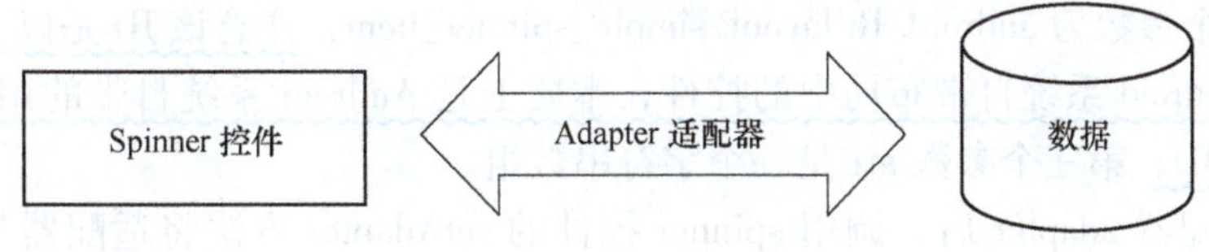

图 3-23 Adapter 适配器

3. 重要方法

通过修改 XML 属性能非常迅速地设定控件的样式，有时需要通过调用控件的方法动态地修改控件的属性，这就要求对控件常用的方法有一定的了解。

（1）Spinner 类的方法：public void setAdapter（SpinnerAdapter adapter）

功能：设定控件所使用的适配器。

参数：adapter 适配器。

示例：

```
String[ ] arr = { "北京", "上海", "杭州", "深圳" };

//从数组创建 ArrayAdapter
ArrayAdapter < String >  adapter = new ArrayAdapter < String > ( MainActivity. this,
android. R. layout. simple_spinner_item, arr) ;

//设置 spinner 的数据源
Spinner spinner = ( Spinner) this. findViewById( R. id. spinnerOperator) ;
spinner. setAdapter( adapter) ;
```

要充分理解上面的代码，首先还要理解 Adapter 适配器，Adapter 是一种连接数据和控件的桥梁，通过 Adapter 可以告诉控件要显示哪些数据、如何显示这些数据，另外不同的数据和控件需要使用不同的 Adapter 适配器，在以后的学习中还可能接触到更多类型的适配器，如 SimpleAdapter、CursorAdapter、SimpleCursorAdapter 等。

如果连接的数据是数组类型，则需要使用 ArrayAdapter（数组适配器），有人会问该方法的参数是 SpinnerAdapter，为什么现在换成了 ArrayAdapter？因为 ArrayAdapter 是 SpinnerAdapter 的间接子类。ArrayAdapter < T > 是一种模板类型，尖括号中的 T 实际上代表数组元素的类型，如连接整型数组的适配器应该是 ArrayAdapter < Integer >，连接字符串数组的适配器应该是 ArrayAdapter < String >，此时需要介绍 ArrayAdapter 的构造方法。

（2）ArrayAdapter 构造方法：ArrayAdapter（Context context，int textViewResourceId，T [ ] objects）

功能：ArrayAdapter 构造方法。

参数：context 为当前 Activity 的环境；下拉列表框中每一个选项将会作为 TextView 显示，textViewResourceId 就是 TextView 控件的 ID；objects 为适配器需要连接的数组数据。

了解适配器构造方法后，再看一下前面（1）中的示例代码，ArrayAdapter 构造时第一个参数为 MainActivity. this，代表当前 Activity 的环境，这个参数应该根据实际 Activity 的名字决定；第二个参数为 android. R. layout. simple_spinner_item，注意该 ID 是以“android.”开头的，代表 Android 系统自带布局中的控件，本质上是 Android 系统自带的用于显示选项的 TextView 控件 ID；第三个参数 arr 是一个字符串数组。

创建完适配器 adapter 后，调用 spinner 控件的 setAdapter 方法将适配器与控件相连接，这样字符串数组类型的数据 arr，就通过 ArrayAdapter 类型的适配器 adapter，与 Spinner 控件连接起来了。

（3）ArrayAdapter 类的方法：public void setDropDownViewResource（int resource）

功能：设置下拉菜单的显示样式。

参数：resource 为下拉菜单显示样式的 XML 资源文件，可以利用 Android 系统自带的样式，如默认值 android. R. layout. simple _ spinner _ item（如图 3-24 左侧所示）、android. R. layout. simple_spinner_dropdown_item（如图 3-24 右侧所示）。

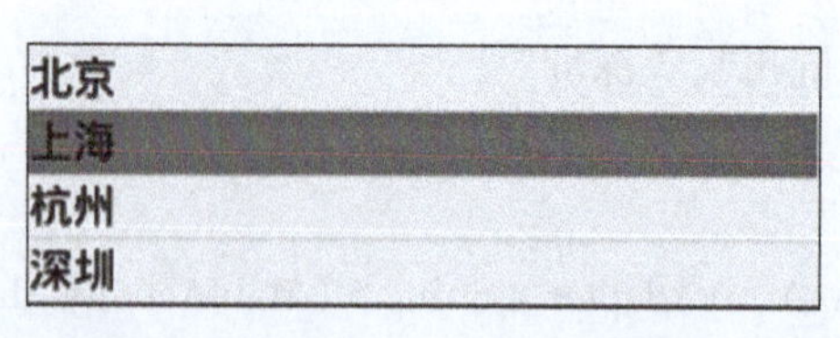

图 3-24　Spinner 控件的样式

4. 监听器

Spinner 控件最重要的监听器实际上就是用户选择了某个选项的监听器，设定该监听器的方法为

public void setOnItemSelectedListener （AdapterView. OnItemSelectedListener listener）

功能：用于监听 Spinner 选项被选中的事件，该方法是 Spinner 控件从其父类 AdapterView 中继承得到的。

说明：AdapterView. OnItemSelectedListener 是选项监听器。

示例：

```
Spinner spinner = (Spinner)this.findViewById(R.id.spinnerOperator);
spinner.setOnItemSelectedListener(new AdapterView.OnItemSelectedListener() {
        @Override
        public void onItemSelected(AdapterView<?> arg0, View arg1,
                int arg2, long arg3) {
            // TODO Auto-generated method stub
        }
        @Override
        public void onNothingSelected(AdapterView<?> arg0) {
            // TODO Auto-generated method stub
        }
});
```

OnItemSelectedListener 接口需要实现两个方法，一是 onItemSelected（选项被选中时触发），二是 onNothingSelected（没有任何选项被选中时触发）。一般情况下需要在 onItemSelected 方法中添加相应的处理代码。onItemSelected 的语法为

public void onItemSelected （AdapterView<?> arg0, View arg1, int arg2, long arg3）

功能：选项被选中时触发。

参数：arg0 为单击的 Spinner 控件；arg1 为单击的那一项的视图；arg2 为单击的那一项的位置。

5. 使用范例

组合 Spinner 控件、Button 控件、TextView 控件、Spinner 控件显示 12 个星座，单击 Button 按钮后 TextView 将显示 Spinner 当前选择的星座名称。

这里依然要使用字符串数组，字符串数组除了可以像在 setAdapter 方法中那样定义外，Android 还可以将字符串定义在 XML 文件中。单击 res \ value \ string. xml 文件，在字符串的资源视图中，单击【Add...】按钮，如图 3-25 所示。

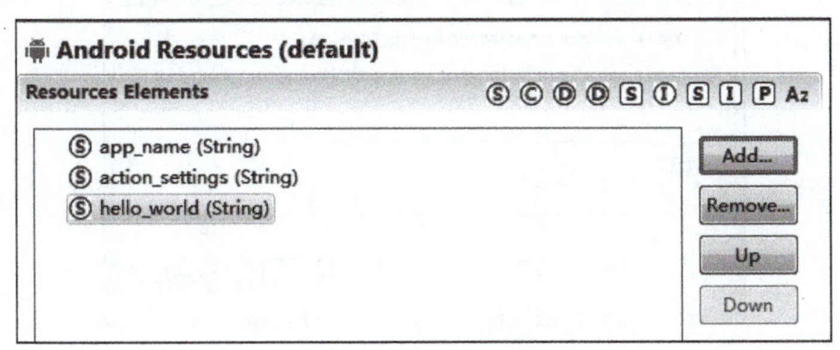

图 3-25　字符串的资源视图

出现图 3-26 所示的对话框，选择【String Array】后单击【OK】按钮，就新建了一个字符串数组资源。

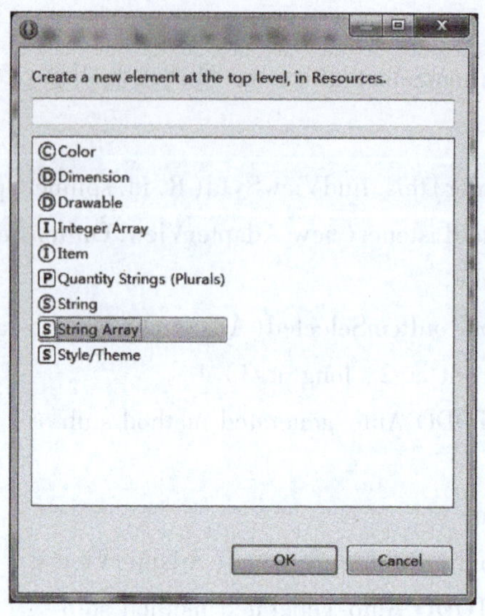

图 3-26　添加字符串数组

在资源视图的右侧输入新建字符串数组的名称，单击菜单【File⇒Save】，字符串数组的名称就会发生变化，如图 3-27 所示。

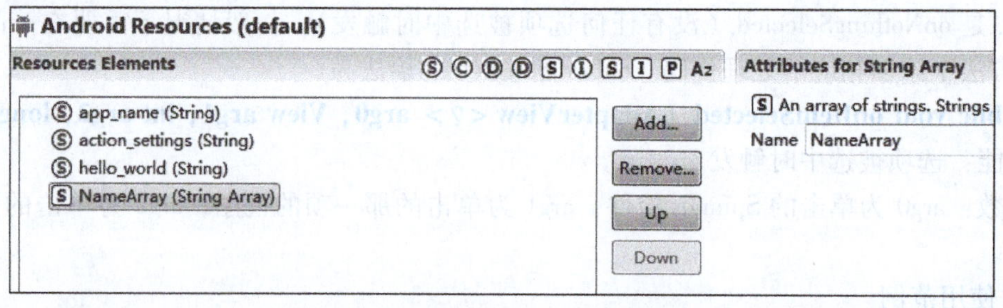

图 3-27　修改字符串数组的名称

然后开始向这个字符串数组中添加一个个字符串元素，选中该字符串数组，单击【Add...】按钮，此时会出现图 3-28 所示的对话框，选中【Item】后单击【OK】按钮后就会生成一个字符串。

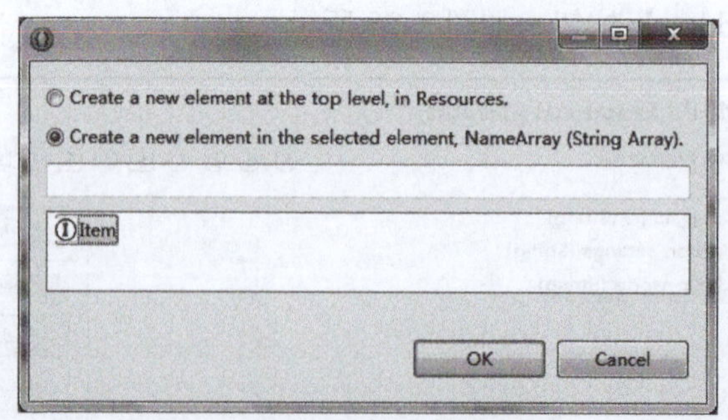

图 3-28　向数组中添加元素

单击生成的字符串，在资源视图右侧输入该字符串的内容，如“白羊座”后，单击菜单【File⇒Save】保存，字符串的值就被设定了，如图 3-29 所示。

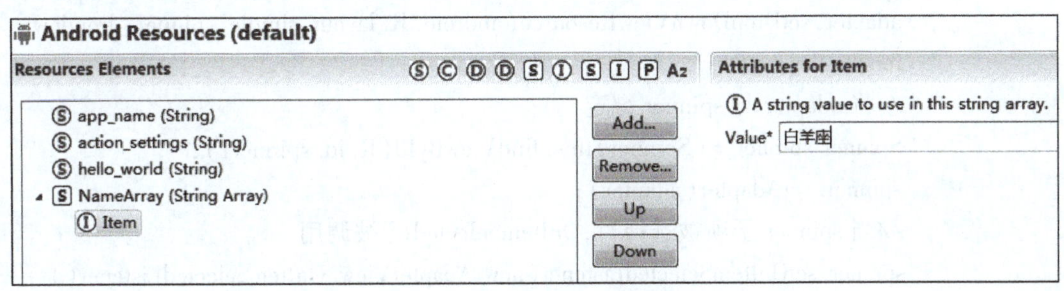

图 3-29 修改字符串的值

按照同样的方法，添加另外 11 个星座的名称，添加完毕后可以看到 string. xml 文件已经自动添加了以下内容，所以本质上也可以通过直接修改 XML 文件来添加字符串数组。

```
<string-array name = "NameArray" >
    <item>白羊座</item>
    <item>金牛座</item>
    <item>双子座</item>
    <item>巨蟹座</item>
    <item>狮子座</item>
    <item>处女座</item>
    <item>天秤座</item>
    <item>天蝎座</item>
    <item>射手座</item>
    <item>摩羯座</item>
    <item>水瓶座</item>
    <item>双鱼座</item>
</string-array>
```

后续的工作主要集中在 onCreate 方法上，需要从 XML 文件中加载数据，新建 ArrayAdapter 适配器，与 spinner 对象绑定，最后实现 spinner 子项被选择的监听器。

```
@Override
    protected void onCreate(Bundle savedInstanceState) {
        super.onCreate(savedInstanceState);
        setContentView(R.layout.activity_main);

        //根据 R.array.NameArray 字符串资源,创建 ArrayAdapter 类型的对象 adapter
        ArrayAdapter<CharSequence> adapter =
            ArrayAdapter.createFromResource(MainActivity.this,R.array.NameArray,
```

```
            android. R. layout. simple_spinner_item);
        //设定 spinner 下拉的样式
        adapter. setDropDownViewResource(android. R. layout. simple_spinner_dropdown_
        item);
        //将 adapter 与 spinner 绑定
        Spinner spinner = (Spinner)this. findViewById(R. id. spinner1);
        spinner. setAdapter(adapter);
        //当 spinner 子项被选择时,OnItemSelected()被调用
        spinner. setOnItemSelectedListener(new AdapterView. OnItemSelectedListener() {
            @Override
            public void onItemSelected(AdapterView<?> arg0, View arg1,
                    int arg2, long arg3) {
                // TODO Auto-generated method stub
                //将选项视图转换为 TextView 类型
                TextView txt = (TextView)arg1;
                //获取选中项的显示字符串
                String strName = txt. getText(). toString();
                //使用 Toast 提示该字符串(实际上为选中星座的名称)
                Toast. makeText(MainActivity. this, strName, Toast. LENGTH_SHORT).
                show();
            }

            @Override
            public void onNothingSelected(AdapterView<?> arg0) {
                // TODO Auto-generated method stub
            }
        });
    ...
}
```

onCreate 代码中使用了 ArrayAdapter. createFromResource 方法，该方法特别说明一下。

public static ArrayAdapter<CharSequence> createFromResource (Context context, int textArrayResId, int textViewResId)

功能：根据资源创建一个 ArrayAdapter 对象。

参数：context 为 Activity 的环境；textArrayResId 为数据源 ID（也就是 XML 文件中创建的字符串数组的 ID）；textViewResId 为每项视图的布局 ID。

返回值：创建返回的 ArrayAdapter 对象。

创建完毕后设定下拉样式，并将 adapter 与 spinner 控件绑定，然后实现 spinner 的监听器，当子项被选择时 onItemSelected()方法被调用。由于每一项使用的是 android. R. layout.

simple_spinner_item 视图，该系统自带的视图本质上就是一个 TextView，所以在 onItemSelected 方法中将 arg1（被选中项的视图）转换为 TextView 类型，并获取该项显示的字符串，通过 Toast 显示出来。整个程序运行的结果如图 3-30 所示，选择“金牛座”这一项后马上会出现该星座的 Toast。

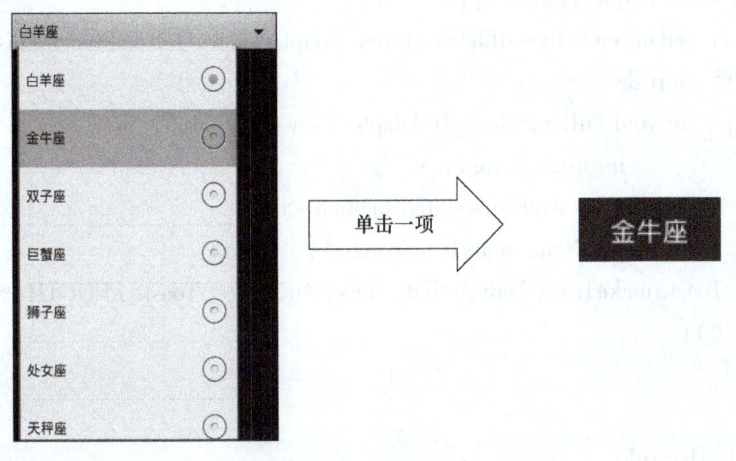

图 3-30　星座 Spinner 的演示效果图

七、Android 的调试

1. 简介

作为程序员除了设计、编码外，调试也是非常重要的工作，调试的目的是发现程序中的问题，这样的问题很早就有了一个专有英文称为 Bug（臭虫），当 Bug 出现时程序员就需要去查找并解决。如何才能达到这样的目的？就需要依赖调试。Android 中的调试，实际上和 Java 中的调试没有太大区别，为了让大家更加深刻地记住调试的步骤，下面讲解在 Android 开发环境下如何调试。

2. 调试方法

下面以一个例子讲解如何进行调试，讲解 Spinner 控件时，在 onCreate 方法中添加了许多代码，现在将代码修改如下：

```
@ Override
protected void onCreate( Bundle savedInstanceState) {
    super. onCreate( savedInstanceState) ;
    setContentView( R. layout. activity_main) ;

    //从字符串数组资源创建 ArrayAdapter
    ArrayAdapter < CharSequence > adapter = ArrayAdapter. createFromResource( MainActivity. this, R. array. NameArray, android. R. layout. simple_spinner_item) ;
    //设定 Spinner 下拉样式
```

```
adapter.setDropDownViewResource(android.R.layout.simple_spinner_dropdown_item);

//设置 spinner 的数据源
Spinner spinner = (Spinner)this.findViewById(R.id.spinner1);
spinner.setAdapter(adapter);
spinner.setOnItemSelectedListener(new AdapterView.OnItemSelectedListener() {
    @Override
    public void onItemSelected(AdapterView<?> arg0, View arg1,
            int arg2, long arg3) {
        // TODO Auto-generated method stub
        String strName = arg1.toString();
     Toast.makeText(MainActivity.this, strName, Toast.LENGTH_SHORT).show
     ();
    }

    @Override
    public void onNothingSelected(AdapterView<?> arg0) {
        // TODO Auto-generated method stub
    }
});
}
```

程序运行后会发现 Toast 显示的内容出现了错误，如图 3-31 所示。

android.widget.TextView{40df4010 V.ED.... ......I. 16,17-403,50 #1020014 android:id/text1}

图 3-31　Toast 显示内容出现错误

程序出现问题时不能慌张，需要理性地分析问题出现时所涉及的代码，然后设定断点进行调试。可以按照图 3-32 所示的流程，逐步进行调试分析，最终解决问题。

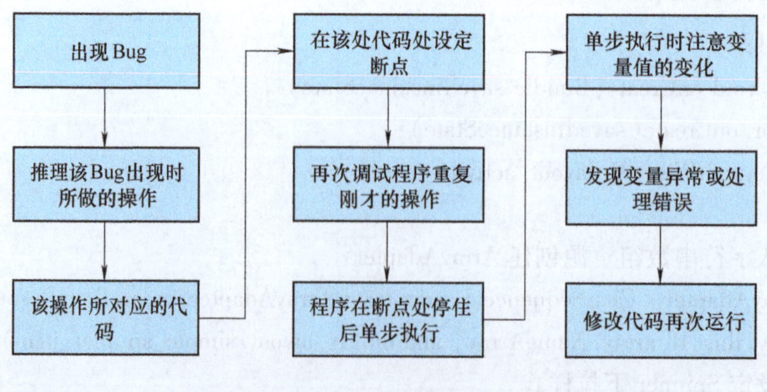

图 3-32　调试流程

首先推理该Bug出现时所做的操作，非常明显，出现Toast一定是调用了onItemSelected方法，但是之前讲过该方法需要选择了Spinner某一项才能调用，为什么程序一运行就执行了？实际上程序运行初始化时，会默认选中Spinner的第一项，从而触发该方法。因此就在该方法的第一行代码处设定断点，方法非常简单，只需要在该行代码左侧灰色边界处双击，或者单击鼠标右键，在弹出的快捷菜单中选择【Toggle Breakpoint】，就会发现该行代码左侧出现一个断点，如图3-33所示。

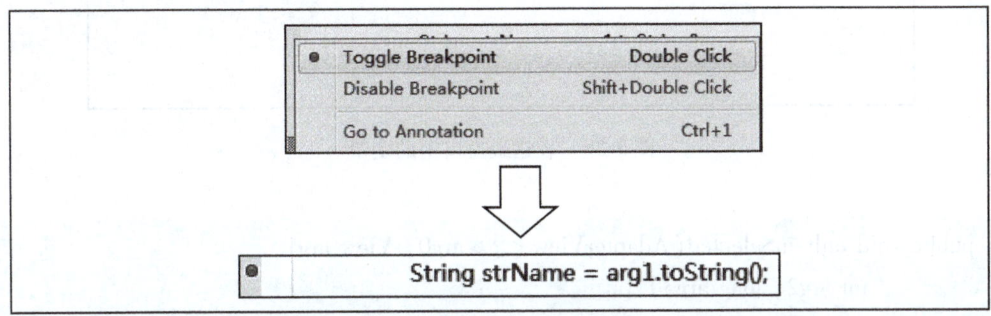

图3-33　通过快捷菜单设定断点

单击Eclipse工具的菜单【Run⇒Debug】，此时模拟器会出现图3-34所示等待调试的界面，不要以为这又是程序崩溃了，耐心等待一会儿就会回到应用界面。

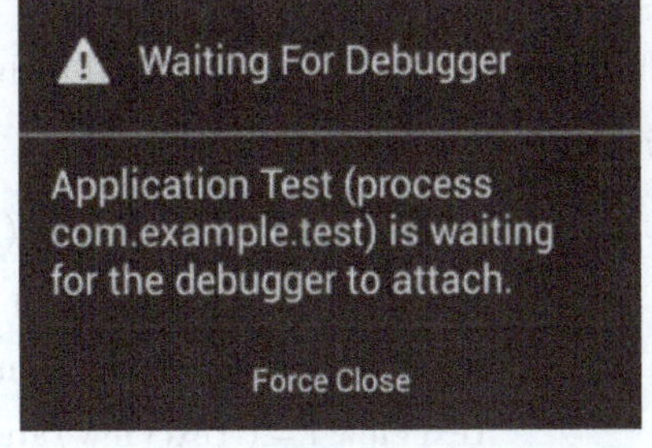

图3-34　模拟器提示等待调试的界面

应用程序一加载，会发现模拟器黑屏，这不是意味着程序死掉了。注意：Eclipse开发环境已经切换到了Debug Perspective（调试视角），并且断点处已经有了一个箭头，如图3-35所示。

然后按快捷键〈F6〉或者单击菜单【Run⇒Step Over】进行单步调试，此时需要观察每一个变量的值。为了更加方便地观察变量的值，通过单击菜单【Window⇒Show View⇒Expressions】，将表达式窗口显示出来，直接将strName变量拖到该窗口中，就可以看到该变量的值了，如图3-36所示。

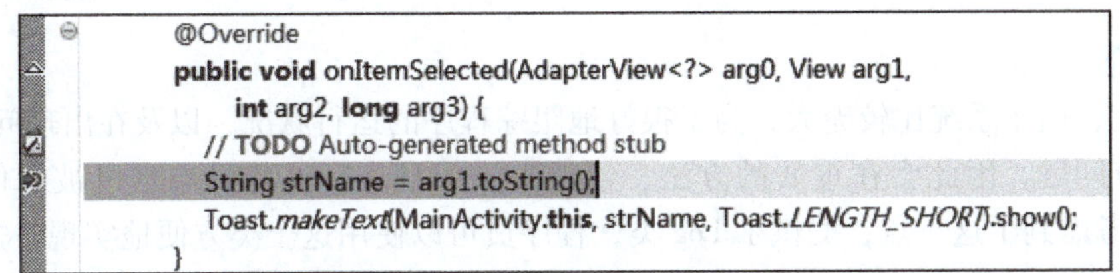

图3-35　断点处有箭头

此时会发现strName变量的值已经出现了错误，于是需要认真分析strName赋值的代码。

(x)= Variables　Breakpoints　Expressions

Name	Value
"a"	<error(s)_during_the_evaluation>
"strName"	android.widget.TextView{40d22c08 V.ED.... ......ID 16,17...
Add new expression	

图 3-36　表达式窗口中的变量

```
public void onItemSelected(AdapterView<?>arg0, View arg1,
        int arg2, long arg3) {
    // TODO Auto-generated method stub
    String strName = arg1.toString();}
```

strName 的值来自于 arg1. toString()，arg1 就是选中的那一项，本质上是一个 TextView。实际上需要获得该控件显示的文本，所以应该使用 arg1. getText()获取文本，由于返回值是 CharSequence 类型，紧接着调用 toString()将其转换为 String 类型。重新修改代码后再运行，会出现预期的结果。

```
    public void onItemSelected(AdapterView<?> arg0, View arg1,
        int arg2, long arg3) {
    // TODO Auto-generated method stub
    TextView t = (TextView)arg1;
    String strName = t.getText().toString();
    Toast.makeText(MainActivity.this, strName, Toast.LENGTH_SHORT).show();
}
```

八、Android 日志

1. 简介

实际上，由于系统比较庞大，为了很好地跟踪程序的运行状况，以及在出现问题时便于追踪和排查问题，因此会在重要的方法、处理中添加日志，这些日志可以被方便地查阅。Android 也考虑到了这一点，提供了 Log 类，程序员可以使用这个类方便地实现日志的记录，并且通过开发工具 Eclipse 中的插件方便地查阅和筛选日志。

Android 中的日志有不同的级别，所谓级别可以理解为有的日志含有重要信息、有的日志仅仅是描述性的信息、有的日志仅仅是程序员的调试信息。通过 Log 类提供的方法，能够方便地进行不同级别的日志输出，Log 类提供以下级别的日志。

- Log. ASSERT：断言。

- Log. ERROR：错误信息。
- Log. WARN：警告信息。
- Log. INFO：普通信息。
- Log. DEBUG：调试信息。
- Log. VERBOSE：无关紧要的信息。

从上至下日志的级别递减，也就是 ASSERT 级别最高。

2. 重要方法

相对于不同级别，Log 类提供了相应的方法进行不同级别日志的记录。

(1) public static int e (String tag, String msg)

功能：记录一条 ERROR 级别的日志。

参数：tag 为日志发起者，用于定位是谁发起的这条日志，常常会使用类或 Activity 的名称；msg 是日志内容的字符串。其他几个方法的参数与该方法一致，不再赘述。

示例：

```
Log.e("MainActivity","程序启动啦!");
```

(2) public static int w (String tag, String msg)

功能：记录一条 WARN 级别的日志。

(3) public static int i (String tag, String msg)

功能：记录一条 INFO 级别的日志。

(4) public static int d (String tag, String msg)

功能：记录一条 DEBUG 级别的日志。

(5) public static int v (String tag, String msg)

功能：记录一条 VERBOSE 级别的日志。

(6) public static int println (int priority, String tag, String msg)

功能：记录一条指定级别的日志。

参数：priority 为优先级，后两个参数与其他方法一致。

示例：

```
Log.println(Log.ASSERT,"MainActivity","程序启动啦!");
```

3. 使用范例

在菜单响应的范例中增加输出日志的功能，当菜单被创建时输出一条 DEBUG 日志，而在菜单项被单击时输出一条 INFO 日志。

示例：

重写 onOptionsItemSelected 和 onCreateOptionsMenu 方法，在这两个方法中添加输出日志的代码。

```
@Override
public boolean onOptionsItemSelected(MenuItem item) {
    // TODO Auto-generated method stub
```

```
        Log.i("MainActivity", item.getTitle().toString());
                                        //INFO 级别日志:被单击菜单项的名称
        return super.onOptionsItemSelected(item);
    }

    @Override
    public boolean onCreateOptionsMenu(Menu menu) {
        // Inflate the menu; this adds items to the action bar if it is present.
        Log.d("MainActivity", "菜单创建了!");//DEBUG 级别日志:菜单创建了!
        getMenuInflater().inflate(R.menu.main, menu);
        return true;
    }
```

4. 日志查阅

查阅日志需要通过一个叫 LogCat 的窗口，在开发环境下方单击标题为“LogCat”的窗口，就可以看到日志信息，如图 3-37 所示。

图 3-37　LogCat 窗口

如果在开发环境下方看不到 LogCat 窗口，通过单击菜单【Window⇒Show View⇒Other...】，可以打开图 3-38 所示的窗口，在其中选择【Android⇒LogCat】，单击【OK】按钮就可以将 LogCat 窗口显示出来。

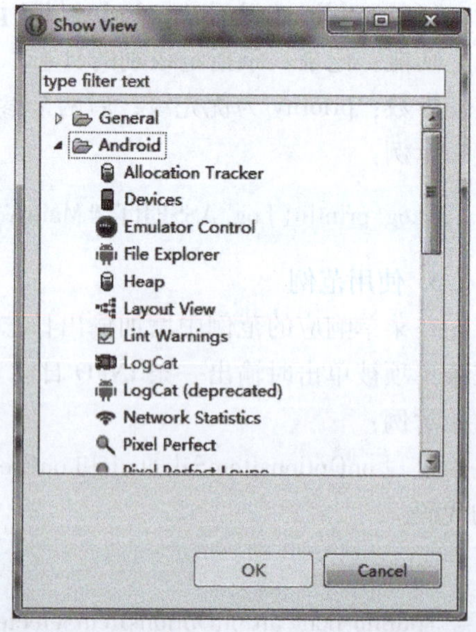

图 3-38　显示 LogCat 窗口

5. 筛选级别

如图 3-39 所示，LogCat 还可以通过下拉列表框显示特定级别的日志，当选择级别为“debug”时，将显示级别 DEBUG 及其以下的日志。

而当选择级别为“info”时，显示级别 INFO 及其以下的日志，如图 3-40 所示。

6. 日志过滤

LogCat 窗口左侧是过滤器设定区域，通过单击【+】按钮可以创建过滤器，单击【-】按钮可以删除过滤器。如图 3-41 所示，单击【+】按钮弹出创建过滤器设定窗口，输入过滤器的名称（Filter

Name），然后选择过滤器条件，单击【OK】按钮。日志的过滤条件可以选择下面任何一个，也可以几个条件组合：

- by Log Tag：日志的发起者。
- by Log Message：日志内容。
- by PID：进程 ID。
- by Application Name：应用程序名称。
- by Log Level：日志级别。

Problems | Declaration | Console | LogCat

Saved Filters: All messages (no filters); Filter_MainActivity (24); com.example.test (Sessi

Search for messages. Accepts Java regexes. Prefix with pid:, app:, tag: or text: to limit scope. debug

Level	Time	PID	TID	Application	Tag	Text
D	11-23 06:14:38.910	791	793	com.example.test	dalvikvm	GC_CONCURRENT freed 78K, 7% free
I	11-23 06:14:47.680	791	791	com.example.test	MainActivity	【Add】菜单项被单击了
I	11-23 06:14:47.921	791	791	com.example.test	Choreographer	Skipped 43 frames! The applicati read.
I	11-23 06:14:52.560	791	791	com.example.test	MainActivity	【Delete】菜单项被单击了
I	11-23 06:14:56.760	791	791	com.example.test	MainActivity	【Update】菜单项被单击了

图 3-39　筛选 DEBUG 级别的日志

Problems | Declaration | Console | LogCat

Saved Filters: All messages (no filters); Filter_MainActivity (32); com.example.test (Sessi

Search for messages. Accepts Java regexes. Prefix with pid:, app:, tag: or text: to limit scope. info

Level	Time	PID	TID	Application	Tag	Text
I	11-23 06:14:47.680	791	791	com.example.test	MainActivity	【Add】菜单项被单击了
I	11-23 06:14:47.921	791	791	com.example.test	Choreographer	Skipped 43 frames! The application read.
I	11-23 06:14:52.560	791	791	com.example.test	MainActivity	【Delete】菜单项被单击了
I	11-23 06:14:56.760	791	791	com.example.test	MainActivity	【Update】菜单项被单击了

图 3-40　筛选 INFO 级别的日志

以图 3-41 为例，创建一个名为 Filter_MainActivity 的过滤器，过滤条件是日志发起者为 MainActivity。

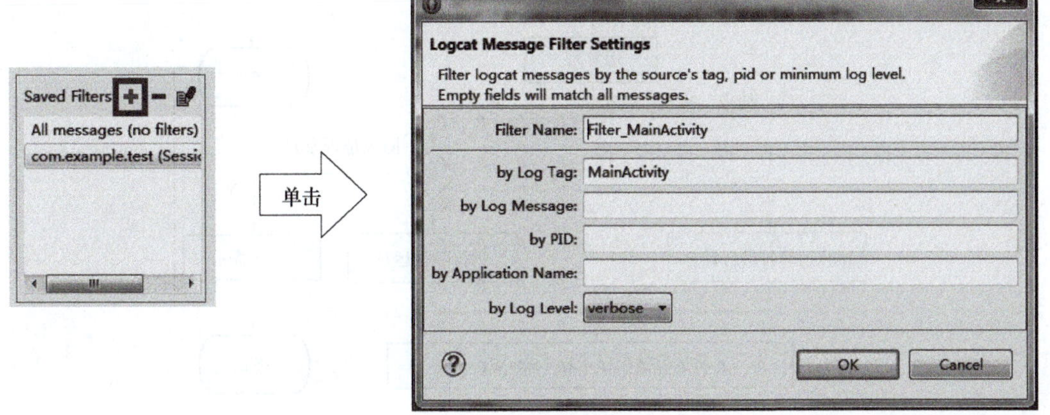

图 3-41　设定过滤器

创建该过滤器之后将只显示 tag 为 MainActivity 的日志，且可以看到左侧出现了新建的过滤器，如图 3-42 所示。

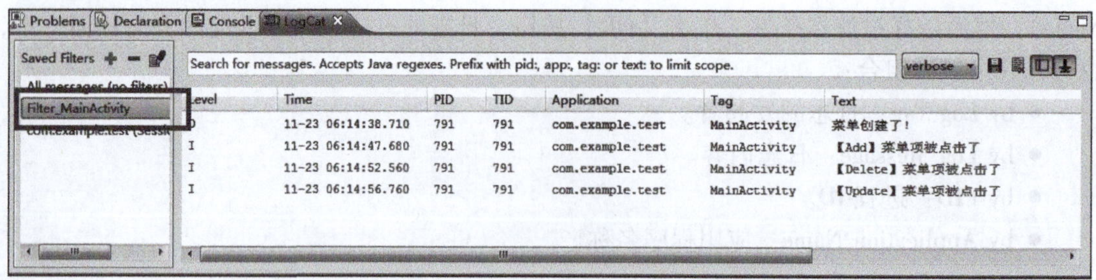

图 3-42　使用过滤器后的日志

任务实施

通过前面知识的铺垫，已经具备了制作一个简单计算器的知识，虽然本节知识点比较多，但是只需要用到其中一部分知识。

一、总体分析

前面已经了解了计算器的界面和功能，具体功能不复杂，就是最基本的加减乘除。单击【计算】按钮后，需要从两个 EditText 中获取两个操作数，然后根据 Spinner 控件的当前选项判断出操作符，进行操作数的运算。

程序处理的逻辑主要集中在【计算】按钮的单击监听器的 onClick 方法中，大体的逻辑流程如图 3-43 所示。

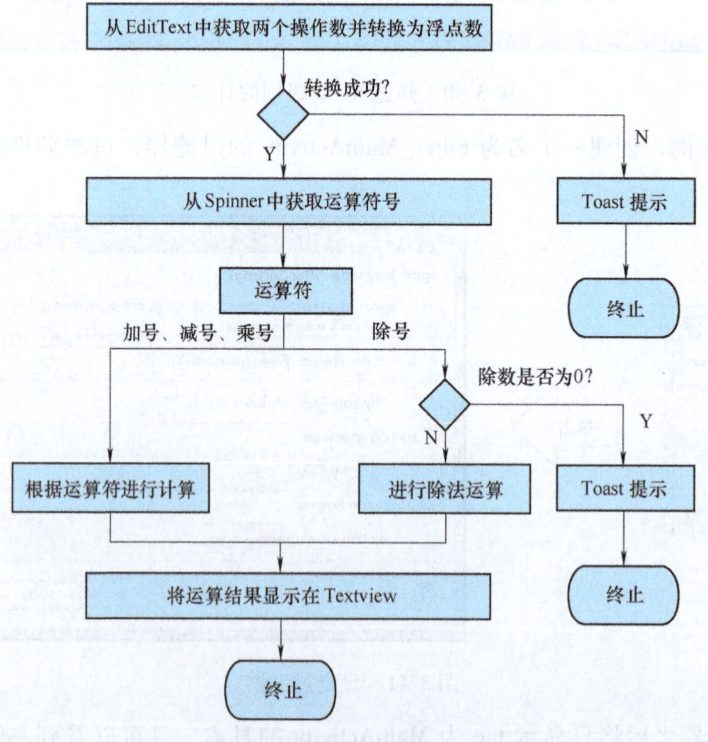

图 3-43　程序处理逻辑流程

二、项目布局

1. 创建项目

首先创建一个 Android 应用程序项目，命名为 MyCal，默认的 Activity 名称为 MainActivity，其对应的 XML 布局文件为 activity_main. xml，创建 Android 项目的方法可以参考任务一中的内容。

2. 界面布局

从界面显示上看，该应用程序包含了多个控件：两个 EditText、一个 Spinner、一个 Button、一个 TextView。从界面布局上看，EditText 和 Spinner 控件占用了一行，Button 占用了一行，TextView 占用了一行。这种方法很容易让人想起 TableLayout（表格布局），如图 3-44 所示，将布局方式修改为表格布局，并将默认的一个 TextView 删除掉。

计算器中两个 EditText（两个操作数）和一个 Spinner 控件（运算符）占用了一个 TableRow，需要首先切换到布局的图形视图中，从 Palette 窗口中将一个 TableRow 拖到布局中，然后在该 TableRow 中添加控件，如图 3-45 所示。

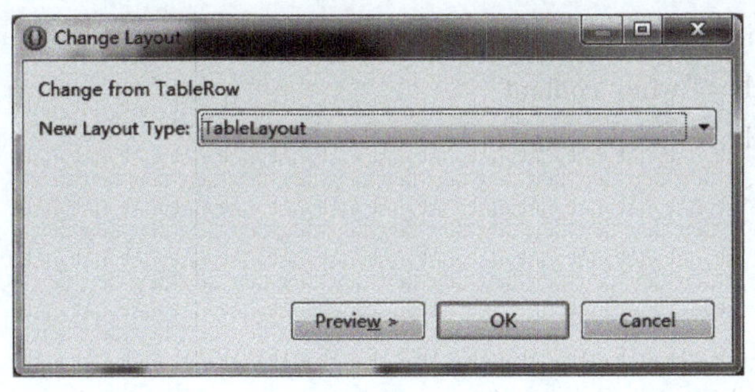

图 3-44　修改布局方式

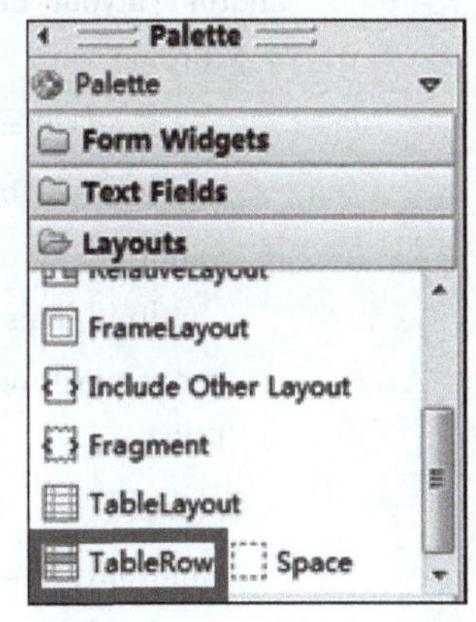

图 3-45　添加 TableRow

Button 控件则位于 TableRow 的下方，而显示运算结果的 TextView 位于 Button 控件下方。布局完毕后需要修改这些控件的属性，通过直接编辑 activity_main. xml 布局文件的方法进行。

（1）EditText

两个操作数使用 EditText 控件，由于操作数可以为负数，也可以为小数，EditText 的 InputType 属性并不能非常好地满足要求，所以不设定 InputType 属性，这样可以输入任何字母，这意味着程序需要进行异常输入的判断。

（2）Button

Button 按钮起到一个触发计算的功能，不需要设定特别的属性，只需要将 android：text 修改为“计算”即可。

（3）TextView

由于程序一开始并没有计算结果，所以将 TextView 的 android：text 修改为空。

综上所述，MainActivity 界面布局的代码如下：

```
<TableLayout xmlns:android = "http://schemas.android.com/apk/res/android"
    xmlns:tools = "http://schemas.android.com/tools"
    android:id = "@ +id/TableLayout1"
    android:layout_width = "match_parent"
    android:layout_height = "match_parent"
    android:paddingBottom = "@ dimen/activity_vertical_margin"
    android:paddingLeft = "@ dimen/activity_horizontal_margin"
    android:paddingRight = "@ dimen/activity_horizontal_margin"
    android:paddingTop = "@ dimen/activity_vertical_margin"
    tools:context = ".MainActivity" >
    <TableRow
        android:id = "@ +id/tableRow1"
        android:layout_width = "wrap_content"
        android:layout_height = "wrap_content" >
        <EditText
            android:id = "@ +id/editTextInput1"
            android:layout_width = "wrap_content"
            android:layout_height = "wrap_content"
            android:ems = "5" >
            <requestFocus />
        </EditText>
        <Spinner
            android:id = "@ +id/spinnerOperator"
            android:layout_width = "wrap_content"
            android:layout_height = "wrap_content" />
        <EditText
            android:id = "@ +id/editTextInput2"
            android:layout_width = "wrap_content"
            android:layout_height = "wrap_content"
            android:ems = "5" />
    </TableRow>
    <Button
        android:id = "@ +id/buttonCal"
        android:layout_width = "wrap_content"
        android:layout_height = "wrap_content"
        android:text = "计算" />
    <TextView
        android:id = "@ +id/textViewResult"
```

```
        android:layout_width = "wrap_content"
        android:layout_height = "wrap_content"
        android:text = ""
        android:textAppearance = "? android:attr/textAppearanceLarge" / >
    < /TableLayout >
```

【提示】界面布局时，使用了 TableLayout 布局，实际上将横向和纵向的线性布局配合起来，也可以达到同样的效果。

可以看到上面程序整体上是一个纵向的线性布局，包含了三个子元素：一个横向线性布局、一个 Button、一个 TextView。而横向线性布局又包含了三个子元素：两个 EditText 和一个 Spinner 控件。这个例子说明，利用布局之间的嵌套可以使应用界面布局更加灵活。

三、功能实现

1. 编码实现

（1）成员变量

由于程序中需要经常使用控件的对象，从中获取信息或者设置控件的内容，所以申明成员变量分别代表各个控件对象：

```
private Button button;
private EditText editNum1;
private EditText editNum2;
private TextView textview;
private Spinner spinner;
```

（2）onCreate

在该方法中添加成员变量赋值的代码，根据控件的 ID 获取控件对象，Spinner 控件绑定适配器以显示四个运算符，创建 Button 的单击监听器：

```
protected void onCreate(Bundle savedInstanceState) {
    super.onCreate(savedInstanceState);
    setContentView(R.layout.activity_main);

    //根据控件 ID 获取控件对象
    editNum1 = (EditText) findViewById(R.id.editTextInput1);
    editNum2 = (EditText) findViewById(R.id.editTextInput2);
    textview = (TextView) findViewById(R.id.textViewResult);
    spinner = (Spinner)findViewById(R.id.spinnerOperator);

    //从数组创建 ArrayAdapter 类型的对象 adapter
```

```
        String[ ] arr = { " + ", " - ", " × ", "/" };
        ArrayAdapter < String >  adapter = new ArrayAdapter < String > ( MainActivity. this,
        android. R. layout. simple_spinner_item, arr);
        //将 adapter 与 spinner 绑定
        spinner. setAdapter( adapter);

        //创建按钮单击监听器
        button. setOnClickListener( new OnClickListener( ) {
            public void onClick( View v) {
            }
        });
    }
```

onCreate 方法首先通过 findViewByID 方法获取了多个控件对象，然后通过数组的方式创建 ArrayAdapter 类型的对象 adapter，将 adapter 与 spinner 绑定，最后为 button 创建单击监听器 OnClickListener，之后的工作就是在 onClick 方法中实现计算的功能。

（3）监听器实现

实现 Button 控件单击监听器的 onClick 方法，具体处理参照总体分析的流程图，需要完成获取操作数、操作符及进行计算的处理：

```
    public void onClick( View v) {
        String str1 = editNum1. getText( ). toString( );
        String str2 = editNum2. getText( ). toString( );
        double ope1,ope2;
        //获取两个操作数
        try
        {
            ope1 = Double. parseDouble( str1);
            ope2 = Double. parseDouble( str2);
        }
        catch( Exception e)
        {
            Toast. makeText( MainActivity. this, "输入的数据格式有误!",
            Toast. LENGTH_SHORT). show( );
            textview. setText( "NG");
            return;
        }

        //获取操作符
        int pos = spinner. getSelectedItemPosition( );
```

```
        double ope3 = 0;
        switch(pos)
        {
        case 0:
            ope3 = ope1 + ope2;
            break;
        case 1:
            ope3 = ope1 - ope2;
            break;
        case 2:
            ope3 = ope1 * ope2;
            break;
        case 3:
            if(ope2 == 0)
            {
                Toast.makeText(MainActivity.this, "除数不可以为0!",
                Toast.LENGTH_SHORT).show();
                textview.setText("NG");
                return;
            }
            else
            {
                ope3 = ope1/ope2;
            }
            break;
        default:
            break;
        }
    textview.setText(String.format("%.5f", ope3));
    }
```

2. 运行调试

完成编码后可以运行程序，可是还没有看到程序界面就崩溃了，如图 3-46 所示。这说明程序出现了 Bug，需要通过调试来解决。

首先需要推测 Bug 可能发生的地方，这就要求仔细观察程序出错的现象。由于是程序一运行就崩溃，需要考虑什么方法是在程序一运行就调用的，看看代码，方法并不多，很容易能想到 onCreate 方法是 Activity 加载时调用的，所以它

Unfortunately, MyCal has stopped.

OK

图 3-46　程序崩溃界面

是重点怀疑对象。由于初学者水平不高，就在方法的第一行设定一个断点，如图 3-47 所示。

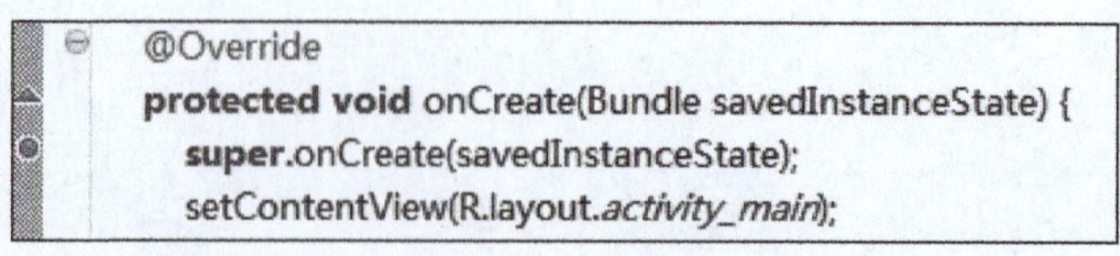

图 3-47　设定断点

设定断点后开始调试，此时会发现模拟器界面没有反应了，这时需要注意 Eclipse 开发工具，由于 Activity 被创建时会调用 onCreate 方法，之前设定断点的地方已经出现一个箭头，这就代表程序运行到断点的地方停了下来。

接着就让程序单步执行，程序执行时需要特别留意在哪一行出错。当程序走到图 3-48 所示的代码时，再单击一次单步执行，会出现图 3-49 所示的界面，这意味着这行代码执行时出现问题了。

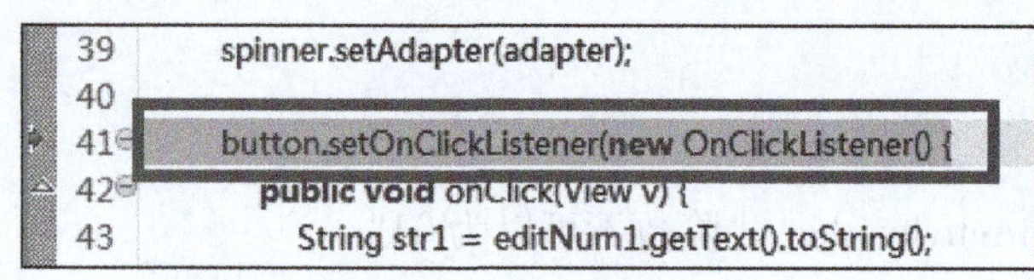

图 3-48　单步执行

Source not found.

Edit Source Lookup Path...

图 3-49　代码运行出错

如果在刚才调试过程中没有认真留意变量的值，重新再调试一次，并且在出错那行代码处观察相关变量的值，首先单击菜单【Run⇒Terminate】终止本次调试，然后再单击菜单【Run⇒Debug】开始调试，重复第一次调试的过程，当箭头来到出错代码这一行时停止操作。将这行代码相关的变量加入到 Expressions 窗口中，如图 3-50 所示，会发现 button 的值是 null，对一个为空的对象进行方法的调用，在 Java 语法中是不允许的。

(x)= Variables　Breakpoints　Expressions

Name	Value
"button"	null
Add new expression	

图 3-50　观察变量的值

于是得出程序崩溃的原因，是由于 button 没有赋值，原来是遗忘了一行代码，即通过 findViewByID 获取 button 按钮对象。所以应该在 onCreate 方法中添加一行代码，注意这行代码一定要放在为其创建监听器之前。

```
button = (Button) findViewById(R. id. buttonCal);
button. setOnClickListener(new OnClickListener() {
```

通过编码和漫长的调试，程序终于正确运行了，可以看到运行结果。

【提示】许多程序员都喜欢使用快捷键进行调试操作以提高效率，下面来认识一些常见操作的默认快捷键。

- 运行程序（Run）：Ctrl + F11。
- 开始调试（Debug）：F11。

- 终止调试（Terminate）：Ctrl + F2。
- 继续执行（Resume）：F8。
- 单步执行（Step Over）：F6。
- 进入函数（Step Into）：F5。
- 跳出函数（Step Return）：F7。

【试一试】如果不使用调试，而是使用日志的方式，也可以发现这个问题的原因，请试一试。

任务评价

完成任务三之后，可以根据表 3-1 的任务评价表对完成情况进行评价，并根据评价表创新能力中提到的指标对 APP 应用进一步改进。最后鼓励大家继续完成后面的拓展任务，进一步巩固和练习任务中学习的知识点和技能点，并将任务实现中的不足之处进行改进。

表 3-1　任务评价表

评价内容	具体指标		完成情况（打分）
基础素养	资料搜索、筛选和整合能力（3 分）		
	信息技术应用与数字化素养（2 分）		
专业知识	基础知识点的预学习情况（5 分）		
	知识点案例的掌握情况（15 分）		
	课后习题的完成情况（10 分）		
技术技能	分析问题、解构问题、技术选择、将问题图形化表达的能力（15 分）		
	代码编写能力（20 分）		
	程序调试技术（10 分）		
综合能力	任务报告编制能力（10 分）		
	沟通表达与团队协作（5 分）		
创新能力	改进或重设计 UI 界面（3 分）		
	更新或改进实现方法、程序结构重构或代码优化（2 分）		
目标完成	完成★★	基本完成★☆	未完成☆☆
学习收获			
学习反思			

任务小结

虽然计算器这个应用非常简单，但是还是学习到了很多知识，特别是调试这个技能将在后面的开发中不停地被使用。程序员编码开发的过程常常伴随着写入 Bug、调试、排除 Bug 这样反反复复的过程，不要觉得调试是能力水平低的程序员才会去做的工作，任何成熟的程序员都是在大量的调试、解决问题过程中被锻炼成熟的，所以调试的过程就是一个“菜鸟”程序员不断提升的过程。

Android 的提示方式包括 Toast、Dialog、Notification，每种方式都各有特色。Toast 主要用于短暂性的提示，Dialog 则在提示用户时提供互动性的选择，而 Notification 则借助于 Android 系统通知栏让用户更加方便地看到信息提示。

Android 的 Option Menu 菜单在早期 Android 终端上经常被用于功能选择。文中介绍了多个 Activity，每个 Activity 都可以创建各自的菜单，完成不同的功能。

Spinner 控件与前两个任务中的控件有一定的差别，就是它不是简简单单地通过一个 set 方法就完成数据的显示，而是必须要通过 Adapter 适配器与数据连接，实际上本任务还没有非常好地展示 Adapter 的强大之处，后面的任务还会介绍 ListView 列表控件，通过 Adapter 与数据连接能够自定义数据显示的方法，这才是 Android 提供 Adapter 的真正目的所在。

课后习题

第一部分　知识回顾与思考

1. Android 提供了多种提示方式，它们各自有什么优缺点？
2. 回顾 Android 的调试流程，在程序遇到问题的时候，应该如何去定位解决问题？

第二部分　职业能力训练

一、单项选择题（下列答案中有一项是正确的，将正确答案填入括号内）

1. Toast 创建完毕后，需要显示出来，此时需要调用以下哪个方法？（　　）

A. makeText　　B. show
C. create　　D. view

2. 以下哪个类对应 Android 中的提示对话框？（　　）

A. AlertDialog　　B. Dialog
C. ShowDialog　　D. Alert

3. 对话框中有几个默认 Button，（　　）代表确认按钮。

A. PositiveButton　　B. NegativeButton
C. NeutralButton　　D. OKButton

4. Android 中有一个服务用来管理通知，它是（　　）。

A. Service　　B. NotificationManager
C. Notice　　D. DialogBuilder

5. 单击模拟器上的菜单键所产生的菜单，称为（　　）。

A. ContextMenu　　B. KeyMenu
C. PopupMenu　　D. OptionMenu

6. 以下哪个方法会在菜单创建时被调用？（　　）

A. onCreateOptionsMenu　　B. onCreateMenu
C. onCreateContextMenu　　D. onCreate

7. 以下哪个方法会在菜单项被单击时被调用？（　　）

A. onContextItemSelected　　B. onCreateOptionsMenu

C. onOptionsItemSelected　　D. onItemSelected

8. 以下哪个类用于构造数组类型数据的适配器？（　　）

A. Adapter　　B. CursorAdapter

C. SimpleAdapter　　D. ArrayAdapter

9. Spinner 控件的子项被选中，所对应的监听器为（　　）。

A. OnItemSelectedListener　　B. OnClickListener

C. OnLongClickListener　　D. OnItemListener

10. 以下哪个日志级别最高？（　　）

A. WARN　　B. INFO

C. DEBUG　　D. ERROR

二、填空题（请在括号内填空）

1. 创建 Toast 使用 makeText 方法的第一个参数代表 Activity 的（　　）。

2. 单击移动终端的（　　）按钮，会触发创建 Option Menu。

3. Spinner 的父类是（　　），如果希望将数据显示到这样的控件上，一般都需要使用（　　）进行数据与控件的绑定。

4. 调试时为了让程序执行到某行代码停顿，需要在这一行设置（　　）。

5. Eclipse 中有一个窗口用于管理日志，该窗口是（　　）。

三、简答题

1. 如果程序在运行时就发生了崩溃，如何进行推测和调试？

2. 简述两种 OptionMenu 创建方法的相同点和不同点。

拓展训练

这个计算器应用非常简单，相信大家一定见过非常复杂的计算器，可以做一个功能强大、界面美观并且具有自己特色的计算器。

【提示】操作数可以通过【0】~【9】Button 进行输入，并且支持连续运算的功能，即前一次计算的结果作为下一次运算的操作数。另外还有很多功能，可以通过分析已有的计算器得到。

任务四 “我的日记”的设计与实现

学习目标

【知识目标】

■ 掌握 Activity 的生命周期、各状态的转化关系与对应的回调函数。
■ 掌握 Android 的 ProgressBar 控件的属性设定、使用方法。
■ 掌握 Intent 的作用、重要属性、常见方法。
■ 理解简单数据存储 SharedPreferences 的使用场合、使用方法。
■ 掌握使用流实现文件存储的方法。

【能力目标】

■ 能够利用 Handler 与 ProgressBar 控件相结合实现进度条。
■ 能够利用 Intent 的属性与方法实现 Activity 的跳转。
■ 能够利用 SharedPreferences 实现简单的数据存储。
■ 能够实现 Android 中的文件存储。

【重点、难点】 生命周期、Intent 属性、简单数据存储 SharedPreferences、文件存储。

【素质目标】

■ 通过 APP 中的权限机制，树立学生的信息安全意识和社会责任感。
■ 通过编写代码，培养学生严谨细致、精益求精的程序员品质。

任务简介

本任务“我的日记”中有两个界面：登录界面与“写入日记”界面。登录界面中，需要输入正确的用户名与密码，同时可以选择“记住密码”设置，单击【登录】按钮之后，显示大约5s的进度条继而跳转至“写入日记”界面。在“写入日记”界面中，可以在之前所写日记的基础上，写入此次日记信息。日记文件将保存在手机内存中。如果连续单击两次【返回】键，即可退出“我的日记”应用程序。

任务分析

“我的日记”登录界面如图 4-1 所示，界面中从上至下包含一个 TextView 用来显示“我

的日记”，两个 EditText 分别用于用户名的输入、密码的输入，一个 CheckBox 用于选择是否“记住密码”，一个 Button 用于“登录”操作。

输入正确的用户名与密码之后，单击【登录】按钮，需要给用户反馈以防被误认为程序不响应，因此会有 5s 的延时，以进度条的形式提醒用户正在进行登录验证，所以在界面中还应该包含一个 ProgressBar 控件。用户反馈界面如图 4-2 所示。可以利用相对布局将这些控件组织在一起。

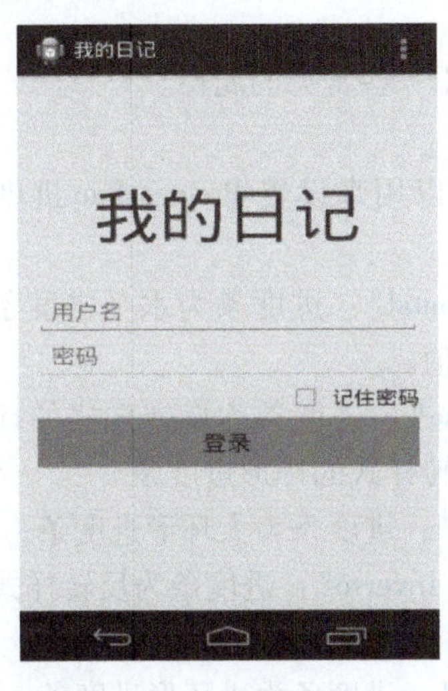

图 4-1 登录界面

图 4-2 用户反馈界面

“写入日记”界面相对比较简单，如图 4-3 所示，包含一个 EditText 用于日记的写入，一个 Button 用于日记的保存，可以利用垂直线性布局来实现该界面。每次单击【保存】按钮，系统会将写入的日记保存至手机内存，以便下一次打开时能看到之前的日记内容。

当系统从登录界面转向“写入日记”界面之后，为了防止按下手机上的【返回】键返回到登录界面，需要将登录界面所对应的 Activity 销毁。另外在“写入日记”界面中，可以连续按下两次【返回】键继而退出该应用程序，因此还需要学习 Activity 的生命周期及其回调函数。

图 4-3 “写入日记”界面

支撑知识

实施任务之前已经了解了“我的日记”界面以及大致的功能与流程，为了实现该系统，还需要学习以下知识：

- ProgressBar 控件的使用。
- Activity 生命周期与回调函数。
- Activity 之间的跳转。
- 文件存储。
- 简单数据存储。

一、ProgressBar 控件

1. 简介

ProgressBar 为进度条控件，通常是在等待程序运行结果等耗时较长的情况下，作为一个反馈机制，来告知用户目前的进展程度，避免用户误以为程序没有响应，从而提高程序的用户体验。

2. 重要属性

为了在 Android 项目中更好地实现进度条，需要利用一些常见的属性。

（1）style

Android 支持六种不同风格的进度条。style 属性可以用来设置 ProgressBar 进度条的风格，其具体取值如下。

- style = "@android:style/Widget. ProgressBar. Horizontal"：进度条为水平进度条，当界面需要实时地显示出当前的进度时，可以设置为此属性值。
- style = "@android:style/Widget. ProgressBar. Inverse"：进度条为反转样式的环形进度条。当界面背景为白色时，为了凸显进度条，可以用反转样式的环形进度条。
- style = "@android:style/Widget. ProgressBar. Large"：进度条为大环形进度条。
- style = "@android:style/Widget. ProgressBar. Large. Inverse"：进度条为反转样式的大环形进度条。
- style = "@android:style/Widget. ProgressBar. Small"：进度条为小环形进度条。
- style = "@android:style/Widget. ProgressBar. Small. Inverse"：进度条为反转样式的小环形进度条。

（2）android：indeterminate

该属性的取值必须是布尔型，可以有“true”或“false”两种取值。当 android：indeterminate 取值为 true 时，开启了进度条的“不确定模式”，即进度条会显示循环滚动的动画效果，但是不会显示实际的进度。

（3）android：indeterminateBehavior

当进度条的“不确定模式”开启后，该属性决定了当进度条中的进度达到最大值时，进度条要显示的动画效果。该属性取值可以设为“repeat”或“cycle”。

当设为“repeat”时，进度条中的进度将重新从 0 开始；当设置为“cycle”时，进度条中的进度将保持现值，然后逐渐反向回退到 0。

（4）android：indeterminateDrawable

当进度条的“不确定模式”开启后，该属性可以设置进度条上的 Drawable 对象。

（5）android：indeterminateDuration

当进度条的“不确定模式”开启后，该属性设置了进度的持续时间。它的取值必须是整数。

（6）android：indeterminateOnly

该属性强制进度条的“不确定模式”。取值必须为布尔值。

（7）android：maxHeight 和 android：minHeight

这两个属性用于控制进度条的 Drawable 对象的高度。

（8）android：maxWidth 和 android：minWidth

这两个属性用于控制进度条的 Drawable 对象的宽度。

（9）android：progress

该属性定义了进度条的进度值，取值必须为介于 0 和最大值之间的整数。

其他的属性如 android：layout_width 和 android：layout_height 的设置这里不再赘述，和其他组件设置宽度、高度是一样的。

3. 重要方法

除了在 layout 中设置 ProgressBar 的相关属性，也完全可以在源程序中设置其属性，或是获得其属性的取值。

（1）public int getProgress( )

功能：获得当前进度条的进度值。

参数：无。

返回值：返回值介于 0 与最大值之间，但是如果进度条处于“不确定模式”，返回值为 0。

示例：

```
ProgressBar bar = (ProgressBar) findViewById(R. id. horizontalProBar);
int progress = bar. getProgress( );
```

这个示例中 horizontalProBar 为 layout 布局文件中的进度条对应的 ID，bar 为 activity 源程序中的该进度条控件对象。

第一行代码利用 findViewById 方法获得进度条组件所对应的 ProgressBar 对象，第二行代码调用该对象的 getProgress( )方法来获得该进度条当前的进度。

（2）public void setProgress（int progress）

功能：设定进度条的当前进度。但是请注意，如果该进度条处于“不确定模式”，该方法不起任何作用。

参数：progress 为当前进度值。

（3）public void setMax（int max）

功能：设定进度条的范围，如果 max 为 200，setProgress 方法的参数值应该在 0 ~ 199 之间。

参数：max 为范围值。

示例：

```
ProgressBar bar = (ProgressBar) findViewById(R. id. horizontalProBar);
bar. setMax(200);
bar. setProgress(10);
```

设定了进度条的范围为 200，当前进度为 10，如果换算成百分比的话，当前进度应该是 5%。

（4）public void setIndeterminate（boolean indeterminate）

功能：设置进度条是否处于“不确定模式”。

参数：true 或 false。

（5）public final void incrementProgressBy（int diff）

功能：设置进度条的进度是增加还是减少。当参数为正整数时，进度增加；当参数为负整数时，进度减少。

参数：diff 为进度条的增量值。

4. 使用范例

下面通过一个具体的例子来学习 ProgressBar 的使用方法。该程序的界面布局如图 4-4 所示，界面中存在一个水平进度条和一个大环形进度条，以及一个 TextView 来显示“页面加载中……”。水平滚动条每 1s 前进一格，当进度条的进度达到最大值 100% 时，TextView 显示“页面加载完毕!”，两个进度条消失。

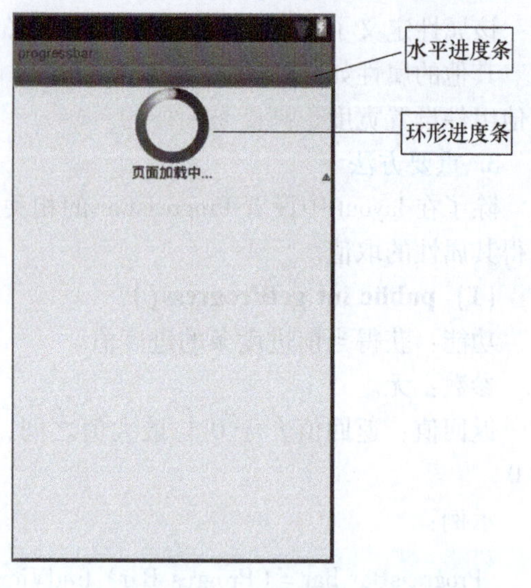

图 4-4　界面布局

要完成这样的任务，需要让程序循环性地休眠 1s 后，更新水平进度条。但是如果让程序主线程休眠 1s，会导致界面假死的状态，造成用户使用感受的下降。那么如何才能解决这个问题？需要学习线程的知识。

二、线程

1. 简介

在目前已经学习的程序中，可以实现按钮的单击、TextView 内容的修改，所有这些跟界面控件相关的操作，实际上都是由主 UI 线程（主用户界面线程）在负责运行。到目前为止，在 Activity 中所添加的代码，均由主 UI 线程负责。

但有时候程序会执行一些耗时的操作，比如复杂的计算、从网络获取数据，甚至包括让线程休眠，这些操作如果放在主 UI 线程执行，会造成主 UI 线程无法及时响应用户在界面上的操作，造成界面假死的状态。一般的解决方案是将耗时的操作交给另外一个子线程来执行，从而保证主 UI 线程的顺畅。有时候子线程在完成了一部分耗时操作后，希望能够在界面上有所体现，那么此时子线程是不能够直接操作界面控件的，它必须通过消息的方式告知主 UI 线程进行控件更新。

如图 4-5 所示，以 ProgressBar 控件为例，如果希望每秒钟更新一下进度，就需要开启一个子线程，在子线程中加入循环操作，每次循环让线程休眠 1s，每次休眠结束需要向主 UI 线程发送一条消息，告诉主 UI 线程更新进度条。

Android 中已经设计了多个类能够配合完成图 4-5 所示的任务。

- Thread 类负责线程工作，要创建该类需要实现 Runnable 接口的 run( ) 方法，run( ) 方法中一般是耗时操作的代码。
- Message 类用来描述消息，在 Message 对象中可以存储一些信息。
- Handler 类可以用来发送和接收消息，要创建该类，需要重写 handleMessage（Message msg）方法，该方法会在 Handler 对象收到消息时被调用。

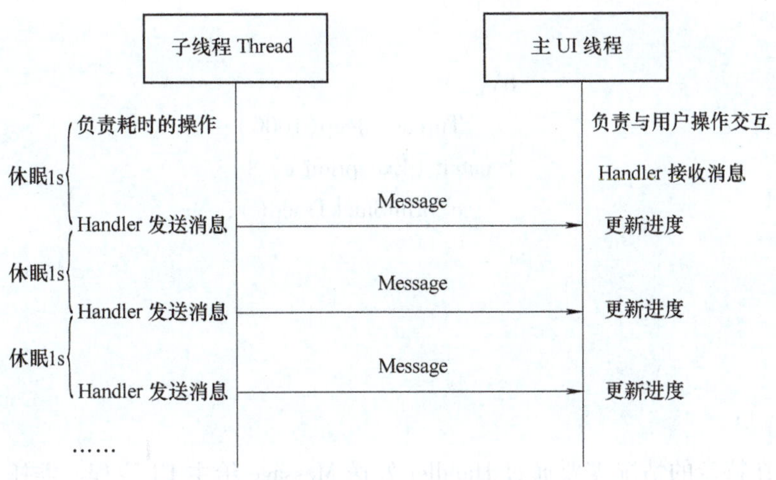

图 4-5 子线程与主 UI 线程

2. 重要方法

首先一起来认识 Thread 类的重要方法。

(1) Thread 类：public Thread (Runnable runnable)

功能：构造方法，用于创建子线程对象。

参数：runnable 为 Runnable 接口类型，要创建 Runnable 对象，必须实现该类的抽象方法 run()。在 run()方法中需要添加子线程的所要执行任务的代码。

返回值：无。

(2) Thread 类：public void start()

功能：运行线程。

参数：无。

返回值：无。

(3) Thread 类：public static void sleep (long time)

功能：让线程休眠。

参数：time 为休眠的时间，单位为 ms（毫秒）。

返回值：无。

示例：

创建一个线程 t，然后启动该线程。在 run()方法中执行 100 次循环，每次循环让线程休眠 1s。run()方法需要执行 100s 才能结束，一旦 run()方法的代码执行完成，线程 t 的使命也就结束了。需要特别注意的是，对于 sleep 方法，需要通过 try 和 catch 捕获异常。

```
Thread t = new Thread(new Runnable() {
            @Override
            public void run() {
                // TODO Auto-generated method stub
                for(int i = 0; i < 100; i++)
```

```
                    }
                        try {
                            Thread. sleep(1000);
                        } catch (Exception e) {
                            e. printStackTrace();
                        }
                    }
                }
            });
    t. start();
```

子线程在特定的情况需要通过 Handler 发送 Message 给主 UI 线程，委托主 UI 线程进行一些与界面相关的处理。下面接着学习 Handler 类相关的方法。

（1）Handler 类：public boolean sendMessage（Message msg）

功能：发送消息。

参数：msg 为消息对象，Message 消息比较简单，它包含了一个 int 类型的成员对象 what，利用 what 可以区分不同的消息类型。

返回值：如果消息成功放置到消息队列则返回 true，否则返回 false。

（2）Handler 类：public void handleMessage（Message msg）

功能：接收处理消息。

参数：msg 为接收到的消息对象，通过判断 msg. what 可以区分不同的消息类型。

返回值：无。

3. 使用范例

接着来完成 ProgressBar 控件的使用范例，首先创建一个工程包含 MainActivity，对应的布局文件包含一个水平的进度条、一个环形的进度条和一个 TextView 控件。

```
<LinearLayout xmlns:android = "http://schemas. android. com/apk/res/android"
    android:layout_width = "fill_parent"
    android:layout_height = "fill_parent"
    android:orientation = "vertical"  >
    <ProgressBar
        android:id = "@ +id/horizontalBar"
        style = "@android:style/Widget. ProgressBar. Horizontal"
        android:layout_width = "match_parent"
        android:layout_height = "wrap_content"
        android:progress = "0"  />
    <ProgressBar
        android:id = "@ +id/largeBar"
        style = "@android:style/Widget. ProgressBar. Large"
        android:layout_width = "match_parent"
```

```
        android:layout_height = "wrap_content" />
    <TextView
        android:id = "@ +id/text"
        android:layout_width = "match_parent"
        android:layout_height = "wrap_content"
        android:gravity = "center_horizontal"
        android:text = "页面加载中......" />
</LinearLayout>
```

在 MainActivity 类中申明一些成员变量，其中 handler 用于发送和处理消息，progress 为当前的进度，另外还定义了两个常量 STOP 和 CONTINUE 分别代表两种消息。

```
ProgressBar hbar;                        // 水平进度条的控件变量
ProgressBar lBar;                        // 大环形进度条的控件变量
TextView textView;                       // 文本显示控件变量
Handler handler;                         // 消息处理器
static final int STOP =0x111;            // 消息号:停止
static final int CONTINUE =0x112;        // 消息号:继续
int progress;                            // 进度条的当前进度
```

重写 onCreate（）方法，其中在初始化工作结束后，开启了一个子线程，该线程的 run()方法中会执行 20 次循环操作，每一次操作线程都会休眠 1s，并将 progress 变量递增。在最后一次循环中，也就是 20s 后，线程会发送一个 STOP 消息，这意味着进度条即将要消失。

```
@Override
protected void onCreate(Bundle savedInstanceState) {
    super.onCreate(savedInstanceState);
    setContentView(R.layout.activity_main);
    init();//初始化控件变量和其他类变量
    new Thread(new Runnable() { //创建新线程
            @Override
            public void run() {
                // TODO Auto-generated method stub
                for(int i =0; i < 20; i ++) {
                    try {
                        progress = (i +1) * 5;
                        Thread.sleep(1000);
                        if(i ==19) {
                            Message msg = new Message();
                            msg.what = STOP;
```

```
                        handler.sendMessage(msg);
                        break;
                    } else {
                        Message msg = new Message();
                        msg.what = CONTINUE;
                        handler.sendMessage(msg);
                    }
                } catch (Exception e) {
                    e.printStackTrace();
                }
            }
        }
    }).start(); // 开启新线程
}
```

onCreate()方法中调用了 init()方法，init()主要用于类变量的初始化工作。init()方法获取了水平滚动条控件对象 hbar，设定该滚动条为确定模式，范围为 100，当前进度为 0。最重要的是创建了 Handler 对象，实现了 handleMessage 方法。在该方法中判断消息的类型，如果为 CONTINUE 消息，则更新水平进度条的进度；如果为 STOP 消息，则将两个进度条隐藏，显示“页面加载完毕！”的提示文字。

```
void init() {
        progress = 0;
        hbar = (ProgressBar) findViewById(R.id.horizontalBar);
        lBar = (ProgressBar) findViewById(R.id.largeBar);
        textView = (TextView) findViewById(R.id.text);
        hbar.setIndeterminate(false);
        hbar.setProgress(progress);
        hbar.setMax(100);

        handler = new Handler() {
            public void handleMessage(Message msg) {
                switch (msg.what) {
                case STOP:                                  // 停止消息
                hbar.setVisibility(View.GONE);              // 设置进度条不可见
                lBar.setVisibility(View.GONE);              // 设置进度条不可见
                textView.setText("页面加载完毕！");          // 设置文本显示
                Thread.currentThread().interrupt();         // 中断当前线程
                break;
            case CONTINUE:                                  // 继续消息
```

```
                if (! Thread.currentThread().isInterrupted()) {
                                                            //当前线程正在运行
                    hbar.setProgress(progress);
                }
                break;
            }
            super.handleMessage(msg);
        }
    };
}
```

【试一试】新建一个 Android 工程，利用 style 属性添加其他风格的进度条，尝试利用 ProgressBar 的常见方法为这些进度条添加实时进度的显示和 drawable 对象。

三、Activity 间的跳转

1. Intent 简介

Android 中，当一个 Activity 需要跳转到另外一个 Activity 时，就需要用到 Intent。Intent 的中文意思为“意图”，意味着 Android 程序在进行页面跳转时，只需告知系统它的“意图”：需要启动哪一个 Activity。因此，可以将 Intent 看成是两个 Activity 之间进行跳转的媒介。

Intent 可以启动某个 Activity，也可以启动某个 Service，还可以发起一个 Broadcast 广播，由于本任务篇幅有限，仅讲授了 Intent 最常见的方法：如何启动 Activity 实现页面之间的跳转。

2. 重要属性

Intent 对象由几部分属性组成：Component（组件）、Action（动作）、Data（数据）、Category（分类）、Type（类型）、Extra（扩展信息）等。其中最常见的就是 Action 与 Data 属性。下面将详细介绍其重要属性的含义与作用。

（1）Action 属性

Action 顾名思义，就是该 Intent 对象“要执行的动作”。在 SDK 中，Android 已经定义好了一些标准的动作，这些具体的标准动作在 Android 中是由 Action 常量来表示的，见表 4-1。

表 4-1　Action 属性常见的常量

Action 常量	对应的字符串	含义说明
ACTION_VIEW	android.intent.action.VIEW	向用户显示数据
ACTION_EDIT	android.intent.action.EDIT	向用户提供编辑某个数据的途径
ACTION_DIAL	android.intent.action.DIAL	向用户显示一个电话拨号面板界面
ACTION_MAIN	android.intent.action.MAIN	标志着该 Activity 是某个 Application 应用程序的入口点
ACTION_ATTACH_DATA	android.intent.action.ATTACH_DATA	指明附加信息给其他地方的一些数据

（续）

Action 常量	对应的字符串	含义说明
ACTION_CALL	android. intent. action. CALL	向用户直接显示打电话的界面
ACTION_PICK	android. intent. action. PICK	从数据中选择某项内容
ACTION_SEND	android. intent. action. SEND	发送数据
ACTION_SENDTO	android. intent. action. SENDTO	发送消息
ACTION_ANSWER	android. intent. action. ANSWER	应答电话
ACTION_INSERT	android. intent. action. INSERT	插入数据
ACTION_RUN	android. intent. action. RUN	运行数据
ACTION_SEARCH	android. intent. action. SEARCH	执行搜索
ACTION_WEB_SEARCH	android. intent. action. WEB_SEARCH	执行 Web 搜索

（2）Data/Type 属性

Data 属性用来向 Action 属性提供可操作的数据，它可以采用 Uri 对象的格式，即 scheme://host:port/path。例如 content://contacts/people/1 和 http://www. google. com（其中 content 和 http 都是 scheme，contacts 和 www. google. com 都是 host，port 是端口可以省略，people/1 是 path）。Data 属性需要和 Action 属性结合起来使用，以下是 Action 属性与 Data 属性结合的例子：

- ACTION_ VIEW content://contacts/people/1：显示 ID 为 1 的联系人信息。
- ACTION_ DIAL content://contacts/people/1：将 ID 为 1 的联系人电话号码显示在拨号界面中。
- ACITON_ VIEW tel:123：显示电话为 123 的联系人信息。
- ACTION_ VIEW http://www. google. com：在浏览器中浏览谷歌网站。

Type 属性用于明确地指明 Intent 数据的具体类型（MIME 类型）。尽管 Intent 的数据类型通常都能从数据本身进行推断，但是通过设置这个 Type 属性，可以强制采用显式指定的类型。

（3）Category 属性

Category 属性给出了要执行动作的附加信息。Android 中的 Activity 可以被划分成各种类别，例如类别为 CATEGORY_ LAUNCHER 的 Activity 会在 Android 系统启动的时候最先启动起来；而类别为 CATEGORY_ HOME 的 Activity 会在 Android 系统的主屏幕（Home）显示。表 4-2 列举了 Android 目前一些标准的 Category 常量。

表 4-2　Category 常量

Category 常量	对应的字符串	含义说明
CATEGORY_DEFAULT	android. intent. category. DEFAULT	Android 系统中默认的分类
CATEGORY_HOME	android. intent. category. HOME	设置该 Activity 为 Home Activity
CATEGORY_PREFERENCE	android. intent. category. PREFERENCE	设置该 Activity 为参数面板
CATEGORY_LAUNCHER	android. intent. category. LAUNCHER	设置该 Activity 为在当前应用程序启动器中优先级最高的 Activity，通常与 ACTION_MAIN 配合使用

（续）

Category 常量	对应的字符串	含义说明
CATEGORY_BROWSABLE	android. intent. category. BROWSABLE	设置该 Activity 能被浏览器启动
CATEGORY_DEFAULT	android. intent. category. DEFAULT	Android 系统中默认的分类
CATEGORY_HOME	android. intent. category. HOME	设置该 Activity 为 Home Activity

（4）Component 属性

虽然 Android 官方推荐的是通过设定 Intent 对象的 Action 属性、Data/Type 属性、Category 属性来查找与之匹配的目标组件，但是开发者依旧可以利用 Component 属性来直接指定 Intent 的目标组件的类名称。指定了 Component 属性以后，Intent 的其他所有属性都是可选的。这种方式的优点在于无需查找，直接调用目标组件，速度快捷。

（5）Extra 属性

Intent 对象的 Extra 属性应该是一个 Bundle 对象，Bundle 类与 Map 类很相似，它可以放入多对 key-value 键值，这样在通过 Intent 对象进行 Activity 跳转时，就能够进行数据的传递了。

3. 重要方法

以下是 Activity 跳转时最常使用的一些方法。

（1）Intent 类：public Intent setAction（String action）

功能：设置 Action 属性。

参数：action 对应的字符串。

返回值：Intent 对象。

示例：

```
Intent intent = new Intent();
intent.setAction(Intent.ACTION_WEB_SEARCH);
```

在这个示例中，intent 为某个 Intent 对象，该对象要执行的操作为 Web 搜索。

（2）Intent 类：public Intent setData（String data）

功能：设置 Data 属性。

参数：data 对应的字符串。

返回值：Intent 对象。

示例：

```
Intent intent = new Intent();
intent.setAction(Intent.ACTION_VIEW);
intent.setData(Uri.parse("www.baidu.com"));
```

在这个示例中，intent 为某个 Intent 对象，该对象要执行的操作为查看“百度”网页。

（3）Intent 类：public Intent setType（String type）

功能：设置 Type 属性。

参数：type 对应的字符串。

返回值：Intent 对象。

示例：

```
Intent intent = new Intent( );
intent. setType( vnd. android. cursor. dir/contact) ;
```

在这个示例中，intent 为某个 Intent 对象，该对象要执行的操作为打开联系人界面。

（4）Intent 类：public Intent putExtras（Bundle bundle）

功能：设置 Extra 属性。

参数：Bundle 对象。

返回值：Intent 对象。

示例：

```
Intent intent = new Intent( );
Bundle bundle = new Bundle( );
bundle. putString( "KEY_HEIGHT" , "180" ) ;
bundle. putString( "KEY_WEIGHT" , "80" ) ;
intent. setExtra( bundle) ;
```

在该示例中，创建了一个 Intent 对象 intent 和一个 Bundle 对象 bundle。在 bundle 中存入两对 key-value，利用 setExtra( )方法为 intent 设置 Extra 属性。在两个 Activity 之间跳转时，可以将这两对 key-value 值从 Activity A 传到 Activity B 中。

（5）Intent 类：public Intent setClass（Context　packageContext，Class <？> cls）

功能：明确 intent 跳转时的源 Activity 和目标 Activity。

参数：packageContext 为源 Activity 的上下文环境，cls 为目标 Activity 的. class 文件。

返回值：Intent 对象。

示例：

```
Intent intent = new Intent( );
intent. setClass( context, targetActivity. class) ;
```

在该示例中，创建了一个 Intent 对象 intent，并指明了 intent 将会从目前的 Activity 中跳转到 targetActivity 中。

（6）Intent 类：public Intent setClassName(Context packageContext，String className)

功能：其功能和 setClass( )方法一样，用于设定 intent，将从当前 Activity 的上下文环境跳转到另外一个 Activity。

参数：packageContext 为源 Activity 的上下文环境，className 是目标 Activity 的类的路径。

返回值：Intent 对象。

示例：

```
Intent intent = new Intent( );
intent. setClassName( MainActivity. this, "com. example. intent. SecondActivity " ) ;
```

在该示例中，创建了一个 Intent 对象 intent，并指明了 intent 将会从目前的 MainActivity

中跳转到 SecondActivity 中。

(7) Context 类：void startActivity (Intent intent)

功能：根据 intent 启动某个 Activity。

参数：intent 意图对象。

返回值：无。

示例：

```
Intent intent = new Intent();
intent.setClass(context, targetActivity.class);
startActivity(intent);
```

在该示例中，第 1 行代码创建了一个 Intent 对象 intent，第 2 行代码指明了 intent 的意图是将从目前的 Activity 中跳转到 targetActivity 中，第 3 行代码将根据该 intent 对象启动某个 Activity。

4. 使用范例

下面通过一个具体的实例来学习 Activity 之间跳转的使用方法。如图 4-6 所示，该程序的界面中列举出一些常见的跳转案例，例如单击“显示打电话界面”之后，系统将跳转到打电话的界面，并显示所拨的号码；单击“跳转到第 2 个 Activity”将切换至另一个 Activity。

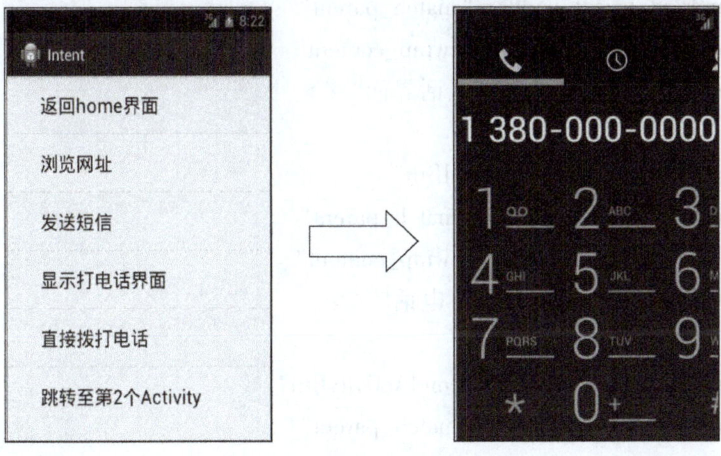

图 4-6 主界面与电话拨号界面

(1) 创建项目

创建一个 Android 工程，工程名为 Intent，包名为 com.example.intent。该包中已默认包含主界面 MainActivity，修改 MainActivity 所对应的布局文件 res/layout/activity_main.xml，使其包含几个 Button 按钮：

```
<LinearLayout xmlns:android = "http://schemas.android.com/apk/res/android"
    android:layout_width = "fill_parent"
    android:layout_height = "fill_parent"
    android:orientation = "vertical" >
```

```
    <Button
        android:id = "@ +id/homeBtn"
        android:layout_width = "match_parent"
        android:layout_height = "wrap_content"
        android:text = "返回 home 界面" />
    <Button
        android:id = "@ +id/urlBtn"
        android:layout_width = "match_parent"
        android:layout_height = "wrap_content"
        android:text = "浏览网址" />
    <Button
        android:id = "@ +id/sendSmsBtn"
        android:layout_width = "match_parent"
        android:layout_height = "wrap_content"
        android:text = "发送短信" />
    <Button
        android:id = "@ +id/dialViewBtn"
        android:layout_width = "match_parent"
        android:layout_height = "wrap_content"
        android:text = "显示打电话界面" />
    <Button
        android:id = "@ +id/dialBtn"
        android:layout_width = "match_parent"
        android:layout_height = "wrap_content"
        android:text = "直接拨打电话" />
    <Button
        android:id = "@ +id/secondActivityBtn"
        android:layout_width = "match_parent"
        android:layout_height = "wrap_content"
        android:text = "跳转至第 2 个 Activity" />
</LinearLayout >
```

Android 中对应用程序的权限有着严格的控制，如果应用程序需要执行一些与系统有关的操作，需要在 AndroidManifest. xml 文件中注册相关的权限。如该应用程序包含了拨打电话的功能，就必须注册拨打电话的权限，否则在执行“直接拨打电话”功能时系统会抛出异常。

```
<? xml version = "1.0" encoding = "utf -8"? >
<manifest xmlns:android = "http://schemas. android. com/apk/res/android"
    package = "com. example. intent"
```

```
    android:versionCode = "1"
    android:versionName = "1.0"  >
    < uses-sdk
        android:minSdkVersion = "17"
        android:targetSdkVersion = "17" / >
    < uses-permission android:name = "android.permission.CALL_PHONE"  >
    < /uses-permission >
    …
< /manifest >
```

(2) 新建 Activity

要实现从 MainActivity 跳转到第二个 Activity，而项目默认仅包含 MainActivity，需要新建一个 Activity。创建一个 Activity 需要以下四个步骤：

- 新建 Activity 的 XML 布局文件。
- 新建 Activity 类。
- 在新建 Activity 类的 onCreate 方法中关联 XML 布局文件。
- 在 AndroidManifest.xml 文件中注册新建的 Activity。

第一步，新建一个 XML 布局文件，在 Package Explorer 视图中，用鼠标右键单击目录 res/layout，在弹出的快捷菜单中选择【New⇒Android XML File】。弹出如图 4-7 所示的窗口，在 File 文本框中输入新建的 XML 布局文件的名称 activity_second.xml，在 Root Element 列表框中选择线性布局 LinearLayout。该布局文件的内容比较简单，仅仅是放置一个 TextView。

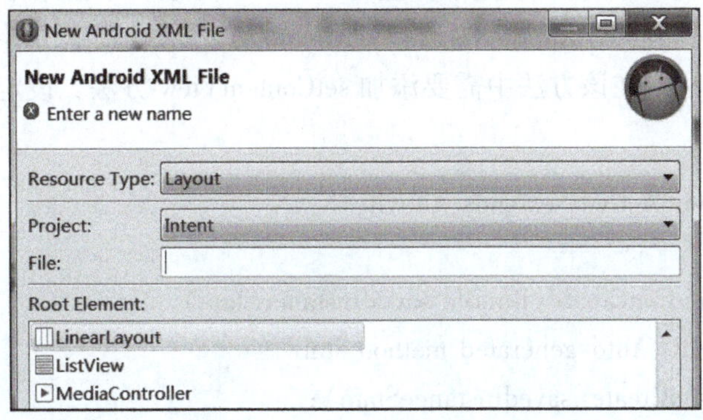

图 4-7　新增 XML 布局文件的界面

```
<? xml version = "1.0"  encoding = "utf-8"?  >
< LinearLayout xmlns:android = "http://schemas.android.com/apk/res/android"
    android:layout_width = "match_parent"
    android:layout_height = "match_parent"
    android:orientation = "vertical"  >
    < TextView
```

```
        android:layout_width = "match_parent"
        android:layout_height = "wrap_content"
        android:text = "这是第二个页面" />
</LinearLayout>
```

第二步，新建一个 Activity 类，如图 4-8 所示，在 Package Explorer 视图中，用鼠标右键单击目录 src/com. example. intent/，在弹出的快捷菜单中选择【New⇒Class】，在 Name 文本框中填写新增 Activity 的名称为 SecondActivity，单击 Superclass 栏右侧的【Browse…】按钮，在弹出的右侧窗口中输入 activity 后，选择系统自动匹配的 android. app. Activity。单击【Finish】按钮完成 SecondActivity 类的创建，SecondActivity 的父类为 android. app. Activity。

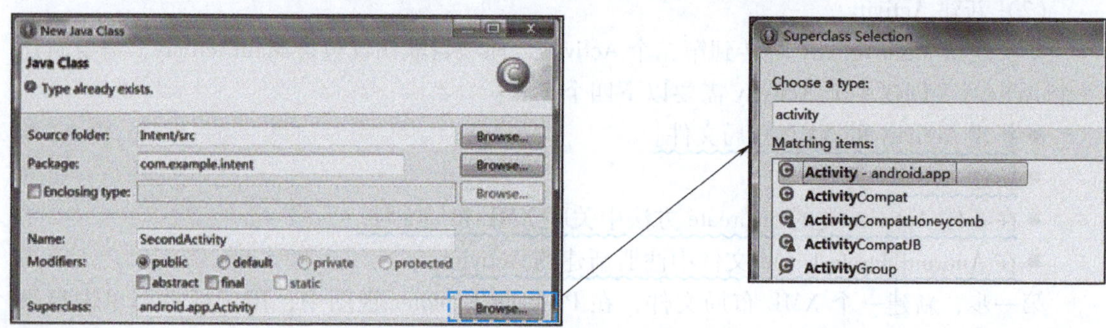

图 4-8　新增 Activity 的界面

第三步，在新建 SecondActivity 类中，重写 onCreate 方法。单击菜单【Source⇒Override/Implement Method…】，在弹出的窗口中选择 onCreate 方法，然后单击【OK】按钮，系统自动生成了 onCreate 方法。在该方法中需要添加 setContentView 方法，设定该 Activity 布局文件为 activity_second. xml。

```
public class SecondActivity extends Activity {
    @Override
    protected void onCreate(Bundle savedInstanceState) {
        // TODO Auto-generated method stub
        super.onCreate(savedInstanceState);
        setContentView(R.layout.activity_second);
    }
}
```

第四步，在 AndroidManifest. xml 文件中，注册新的 Activity，如果忘记了这一点，在进行 Activity 跳转时系统会抛出异常：

```
<?xml version = "1.0" encoding = "utf-8"? >
<manifest xmlns:android = "http://schemas.android.com/apk/res/android"
    package = "com.example.intent"
```

```
    android:versionCode = "1"
    android:versionName = "1.0" >
    <uses-sdk
        android:minSdkVersion = "17"
        android:targetSdkVersion = "17" />
    <uses-permission android:name = "android.permission.CALL_PHONE" >
    </uses-permission>
    <application
        android:allowBackup = "true"
        android:icon = "@drawable/ic_launcher"
        android:label = "@string/app_name"
        android:theme = "@style/AppTheme" >
        <activity
            android:name = "com.example.intent.MainActivity"
            android:label = "@string/app_name" >
            <intent-filter>
                <action android:name = "android.intent.action.MAIN" />
                <category android:name = "android.intent.category.LAUNCHER"/>
            </intent-filter>
        </activity>
        <activity android:name = "com.example.intent.SecondActivity" >
        </activity>
    </application>
</manifest>
```

(3) 实现功能

在 MainActivity 类的顶部需要申明按钮所对应的成员变量：

```
public class MainActivity extends Activity {
    Button homeBtn;
    Button urlBtn;
    Button sendSmsBtn;
    Button dialViewBtn;
    Button dialBtn;
    Button secondActivityBtn;
}
```

重写 MainActivity.java 中的 onCreate( )方法，在该方法中将调用两个方法：init( )和 setListeners( )。init( )方法是将成员变量进行初始化，而 setListeners( )方法为界面中的 Button 控件增加事件响应处理：

```
    protected void onCreate(Bundle savedInstanceState) {
        super.onCreate(savedInstanceState);
        setContentView(R.layout.activity_main);
        init();
        setListeners();
    }
    void init() {
        homeBtn = (Button) findViewById(R.id.homeBtn);
        urlBtn = (Button) findViewById(R.id.urlBtn);
        sendSmsBtn = (Button) findViewById(R.id.sendSmsBtn);
        dialViewBtn = (Button) findViewById(R.id.dialViewBtn);
        dialBtn = (Button) findViewById(R.id.dialBtn);
        secondActivityBtn = (Button) findViewById(R.id.secondActivityBtn);
    }
```

实现 setListeners()方法，为不同的 Button 控件实现单击监听器，在监听器的 onClick 方法中通过不同的 Intent 对象实现不同的功能：

```
void setListeners() {
    // 返回 home 界面
    homeBtn.setOnClickListener(new OnClickListener() {
        @Override
        public void onClick(View v) {
            // TODO Auto-generated method stub
            Intent intent = new Intent();
            intent.setAction(Intent.ACTION_MAIN);
            intent.addCategory(Intent.CATEGORY_HOME);
            startActivity(intent);
        }
    });

    // 用浏览器打开"百度"网址
    urlBtn.setOnClickListener(new OnClickListener() {
        @Override
        public void onClick(View v) {
            // TODO Auto-generated method stub
            Intent intent = new Intent();
            intent.setAction(Intent.ACTION_VIEW);
            intent.setData(Uri.parse("www.baidu.com"));
```

```
            // 加下段代码会启动系统自带的浏览器打开上面的网址
            // 没有下段代码,如果有多个浏览器,就会弹出对话框让选择某一
            // 浏览器
            intent.setClassName("com.android.browser",
            "com.android.browser.BrowserActivity");
            startActivity(intent);
        }
});

// 转向短消息的编辑界面
sendSmsBtn.setOnClickListener(new OnClickListener() {
    @Override
    public void onClick(View v) {
        // TODO Auto-generated method stub
        Intent intent = new Intent();
        intent.setAction(Intent.ACTION_SENDTO);
        intent.setData(Uri.parse("smsto:13800000000"));
        intent.putExtra("sms_body", "短消息正文内容");
        startActivity(intent);
    }
});

// 显示电话的拨盘界面
dialViewBtn.setOnClickListener(new OnClickListener() {
    @Override
    public void onClick(View v) {
        // TODO Auto-generated method stub
        Intent intent = new Intent();
        intent.setAction(Intent.ACTION_DIAL);
        intent.setData(Uri.parse("tel:13800000000"));
        startActivity(intent);
    }
});

// 拨打某个电话号码
dialBtn.setOnClickListener(new OnClickListener() {
    @Override
    public void onClick(View v) {
```

```
                // TODO Auto-generated method stub
                Intent intent = new Intent();
                intent.setAction(Intent.ACTION_CALL);
                intent.setData(Uri.parse("tel:13800000000"));
                startActivity(intent);
            }
        });

        // 跳转至第二个 Activity
        secondActivityBtn.setOnClickListener(new OnClickListener() {
            @Override
            public void onClick(View v) {
                // TODO Auto-generated method stub
                Intent intent = new Intent();
                intent.setClassName(MainActivity.this,
                        "com.example.intent.SecondActivity");
                startActivity(intent);
            }
        });
    }
```

跳转到第二个 Activity 代码中，调用了 intent 的 setClassName 方法，第一个参数为当前 Activity 的环境，第二个参数是第二个 Activity 类的名称。

【试一试】在第二个 Activity 中添加一个 Button 按钮，单击 Button 按钮后能跳回到第一个 Activity 中。

四、Activity 的生命周期

1. 生命周期与回调函数

Android 中是用 Activity Stack（栈）来管理各个 Activity。当 Activity 从被启动开始，它的状态就决定了它处在 Activity Stack（栈）中的位置，当前处于活动状态的 Activity 处于栈顶的位置。随着不同应用程序的运行，每一个 Activity 的状态都有可能发生变化。

Activity 的生命周期中有以下四种状态。

● 活动状态：处于 Activity 栈的栈顶，用户启动应用程序或 Activity 之后，该 Activity 位于屏幕前台，用户可见，能获得焦点（即用户可以操作它）。同一时刻只会有一个 Activity 处于活动状态。

● 暂停状态：该 Activity 位于前台，但是被另外一个处于“活动”状态的 Activity（例如对话框风格的 Activity）遮挡住一部分，没有焦点，用户不能直接对其进行输入操作，但界面依旧可见，该 Activity 的状态处于“暂停”状态。值得注意的是：对话框风格的 Activity

并不意味着就是对话框 AlertDialog。Android 4.0 之后，由于对话框 AlertDialog 的设计发生了较大的变化，如果某个 Activity 是被 AlertDialog 或 Toast 遮住一部分，该 Activity 的状态不会转换为暂停状态，依旧是处于活动状态。

- 停止状态：该 Activity 被其他 Activity 完全挡住，不再可见，也失去了焦点。
- 销毁状态：该 Activity 被终止。

如图 4-9 所示，可以看到 Activity 的整个生命周期及相关的回调函数，也可以根据程序的需要重写相关的回调函数。一般最常需要修改的就是 onCreate ( )、onPause ( ) 和 on Resume( )方法。

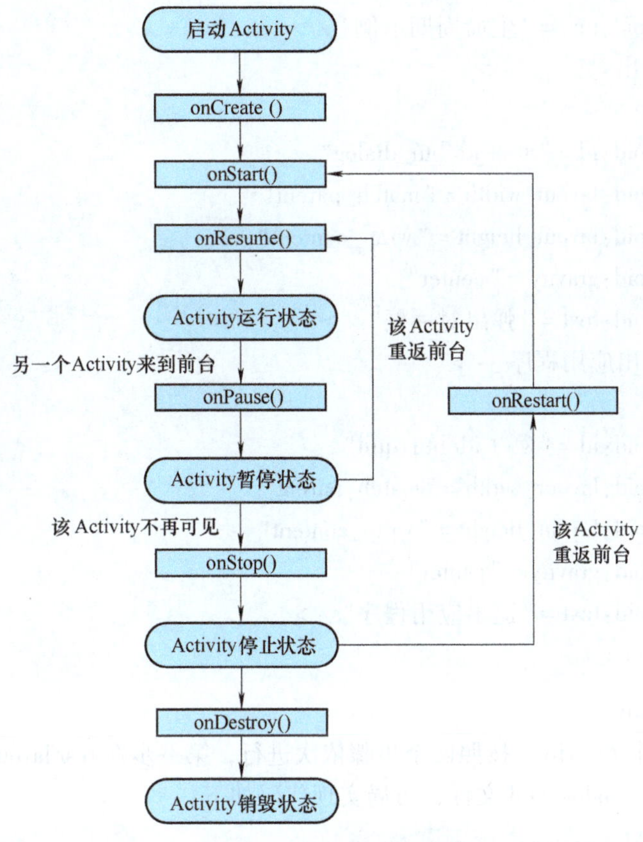

图 4-9　Android 生命周期

2. 生命周期演示

为了让大家更好地了解 Android 生命周期以及每个状态中回调函数的执行顺序与执行时间，下面通过一个简答的实例来测试这些回调函数的执行情况。在该实例中存在两个 Activity：MainActivity、DialogActivity。通过 MainActivity 中的按钮可以弹出（其实是转向）DialogActivity。

（1）创建项目

创建一个 Android 工程，命名为 ActivityLife。主界面为 MainActivity，修改其对应的布局文件 activity_ main. xml，在该界面中主要是两个按钮：一个用于弹出对话框风格的 Activity，另一个用于退出应用程序。

```
<LinearLayout xmlns:android="http://schemas.android.com/apk/res/android"
    android:layout_width="fill_parent"
    android:layout_height="fill_parent"
    android:orientation="vertical" >
    <TextView
        android:layout_width="match_parent"
        android:layout_height="wrap_content"
        android:gravity="center"
        android:text="生命周期示例" />
    <!--弹出对话框-->
    <Button
        android:id="@+id/btn_dialog"
        android:layout_width="match_parent"
        android:layout_height="wrap_content"
        android:gravity="center"
        android:text="弹出对话框" />
    <!--退出应用程序-->
    <Button
        android:id="@+id/btn_quit"
        android:layout_width="match_parent"
        android:layout_height="wrap_content"
        android:gravity="center"
        android:text="退出应用程序" />
</LinearLayout>
```

（2）新建 Activity

接着新建第二个 Activity。按照四个步骤依次进行，第一步在 res/layout/文件夹下新建一个布局文件 activity_ dialog. xml 文件，布局实现代码如下：

```
<?xml version="1.0" encoding="utf-8"?>
<LinearLayout xmlns:android="http://schemas.android.com/apk/res/android"
    android:layout_width="match_parent"
    android:layout_height="match_parent"
    android:orientation="vertical" >
    <TextView
        android:layout_width="match_parent"
        android:layout_height="match_parent"
        android:gravity="center"
        android:text="对话框风格的 Activity" />
</LinearLayout>
```

第二步新建一个 DialogActivity 类。第三步在 DialogActivity 类中重写 onCreate 方法，具体实现代码如下：

```
public class DialogActivity extends Activity {
    @ Override
    protected void onCreate( Bundle savedInstanceState) {
        // TODO Auto-generated method stub

        super. onCreate( savedInstanceState) ;
        setContentView( R. layout. activity_dialog) ;
    }
}
```

第四步注册 Activity，在 AndroidManifest. xml 中添加如下内容：

```
<activity
        android:name = " com. example. activitylife. DialogActivity"
        android:theme = " @ android:style/Theme. Dialog"  >
</activity >
```

（3）实现功能

实现 MainActivity. java。为了能看清楚回调函数的执行情况，程序中重写了每一个回调函数，主要是利用 Log 打印相关信息。具体实现代码如下：

```
public class MainActivity extends Activity {

    private static final String TAG = " LifeCycle" ;
    Button dialogBtn; //弹出对话框风格的 Activity 按钮
    Button quitBtn;//退出按钮

    @ Override
    protected void onCreate( Bundle savedInstanceState) {
        super. onCreate( savedInstanceState) ;
        setContentView( R. layout. activity_main) ;
        Log. i(TAG, " onCreate( ) . . . " ) ; // 打印 log 信息
        init( ) ; // 初始化工作
        setListeners( ) ;// 监听事件
    }

    void init( ) {
        dialogBtn = ( Button)  findViewById( R. id. btn_dialog) ;
        quitBtn = ( Button)  findViewById( R. id. btn_quit) ;
```

```
    }

    void setListeners() {
        dialogBtn.setOnClickListener(new OnClickListener() {

            @Override
            public void onClick(View v) {
                // TODO Auto-generated method stub
                Intent intent = new Intent(MainActivity.this,
                    DialogActivity.class);
                startActivity(intent); // 转向对话框风格的 Activity
            }
        });
        quitBtn.setOnClickListener(new OnClickListener() {

            @Override
            public void onClick(View v) {
                // TODO Auto-generated method stub
                Log.i(TAG, "now in finish()...");
                finish(); // finish()会销毁该 Activity
            }
        });
    }

    @Override
    public boolean onCreateOptionsMenu(Menu menu) {
        // Inflate the menu; this adds items to the action bar if it is present.
        getMenuInflater().inflate(R.menu.main, menu);
        return true;
    }

    @Override
    protected void onStart() {
        // TODO Auto-generated method stub
        super.onStart();
        Log.i(TAG, "onStart()...");
    }
```

```
    @ Override
    protected void onDestroy( ) {
        // TODO Auto-generated method stub
        super. onDestroy( ) ;
        Log. i(TAG, "onDestroy( )...") ;
    }

    @ Override
    protected void onPause( ) {
        // TODO Auto-generated method stub
        super. onPause( ) ;
        Log. i(TAG, "onPause( )...") ;
    }

    @ Override
    protected void onRestart( ) {
        // TODO Auto-generated method stub
        super. onRestart( ) ;
        Log. i(TAG, "onRestart( )...") ;
    }

    @ Override
    protected void onResume( ) {
        // TODO Auto-generated method stub
        super. onResume( ) ;
        Log. i(TAG, "onResume( )...") ;
    }

    @ Override
    protected void onStop( ) {
        // TODO Auto-generated method stub
        super. onStop( ) ;
        Log. i(TAG, "onStop( )...") ;
    }
}
```

（4）运行程序

接下来运行 ActivityLife 工程，通过 LogCat 的打印信息观察 MainActivity 的生命周期。程序启动后，LogCat 会输出程序调用的方法：onCreate( )→onStart( )→onResume( )。

单击【弹出对话框】按钮，由于 DialogActivity 对应的界面会弹出，导致 MainActivity 对应的界面被遮住一部分，并失去焦点，MainActivity 会进入暂停状态，所以 MainActivity 中会自动调用 onPause( )。

按手机上的【返回】键，从 DialogActivity 回到 MainActivity 中，MainActivity 中自动调用 onResume( )。

按手机上的【Home】键，将回到桌面，MainActivity 对应的界面被桌面完全遮住，MainActivity 会进入停止状态，因此会自动调用 onPause( )→onStop( )。

重新回到应用程序后，系统会自动调用 onRestart( )→onStart( )→onResume( )。

单击【退出应用程序】按钮，在事件响应方法中调用 finish( )，事实上这个方法会销毁 MainActivity，因此执行 finish( )时系统会自动调用 onPause→onStop( )→onDestroy( )。

【提示】大家会发现无论是暂停状态、停止状态还是销毁状态，系统都会自动调用 onPause（）。因此在平常的开发中，可以把一些重要数据的保存操作写在 onPause（）里，这样，即便应用被非法结束，数据也不会丢失。

五、Android 的文件存储

1. 简介

Android 手机中的文件（如文本文件、图片、音频视频文件）可以存储在手机内存或外部存储器 SD 卡中，Android 提供了标准的 Java 文件输入输出流（FileOutputStream、FileInputStream）的方式来对文件数据进行读写。

存储在手机内存中的文件是存放在/data/data/【包名】/files 中，而存储在手机 SD 卡中的文件数据则是存放在/mnt/sdcard/中，随着文件存储位置（内存、外部存储器）的不同，获取 Java 文件输入输出流的方式也不一样。

2. 重要方法

（1）public FileOutputStream openFileOutput（String name，int mode）

功能：对于存储在手机内存中的文件，只需要调用该方法即可获得标准的 Java 文件输出流。

参数：name 为文件名（如果该文件名不存在，则会新建一个），mode 为该文件数据的读写模式，它可以取如下的值。

- 0 或 Context. MODE_PRIVATE：默认的操作模式，文件数据只能被本应用程序访问，新的文件数据将会覆盖原有的文件数据。
- Context. MODE_APPEND：新的文件数据将以追加的方式写入到该文件中。
- Context. MODE_WORLD_READABLE：文件数据可以被其他应用程序读，但是不能写，由于该方式可能会造成安全漏洞，Android 4. 2 之后就不建议开发者使用此方式。
- Context. MODE_WORLD_WRITEABLE：文件数据可以被其他应用程序读、写，由于该方式可能会造成安全漏洞，Android 4. 2 之后就不建议开发者使用此方式。

返回值：标准的 Java 输出流。

示例：

```
FileOutputStream outputStream = openFileOutput(filename, 0);
```

该行代码获得了某个文件的输出流，文件数据只能被本应用程序访问。

（2）public FileInputStream openFileInput（String name）

功能：对于存储在手机内存中的文件，只需要调用该方法即可获得标准的 Java 文件输入流。

参数：name 为文件名。

返回值：标准的 Java 输入流。

示例：

```
FileInputStream inputStream = openFileInput(filename);
```

（3）public File（File dir，String name）

该方法主要是针对存储在 SD 卡上的文件来调用的，在获得 Java 文件输入输出流前，需要调用该方法来获得该文件所对应的 File 对象。

功能：通过该构造方法来创建特定文件路径下的某个文件名所对应的 File 对象。

参数：dir 为该文件所存放的目录，name 为文件名。

返回值：File 对象。

示例：

```
File file = new File(Environment.getExternalStorageDirectory(), filename);
FileOutputStream   outputStream = new FileOutputStream(file, Context.MODE_APPEND);
FileInputStream inputStream = new FileInputStream(file);
```

其中第 1 行代码中 Environment. getExternalStorageDirectory( )方法是用来获得手机 SD 卡的目录，Environment 类可以提供当前访问环境和平台信息，以及操作它们的方法。第 2 行代码在获得 File 对象之后，调用 Java 中 FileOutputStream 的构造方法来获得 SD 卡上文件的输出流。第 3 行代码调用 Java 中 FileInputStream 的构造方法来获得 SD 卡上文件的输入流。

（4）public static File Environment. getDataDirectory（）

功能：获取 Android 数据目录对应的 File 对象。

返回值：File 对象。

示例：

```
File file = new File(Environment.getDataDirectory(), filename);
```

该行代码在 Environment. getDataDirectory( ) 目录（即/data 目录）下创建了一个名为 filename 的文件对象。

（5）public static File Environment. getExternalStorageDirectory( )

功能：获取手机外部存储目录即 SD 卡对应的 File 对象。

返回值：File 对象。

示例：

```
File file = new File(Environment.getExternalStorageDirectory(), filename);
```

该行代码在 Environment. getExternalStorageDirectory( )目录（即/mnt/sdcard 目录）下创建了一个名为 filename 的文件对象。

(6) public static File Environment. getDownloadCacheDirectory( )

功能：获取 Android 下载/缓存内容目录对应的 File 对象。

返回值：File 对象。

示例：

```
File file = new File(Environment.getDownloadCacheDirectory(), filename);
```

该行代码在 Environment. getDownloadCacheDirectory( )目录（即/cache 目录）下创建了一个名为 filename 的文件对象。

(7) public static File Environment. getRootDirectory( )

功能：获取 Android 根目录对应的 File 对象。

返回值：File 对象。

示例：

```
File file = new File(Environment.getRootDirectory(), filename);
```

该行代码在 Environment. getRootDirectory( )目录（即/system 目录）下创建了一个名为 filename 的文件对象。

(8) public static String Environment. getExternalStorageState( )

功能：获取手机外部存储器 SD 卡的当前状态。

返回值：当前状态所对应的字符串。在 Android 中，已经定义了一些代表当前状态的字符串。

- Environment. MEDIA_BAD_REMOVAL：SD 卡在被卸载前就被拔出。
- Environment. MEDIA_CHECKING：SD 卡正在接受磁盘检查。
- Environment. MEDIA_MOUNTED：手机已插上 SD 卡，并且应用程序对 SD 卡具有读写权限。
- Environment. MEDIA_MOUNTED_READ_ONLY：手机已插上 SD 卡，但是应用程序对 SD 卡只具有读权限。
- Environment. MEDIA_REMOVED：手机上没有 SD 卡。
- Environment. MEDIA_SHARED：SD 卡存在但是没有被安装，可以通过 USB 大容量存储器共享。
- Environment. MEDIA_UNMOUNTABLE：SD 卡存在但是不可以被安装。
- Environment. MEDIA_UNMOUNTED：SD 卡已经被卸载，但是依旧存在于手机上，且没有被安装。

示例：

```
File file = new File(Environment.getExternalStorageDirectory(), filename);
```

该行代码将在手机 SD 卡中创建一个名为 filename 的文件对象。

3. 使用范例

下面通过一个范例来学习 File 文件存储。界面布局如图 4-10 所示，在写入文件内容之

前，通过两个 EditText 来输入文件名和文件内容，CheckBox 复选框“保存在 SD 卡”用来选择写入的文件是存放在手机内存中还是在 SD 卡上，CheckBox 复选框“追加模式”决定写入的内容是追加到原来的文件中还是将原来的文件内容覆盖掉。单击【读取】按钮会将文件内容显示在下方的 TextView 控件中。

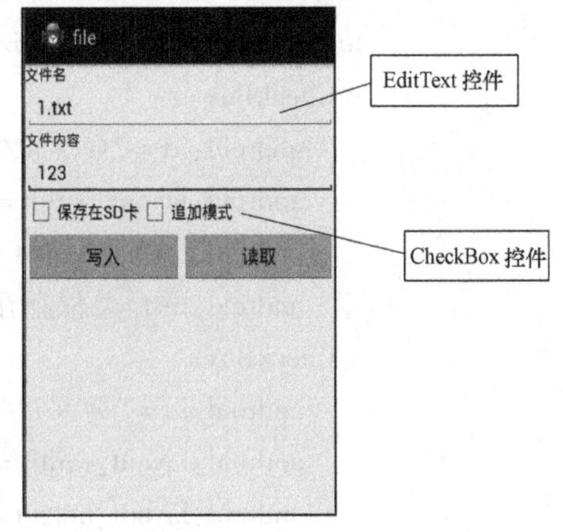

图 4-10 界面布局

（1）创建项目

创建一个 Android 工程“File”，在 res/layout 文件夹下的 activity_main. xml 文件中实现图 4-10 所示的布局界面。其主体布局采用 LinearLayout 垂直线性布局，其中嵌套两个横向的线性布局，一个横向布局容纳两个 CheckBox 控件，一个横向布局容纳两个 Button 控件。

```
<?xml version="1.0" encoding="utf-8"?>
<LinearLayout xmlns:android="http://schemas.android.com/apk/res/android"
    android:layout_width="match_parent"
    android:layout_height="match_parent"
    android:orientation="vertical" >
    <TextView
        android:layout_width="match_parent"
        android:layout_height="wrap_content"
        android:text="文件名" />
    <EditText
        android:id="@+id/edit_filename"
        android:layout_width="match_parent"
        android:layout_height="wrap_content"
        android:lines="1" />
    <TextView
        android:layout_width="match_parent"
        android:layout_height="wrap_content"
        android:text="文件内容" />
    <EditText
        android:id="@+id/edit_filecontent"
        android:layout_width="match_parent"
        android:layout_height="wrap_content" />
    <LinearLayout
        android:layout_width="match_parent"
```

```
        android:layout_height = "wrap_content"
        android:orientation = "horizontal" >
        <CheckBox
            android:id = "@ +id/check_sd"
            android:layout_width = "wrap_content"
            android:layout_height = "wrap_content"
            android:text = "保存在 SD 卡" />
        <CheckBox
            android:id = "@ +id/check_append"
            android:layout_width = "wrap_content"
            android:layout_height = "wrap_content"
            android:text = "追加模式" />
    </LinearLayout>
    <LinearLayout
        android:layout_width = "match_parent"
        android:layout_height = "wrap_content"
        android:orientation = "horizontal" >
        <Button
            android:id = "@ +id/btn_write"
            android:layout_width = "wrap_content"
            android:layout_height = "wrap_content"
            android:layout_weight = "1"
            android:text = "写入" />
        <Button
            android:id = "@ +id/btn_read"
            android:layout_width = "wrap_content"
            android:layout_height = "wrap_content"
            android:layout_weight = "1"
            android:text = "读取" />
    </LinearLayout>
    <TextView
        android:id = "@ +id/view_filecontent"
        android:layout_width = "match_parent"
        android:layout_height = "wrap_content" />
</LinearLayout>
```

由于该应用程序需要操作 SD 卡，改写 AndroidManifest. xml 文件，为 SD 卡设置创建与删除文件权限、写入数据的权限：

```
<! --在 SD 卡中创建和删除文件的权限 -- >
<uses-permission android:name = "android.permission.MOUNT_UNMOUNT_FILESYSTEMS" / >
<! --在 SD 卡中写入文件数据的权限 -- >
<uses-permission android:name = "android.permission.WRITE_EXTERNAL_STORAGE"/ >
```

在 MainActivity.java 类的顶部申明控件变量、int 型变量 mode、boolean 型变量 append、boolean 型变量 append:

```
public class MainActivity extends Activity {
    EditText fileNameEditText;              //文件名的输入框控件变量
    EditText fileContentEditText;           //文件内容的输入框控件变量
    CheckBox appendCheckBox;                //"追加模式"的复选框变量
    CheckBox sdCheckBox;                    //"保存在 SD 卡上"的复选框变量
    Button writeBtn, readBtn;               //【写入】按钮变量、【读取】按钮变量
    TextView fileContentTextView;           //文件内容的文本显示框控件变量
    int mode;                               //文件数据的读写模式
    boolean append;                         //写入的数据是否追加到原有的内容中
    boolean sdSaving;                       //文件数据是否保存到 SD 卡中
```

重写 Activity 类的 onCreate(Bundle savedInstanceState)方法，调用 init()方法设定控件对象，调用 setListeners()方法为控件设定监听器:

```
protected void onCreate(Bundle savedInstanceState) {
    super.onCreate(savedInstanceState);
    setContentView(R.layout.activity_main);
    init();                         //初始化工作:初始化变量
    setListeners();                 //为控件设定监听器
}

void init() {
    fileNameEditText = (EditText) findViewById(R.id.edit_filename);
    fileContentEditText = (EditText) findViewById(R.id.edit_filecontent);
    appendCheckBox = (CheckBox) findViewById(R.id.check_append);
    sdCheckBox = (CheckBox) findViewById(R.id.check_sd);
    writeBtn = (Button) findViewById(R.id.btn_write);
    readBtn = (Button) findViewById(R.id.btn_read);
    fileContentTextView = (TextView) findViewById(R.id.view_filecontent);
    mode = Context.MODE_PRIVATE;
    append = false;
    sdSaving = false;
```

```
    }
    void setListeners() {
        appendCheckBox.setOnCheckedChangeListener(new OnCheckedChangeListener() {
                //设定 appendCheckBox 的选项变化监听器
        });
        sdCheckBox.setOnCheckedChangeListener(new OnCheckedChangeListener() {
                //设定 sdCheckBox 的选项变化监听器
        });
        writeBtn.setOnClickListener(new OnClickListener() {
                //设定【写入】按钮的单击监听器
        });
        readBtn.setOnClickListener(new OnClickListener() {
                //设定【读取】按钮的单击监听器
        });
    }
```

（2）监听 CheckBox

为“追加模式”的复选框变量 appendCheckBox 实现事件响应方法，通过判断参数 isChecked，设定 mode 和 append 变量。如果选中了“追加模式”，mode 的值为 MODE_APPEND，append 的值为 true。

```
/*为“追加模式”的复选框变量 appendCheckBox 添加事件响应*/
appendCheckBox.setOnCheckedChangeListener(new OnCheckedChangeListener() {
        @Override
        public void onCheckedChanged(CompoundButton buttonView,
        boolean isChecked) {
            // TODO Auto-generated method stub
            if (isChecked) {
                mode = Context.MODE_APPEND;
                append = true;
            } else {
                mode = Context.MODE_PRIVATE;
                append = false;
            }
        }
});
```

为“保存在 SD 卡上”的复选框变量 sdCheckBox 实现事件响应，如果选中了该 CheckBox，sdSaving 变量的值为 true。

```
sdCheckBox. setOnCheckedChangeListener( new OnCheckedChangeListener( ) {
        @ Override
        public void onCheckedChanged( CompoundButton buttonView,
                        boolean isChecked) {
            // TODO Auto-generated method stub
            if (isChecked) {
                sdSaving = true;
            } else {
                sdSaving = false;
            }
        }
    });
```

(3) 实现写入文件

为【写入】按钮变量 writeBtn 添加事件响应，通过判断用户是否勾选“保存在 SD 卡”、“追加模式”CheckBox，来决定文件写入的方式，以及写入的文件是在 SD 卡中还是在内存中。

```
writeBtn. setOnClickListener( new OnClickListener( ) {
        @ Override
        public void onClick( View v) {
            // TODO Auto-generated method stub
            String filename = fileNameEditText. getText( ). toString( );   //文件名称
            String filecontent = fileContentEditText. getText( ). toString( );
                                                                    //新的文件数据
            FileOutputStream outputStream = null;
            try {
                if (sdSaving == false) {
                    //从手机内存中得到文件的标准 Java 输出流
                    outputStream = openFileOutput( filename, mode);
                } else {
                //判断手机是否已插上 SD 卡,并且应用程序对 SD 卡具有读写权限
                    if (Environment. getExternalStorageState( ). equals(
                            Environment. MEDIA_MOUNTED)) {
                        File file = new File( Environment
                                . getExternalStorageDirectory( ), filename);
                        //获得手机 SD 卡中文件的标准 Java 输出流
                        outputStream = new FileOutputStream( file, append);
                    }
```

```
            }
            outputStream.write(filecontent.getBytes());
            Toast.makeText(MainActivity.this, "保存成功!",
                    Toast.LENGTH_LONG).show();
            fileContentEditText.setText("");
        } catch (FileNotFoundException e) {
            // TODO Auto-generated catch block
            e.printStackTrace();
        } catch (IOException e) {
            // TODO Auto-generated catch block
            e.printStackTrace();
        } finally {
            //最后关闭文件
            if (outputStream != null) {
                try {
                    outputStream.close();
                } catch (IOException e) {
                    // TODO Auto-generated catch block
                    e.printStackTrace();
                }
            }
        }
    }
});
```

(4) 实现读取文件

为【读取】按钮变量 readBtn 添加事件响应，判断用户是否勾选“保存在 SD 卡”CheckBox。如果用户未勾选“保存在 SD 卡”，将从手机内存中将文件读取出来；如果用户勾选了“保存在 SD 卡”，则从手机 SD 卡中将文件读取出来。

```
readBtn.setOnClickListener(new OnClickListener() {
    @Override
    public void onClick(View v) {
        // TODO Auto-generated method stub
        String filename = fileNameEditText.getText().toString();   //文件名称
        FileInputStream inputStream = null;
                                                                //标准的 Java 输入流
        ByteArrayOutputStream bou = new ByteArrayOutputStream();   //字节数组输出流
        byte[] buffer = new byte[1024];                          //缓冲区
```

```
        int length = 0;
        try {
            if (sdSaving == false) {
                inputStream = openFileInput(filename);
            } else {
                File file = new File(Environment
                        .getExternalStorageDirectory(), filename);

                    if (Environment.MEDIA_MOUNTED.equals(Environment
                            .getExternalStorageState())) {
                        inputStream = new FileInputStream(file);
                    }
                }

                //如果文件读取未结束
                while ((length = inputStream.read(buffer)) != -1){
                    bou.write(buffer, 0, length); //将缓冲区中的数据写入 bou 中
                }
            } catch (FileNotFoundException e) {
                // TODO Auto-generated catch block
                e.printStackTrace();
            } catch (IOException e) {
                // TODO Auto-generated catch block
                e.printStackTrace();
            } finally {
                if (inputStream != null) {
                    try {
                        inputStream.close();
                    } catch (IOException e) {
                        // TODO Auto-generated catch block
                        e.printStackTrace();
                    }
                }
            }
            fileContentTextView.setText(new String(bou.toByteArray()));
        }
    });
```

（5）运行程序

运行该程序后，其界面如图4-11所示。输入文件名“1.txt”，输入文件内容“123”，单击【写入】按钮，如果写入成功，系统将会以Toast的形式提示用户“保存成功”，同时文件内容的输入框清空。

如图4-12所示，在DDMS模式下，可以看到data/data/［包名］/files目录下，存在一个1.txt文件。

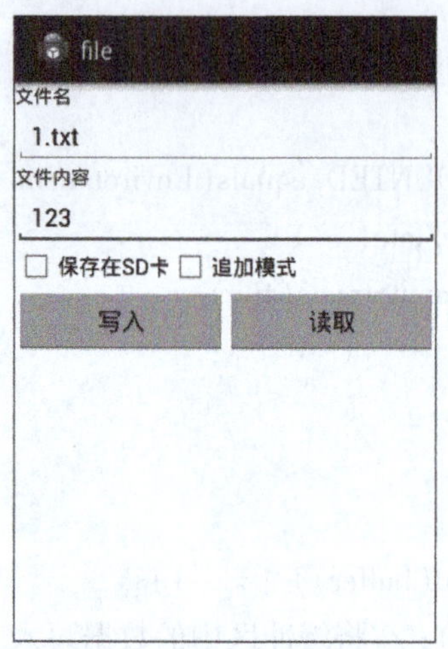

图4-11 “文件”读写应用程序的界面实现

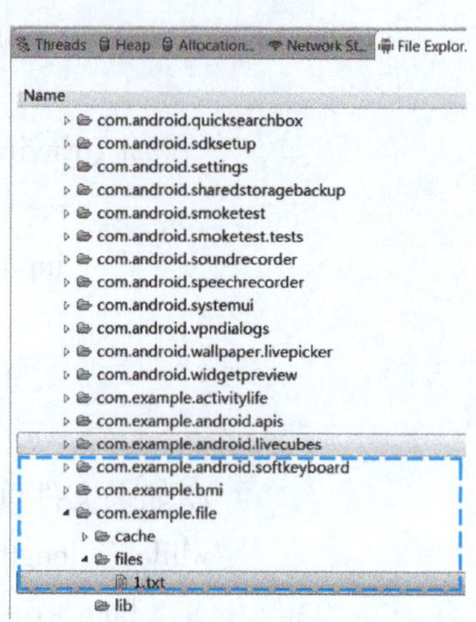

图4-12 DDMS模式下的文件

【提示】如果是利用手机进行联机测试，那么在DDMS模式下，data目录下的文件是不可见的。除非将手机重新进行root，这已不在本书的讨论范围之内了。

六、SharedPreferences

1. 简介

SharedPreferences其实是一个接口，可以提供方便的、轻量级的数据存储，通常用于应用程序中的参数配置或一些属性的存储设置。例如，可以通过它来保存上一次操作的信息或所做的修改，下一次应用程序启动后，加载上一次保存的信息，可以减少重复设置、输入等麻烦，方便应用。SharedPreferences所存储的数据是以“键-值”的格式保存在xml文件中。该xml文件将存在工程中的/data/data/包名/shared_prefs目录下。

2. 重要方法

（1）Context类：public abstract SharedPreferences getSharedPreferences（String name, int mode）

功能：获得SharedPreferences对象。

参数：name为xml文件名（如果该文件名不存在，将会在调用SharedPreferences.edit（）之后新建一个）；mode为该SharedPreferences数据的读写模式，可以取如下值。

- Context.MODE_PRIVATE：默认的操作模式，SharedPreferences数据只能被本应用程序访问。

● Context. MODE_WORLD_READABLE：SharedPreferences 数据可以被其他应用程序读取，但是不能写入。该模式可能会造成安全漏洞，Android 4.2 之后就不建议开发者使用这种模式了。

● Context. MODE_WORLD_WRITEABLE：SharedPreferences 数据可以被其他应用程序读取和写入。该模式可能会造成安全漏洞，Android 4. 2 之后就不建议开发者使用这种模式了。

返回值：SharedPreferences 的对象实例。

示例：

```
//获取一个 SharedPreferences 的实例对象,该 xml 文件名为 userinfo
SharedPreferences sp = getSharedPreference("userinfo", MODE_PRIVATE);
```

(2) SharedPreferences 类：public XXX getXXX (String key, XXX defValue)

功能：获得 SharedPreferences 中指定“键”所对应的“值”。

参数：key 为要获取数据的“键”名，如果 key 不存在，则返回默认值 defValue。其中 XXX 可以为 boolean、int、long、float、String 等数据类型。

返回值：返回“键”所对应的“值”。

示例：

```
//获取一个 SharedPreferences 的实例对象,该 xml 文件名为 userinfo
SharedPreferences sp = getSharedPreference("userinfo", MODE_PRIVATE);
//获得键"REMBERPWD"所对应的值,如果该键不存在,则返回默认值 false
sp.getBoolean("REMBERPWD", false);
```

(3) Editor 类：public Editor edit()

功能：获得 SharedPreferences 所对应的 Editor 编辑器对象。

返回值：Editor 编辑器对象。

示例：

```
SharedPreferences sp = getSharedPreference("userinfo", MODE_PRIVATE);
Editor editor = sp.edit();
                    //获得 sp 对应的编辑器,通过该编辑器可以写入"键-值"内容
```

(4) Editor 类：public Editor putXXX (String key, XXX value)

功能：向 SharedPreferences 中写入“键”所对应的“值”。

参数：key 为“键”，value 为“值”，XXX 同样可以为 boolean、int、long、float、String 等数据类型。

示例：

```
SharedPreferences sp = getSharedPreference("userinfo", MODE_PRIVATE);
Editor editor = sp.edit();
                    //获得 sp 对应的编辑器,通过该编辑器可以写入"键-值"内容
editor.putBoolean("REMBERPWD", false);
                              //将键"REMBERPWD"所对应的值设为 false
```

(5) Editor 类：public Editor remove (String key)

功能：在 SharedPreferences 中删除“键”(key) 所对应的“值”(value)。

参数：key 为“键”。

示例：

```
SharedPreferences sp = getSharedPreference("userinfo", MODE_PRIVATE);
Editor editor = sp.edit();  //获得 sp 对应的编辑器,通过该编辑器可以写入“键-值”内容
editor.remove("REMBERPWD");  //清除键“REMBERPWD”所对应的值
```

(6) Editor 类：public Editor clear()

功能：从 SharedPreferences 中清空所有的“键-值”对。

示例：

```
SharedPreferences sp = getSharedPreference("userinfo", MODE_PRIVATE);
Editor editor = sp.edit();  //获得 sp 对应的编辑器,通过该编辑器可以写入“键-值”内容
editor.clear();             //清除所有的“键-值”对
```

(7) Editor 类：public boolean commit()

功能：将修改内容提交到 SharedPreferences 中。

示例：

```
SharedPreferences sp = getSharedPreference("userinfo", MODE_PRIVATE);
Editor editor = sp.edit();  //获得 sp 对应的编辑器,通过该编辑器可以写入“键-值”内容
editor.clear();             //清除所有的“键-值”对
editor.commit();            //提交修改
```

3. 使用范例

下面通过一个“登录”实例来学习 SharedPreferences 的应用，该应用程序中有两个界面（登录界面、欢迎界面）。界面如图4-13所示，登录界面中的密码输入框使用一般的文本输入框，系统默认会记住上次登录时输入的用户名。单击【登录】按钮时，如果“记住密码”处于被勾选的状态，下一次启动该应用程序，系统将自动填充密码，无需用户重新输入。单击【登录】按钮之后，系统会跳转到右侧的欢迎界面。

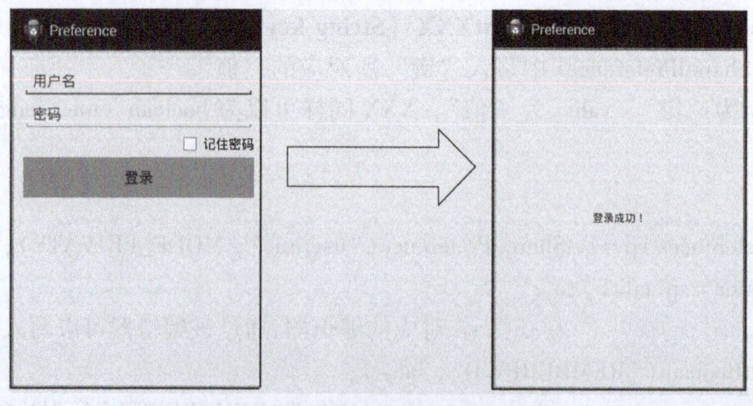

图4-13　登录界面与欢迎界面

(1) 创建项目

创建一个 Android 工程“Preference”，在 res/layout 文件夹下新建一个 activity_ login. xml 文件，该布局界面用于实现登录界面：

```
<RelativeLayout xmlns:android = "http://schemas.android.com/apk/res/android"
    xmlns:tools = "http://schemas.android.com/tools"
    android:layout_width = "match_parent"
    android:layout_height = "match_parent"
    android:paddingBottom = "@dimen/activity_vertical_margin"
    android:paddingLeft = "@dimen/activity_horizontal_margin"
    android:paddingRight = "@dimen/activity_horizontal_margin"
    android:paddingTop = "@dimen/activity_vertical_margin"
    tools:context = ".MainActivity" >
    <EditText
        android:id = "@+id/username"
        android:layout_width = "match_parent"
        android:layout_height = "wrap_content"
        android:hint = "用户名" />
    <EditText
        android:id = "@+id/pwd"
        android:layout_width = "match_parent"
        android:layout_height = "wrap_content"
        android:layout_below = "@id/username"
        android:hint = "密码" />
    <CheckBox
        android:id = "@+id/rememberPwd"
        android:layout_width = "wrap_content"
        android:layout_height = "wrap_content"
        android:layout_alignParentRight = "true"
        android:layout_below = "@id/pwd"
        android:text = "记住密码" />
    <Button
        android:id = "@+id/login"
        android:layout_width = "match_parent"
        android:layout_height = "wrap_content"
        android:layout_below = "@id/rememberPwd"
        android:background = "@android:color/holo_orange_light"
        android:text = "登录" />
</RelativeLayout>
```

修改 MainActivity. java 为 LoginActivity. java，在该类的顶部声明五个变量：两个文本输入框控件对应的实例（usernameEdit、pwdEdit）、一个“记住密码”复选框对应的实例（rememberPwdCheck）、一个【登录】按钮对应的实例（loginBtn）以及一个 SharedPreferences 实例（pref）。

```
EditText usernameEdit;
EditText pwdEdit;
CheckBox rememberPwdCheck;
Button loginBtn;
SharedPreferences pref;
```

（2）新建 Activity

在 res/layout 文件下新建一个欢迎界面的布局文件 activity_welcome. xml：

```
<? xml version = "1.0" encoding = "utf-8"? >
<LinearLayout xmlns:android = "http://schemas.android.com/apk/res/android"
    android:layout_width = "match_parent"
    android:layout_height = "match_parent"
    android:orientation = "vertical" >
    <TextView
        android:layout_width = "match_parent"
        android:layout_height = "match_parent"
        android:gravity = "center"
        android:text = "登录成功!" />
</LinearLayout>
```

新建一个 WelcomeActivity 类，并重写 onCreate 方法设定布局文件为 activity_welcome. xml：

```
public class WelcomeActivity extends Activity {
    Button exitBtn;

    @Override
    protected void onCreate(Bundle savedInstanceState) {
        // TODO Auto-generated method stub
        super.onCreate(savedInstanceState);
        setContentView(R.layout.activity_welcome);
    }
}
```

修改 AndroidManifest. xml 文件，注册 WelcomeActivity：

```
<? xml version = "1.0" encoding = "utf-8"? >
```

```
<manifest xmlns:android = "http://schemas.android.com/apk/res/android"
    package = "com.example.preference"
    android:versionCode = "1"
    android:versionName = "1.0" >

  ...//此处省略

    <application
        android:allowBackup = "true"
        android:icon = "@drawable/ic_launcher"
        android:label = "@string/app_name"
        android:theme = "@style/AppTheme" >
        <activity
            android:name = "com.example.preference.LoginActivity"
            android:label = "@string/app_name" >
            <intent-filter>
                <action android:name = "android.intent.action.MAIN" />

                <category android:name = "android.intent.category.LAUNCHER" />
            </intent-filter>
        </activity>
        <activity android:name = "com.example.preference.WelcomeActivity" >
        </activity>
    </application>
</manifest>
```

(3) 实现功能

修改 LoginActivity 的 onCreate（Bundle savedInstanceState）方法，添加两个成员方法 init()、setListeners()：

```
protected void onCreate(Bundle savedInstanceState) {
    super.onCreate(savedInstanceState);
    setContentView(R.layout.activity_login);
    init();
    setListeners();
}
```

实现 init()方法，在该方法中将成员变量进行初始化，并从 userinfo.xml 文件中读取 SharedPreferences 数据，获取用户名信息显示到 usernameEdit 控件上。然后获取键“REMBERPWD”的值，如果为 true，代表之前用户选择了“记住密码”，此时获取密码显示到

pwdEdit 控件中，并勾选“记住密码”控件；如果为 false，代表用户之前没有要求记住密码，pwdEdit 控件显示为空字符串，不勾选“记住密码”控件。

```
private void init() {
        usernameEdit = (EditText) findViewById(R.id.username);
        pwdEdit = (EditText) findViewById(R.id.pwd);
        rememberPwdCheck = (CheckBox) findViewById(R.id.rememberPwd);
        loginBtn = (Button) findViewById(R.id.login);
        pref = getSharedPreferences("userinfo", Context.MODE_PRIVATE);
        usernameEdit.setText(pref.getString("USERNAME", ""));
        if (pref.getBoolean("REMBERPWD", false)) {
            pwdEdit.setText(pref.getString("PWD", ""));
        } else {
            pwdEdit.setText("");
        }

        rememberPwdCheck.setChecked(pref.getBoolean("REMBERPWD", false));
}
```

实现 setListeners()方法，监听【登录】按钮事件，单击【登录】按钮时，判断“记住密码”的勾选状态，如果是勾选状态，则保存此时输入的用户名和密码，以及勾选状态：

```
private void setListeners() {
        loginBtn.setOnClickListener(new OnClickListener() {
            @Override
            public void onClick(View v) {
                // TODO Auto-generated method stub
                Editor editor = pref.edit();
                if (rememberPwdCheck.isChecked()) {
                    editor.putString("USERNAME", usernameEdit.getText()
                            .toString());
                    editor.putString("PWD", pwdEdit.getText().toString());
                    editor.putBoolean("REMBERPWD", true);
                    editor.commit();
                } else {
                    editor.putBoolean("REMBERPWD", false);
                    editor.commit();
                }
                Intent intent = new Intent();
                intent.setClass(LoginActivity.this, WelcomeActivity.class);
                startActivity(intent);
```

```
                finish();
            }
        });
    }
```

任务实施

下面利用已经具备的知识来完成“我的日记”项目，首先进行总体分析了解程序的功能和结构，然后进行项目界面布局和功能编码。

一、总体分析

在“我的日记”应用程序中，需要实现两个Activity：登录界面和写入日记界面。

登录界面如图4-14所示，其中包含两个EditText（用于输入用户名、密码）、CheckBox（选择是否“记住密码”）、Button（登录），以及一个隐藏的ProgressBar。其界面并不复杂，可以利用纵向线性布局或相对布局实现。

写入日记的界面如图4-15所示，其中包含了一个EditText（用于输入日记内容）、一个Button（用于保存写入的日记内容）。

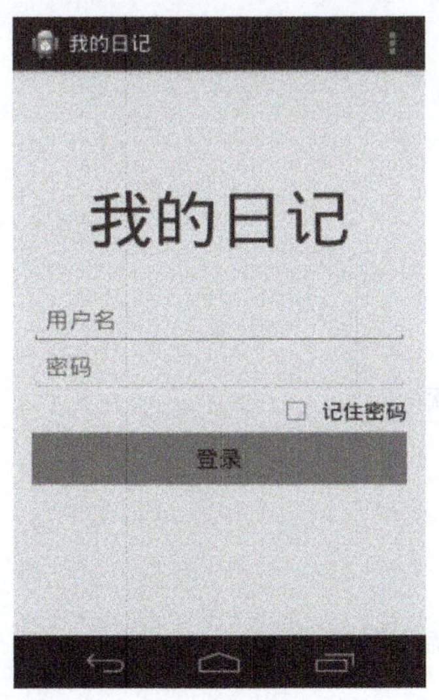

图4-14 登录界面

图4-15 写入日记界面

整个应用程序的功能比较简单，在登录界面输入用户名、密码，并且可以选择是否“记住密码”，随后单击【登录】按钮，在用户名与密码正确的情况下，系统会在5s后自动跳转到“写入日记”界面（这5s会显示一个ProgressBar作为系统反馈，以防用户误以为系统不响应）。在写入日记界面，系统会自动将当前的日期写入日记的开头。单击【保存】按钮之后，日记将会被写入文件MyDiary. txt中，该文件将存放在手机内存中。如果需要退出该应用程序，在手机上连续单击两次【返回】键即可退出该应用。其具体流程如图 4-16 所示。

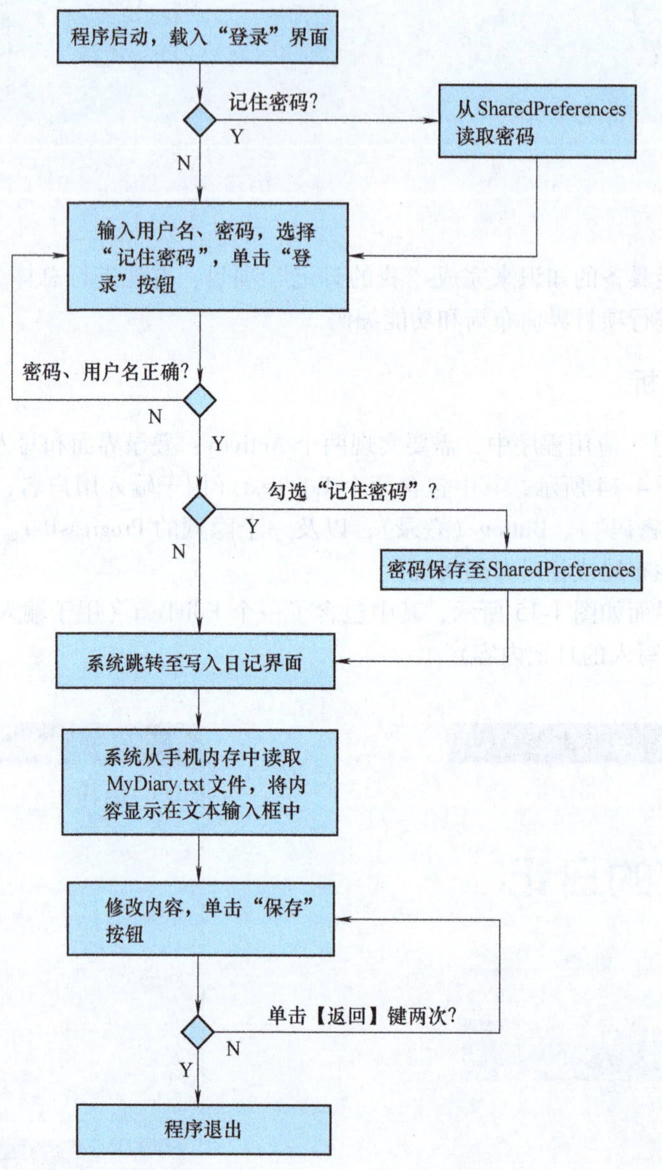

图 4-16　“我的日记”功能流程图

二、项目布局

1. 创建项目

首先创建一个 Android 应用程序项目，命名为 MyDiary，将默认的 Activity 名称 MainActivity. java 重命名为 LoginActivity. java，其对应的 XML 布局文件为 res \ layout \ activity_ login. xml。如何重命名一个类？只需要在视图【Package Explorer】中用鼠标右键单击 MainActivity. java，在弹出的快捷菜单中单击【Refactor⇒Rename】命令，然后输入新的类名即可。

2. 创建字符串资源

在该项目中，将所有界面中的文本作为字符串资源存放在 res/values/strings. xml 中：

```
<? xml version = "1.0" encoding = "utf-8"? >
<resources>
    <string name = "app_name" >我的日记</string>
    <string name = "action_settings" >Settings</string>
    <string name = "hello_world" >Hello world! </string>
    <string name = "hint_username" >用户名</string>
    <string name = "hint_pwd" >密码</string>
    <string name = "remember_pwd" >记住密码</string>
    <string name = "btn_login" >登录</string>
    <string name = "btn_save" >保存</string>
    <string name = "view_mydiary" >我的日记</string>
    <string name = "hint_mydiary" >请在这儿写下你的心情日记</string>
</resources>
```

3. 创建控件样式

在 Android 中可以方便地自定义样式文件，然后指定控件的样式属性为自定义的样式，能够非常方便地设计出美观的界面。为了让“写入日记”界面中的文本输入框比较美观，将文本输入框控件的边框设置为黑色，背景色设置为黄金色。在 res/drawable 文件夹中，新建一个 background. xml 文件，具体内容如下：

```
<? xml version = "1.0" encoding = "utf-8"? >
<shape xmlns:android = "http://schemas.android.com/apk/res/android" >
    <! --黑色边框,宽度为 2dp -- >
    <stroke
        android:width = "2dp"
        android:color = "#000" />
    <! --背景色为黄金色 -- >
    <solid android:color = "#fbe6c9" />
</shape>
```

4. 登录界面布局

登录界面采用相对布局，里面控件的属性也都是一些常见属性，这里不再赘述。值得注意的是，在输入密码的 EditText 控件中，android:inputType = "textPassword"设定密码不可见，同时利用 android: visibility = "gone"属性将进度条 ProgressBar 初始状态设置为不可见，而为了美观将登录界面的背景色设置为黄金色（RGB 为 0xfbe6c9），【登录】按钮的背景色设置为金色（RGB 为 0xCD7F32）。其实现代码如下：

```
<RelativeLayout xmlns:android = "http://schemas.android.com/apk/res/android"
    xmlns:tools = "http://schemas.android.com/tools"
```

```
android:layout_width = "match_parent"
android:layout_height = "match_parent"
android:background = "#fbe6c9"
android:paddingBottom = "@ dimen/activity_vertical_margin"
android:paddingLeft = "@ dimen/activity_horizontal_margin"
android:paddingRight = "@ dimen/activity_horizontal_margin"
android:paddingTop = "@ dimen/activity_vertical_margin"
tools:context = ". LoginActivity" >

<! --标题 -- >
<TextView
    android:id = "@ +id/view_mydiary"
    android:layout_width = "match_parent"
    android:layout_height = "wrap_content"
    android:gravity = "center"
    android:paddingBottom = "30sp"
    android:paddingTop = "70sp"
    android:text = "@ string/view_mydiary"
    android:textSize = "50sp" />
<! --用户名输入框 -- >
<EditText
    android:id = "@ +id/edit_username"
    android:layout_width = "match_parent"
    android:layout_height = "wrap_content"
    android:layout_below = "@ id/view_mydiary"
    android:hint = "@ string/hint_username" />
<! --密码输入框 -- >
<EditText
    android:id = "@ +id/edit_pwd"
    android:layout_width = "match_parent"
    android:layout_height = "wrap_content"
    android:layout_below = "@ id/edit_username"
    android:hint = "@ string/hint_pwd"
    android:inputType = "textPassword" />
<! -- "记住密码"复选框 -- >
<CheckBox
    android:id = "@ +id/check_rememberPwd"
    android:layout_width = "wrap_content"
```

```
        android:layout_height = "wrap_content"
        android:layout_alignParentRight = "true"
        android:layout_below = "@ id/edit_pwd"
        android:text = "@ string/remember_pwd" />
    <! --金色的按钮 -- >
    <Button
        android:id = "@ +id/btn_login"
        android:layout_width = "match_parent"
        android:layout_height = "wrap_content"
        android:layout_below = "@ id/check_rememberPwd"
        android:background = "#CD7F32"
        android:text = "@ string/btn_login" />
    <! --进度条 -- >
    <ProgressBar
        android:id = "@ +id/progressbar"
        style = "@ android:style/Widget.ProgressBar.Large"
        android:layout_width = "match_parent"
        android:layout_height = "wrap_content"
        android:layout_below = "@ id/btn_login"
        android:visibility = "gone" />
</RelativeLayout >
```

5. 创建写入日记界面

首先在 res/layout 中新建一个 activity_ diary. xml 布局文件，该文件需要实现写入日记功能。利用垂直线性布局（LinearLayout）排放了两个控件：一个写入日记内容的 EditText、一个【保存】按钮 Button。对于 EditText，通过 android:background = "@ drawable/background" 指定其采用了 background. xml 文件中定义的样式来定义边框和背景色，通过 android:scrollbars = "vertical" 设置其包含垂直的滚动条，通过 android:singleLine = "false" 实现多行的输入。

```
<LinearLayout xmlns:android = "http://schemas.android.com/apk/res/android"
    android:layout_width = "fill_parent"
    android:layout_height = "fill_parent"
    android:orientation = "vertical" >
    <EditText
        android:id = "@ +id/edit_mydiary"
        android:layout_width = "match_parent"
        android:layout_height = "0dip"
        android:layout_weight = "1"
        android:background = "@ drawable/background"
```

```
            android:gravity = "left|top"
            android:hint = "@string/hint_mydiary"
            android:scrollbars = "vertical"
            android:singleLine = "false" />
        <!--金色按钮-->
        <Button
            android:id = "@+id/btn_save"
            android:layout_width = "match_parent"
            android:layout_height = "wrap_content"
            android:layout_margin = "20dp"
            android:background = "#CD7F32"
            android:text = "@string/btn_save" />
    </LinearLayout>
```

然后创建 DiaryActivity 类继承自 Activity 类，重写 onCreate 方法显示 activity_diary 布局文件：

```
    @Override
        protected void onCreate(Bundle savedInstanceState) {
            super.onCreate(savedInstanceState);
            setContentView(R.layout.activity_diary);
        }
```

最后在 AndroidManifest.xml 文件注册 DiaryActivity。

```
    <activity android:name = "com.example.mydiary.DiaryActivity" ></activity>
```

三、功能实现

1. 登录界面功能实现

在 LoginActivity.java 类中申明成员变量，包括控件相关的对象、SharedPreferences 对象、处理消息的 Handler 对象、记录当前进度的 progress 变量。

```
    EditText usernameEdit; //用户名输入框
    EditText pwdEdit; //密码输入框
    CheckBox rememberPwdCheck;//记住密码的复选框
    Button loginBtn;//登录按钮
    ProgressBar progressBar;//进度条
    SharedPreferences pref; //简单数据存储
    Handler handler; //线程的手柄
    static final int STOP = 0x111;//进度完成的消息 ID
    static final int CONTINUE = 0x112;//继续显示进度条的消息 ID
```

```
static final int MAX =100; //最大的进度为 100%
int progress; //进度条的当前进度
```

重写 onCreate( )方法，调用两个方法 init( )和 setListeners( )。init( )主要做一些初始化工作，SetListeners( )主要为界面中的控件创建监听器：

```
@ Override
    protected void onCreate( Bundle savedInstanceState) {
        super. onCreate( savedInstanceState) ;
        setContentView( R. layout. activity_login) ;
        init( ) ; // 初始化工作
        setListeners( ) ;// 事件监听
    }

void init( ) {
        /* 初始化控件变量 */
        initViews( ) ;
        /* 初始化线程的手柄 */
        initHandler( ) ;
}
```

实现 initViews( )方法，在该方法中对成员变量进行初始化：

```
void initViews( ) {
        usernameEdit = ( EditText) findViewById( R. id. edit_username) ;
        pwdEdit = ( EditText) findViewById( R. id. edit_pwd) ;
        rememberPwdCheck = ( CheckBox) findViewById( R. id. check_rememberPwd) ;
        loginBtn = ( Button) findViewById( R. id. btn_login) ;
        progressBar = ( ProgressBar) findViewById( R. id. progressbar) ;
        pref = getSharedPreferences( "userinfo", Context. MODE_PRIVATE) ;
        usernameEdit. setText( pref. getString( "USERNAME", "") ) ;
        if ( pref. getBoolean( "REMBERPWD", false) ) {
            pwdEdit. setText( pref. getString( "PWD", "") ) ;
        } else {
            pwdEdit. setText( "") ;
        }
        rememberPwdCheck. setChecked( pref. getBoolean( "REMBERPWD", false) ) ;
        progress =0;
        progressBar. setProgress( progress) ;
        progressBar. setMax( MAX) ;
}
```

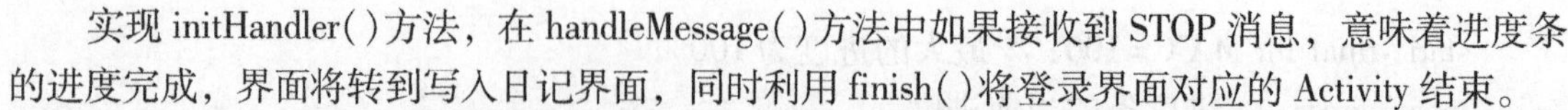

实现 initHandler()方法，在 handleMessage()方法中如果接收到 STOP 消息，意味着进度条的进度完成，界面将转到写入日记界面，同时利用 finish()将登录界面对应的 Activity 结束。

```
void initHandler() {
        handler = new Handler() {
            @Override
            public void handleMessage(Message msg) {
                // TODO Auto-generated method stub
                switch (msg.what) {
                /* 进度未完成 */
                case CONTINUE:
                    if(! Thread.currentThread().isInterrupted()) {
                                                        //当前线程正在运行
                        progressBar.setProgress(progress);
                    }
                    break;

                /* 进度完成 */
                case STOP:
                    Intent intent = new Intent();
                    intent.setClass(LoginActivity.this, DiaryActivity.class);
                    startActivity(intent);
                    finish(); // 结束该 Activity
                    break;

                default:
                    break;
                }
                super.handleMessage(msg);
            }
        };
    }
```

实现 setListeners()方法，为【登录】按钮增加事件响应处理，在“用户名”或“密码”错误的情况下，弹出 Toast 进行提示；在“用户名”与“密码”都正确的情况下，将信息保存至 SharedPreferences 中，然后将输入框和按钮禁用，显示进度条，并启动子线程，每秒发送 CONTINUE 消息更新进度，5s 之后发送 STOP 消息跳转到 DiaryActivity。

```
void setListeners() {
        loginBtn.setOnClickListener(new OnClickListener() {
            @Override
```

```
public void onClick(View v) {
    // TODO Auto-generated method stub
    String username = usernameEdit.getText().toString();
    String pwd = pwdEdit.getText().toString();
    if((! username.equals("admin")) || (! pwd.equals("admin"))) {
        Toast.makeText(LoginActivity.this, "用户名或密码不正确",
            Toast.LENGTH_LONG).show();
    } else {
        /* 用户名与密码都正确的情况处理 */
        Editor editor = pref.edit();
        if (rememberPwdCheck.isChecked()) {
            editor.putString("USERNAME", username);
            editor.putString("PWD", pwd);
            editor.putBoolean("REMBERPWD", true);
            editor.commit();
        } else {
            editor.putBoolean("REMBERPWD", false);
            editor.commit();
        }
        usernameEdit.setEnabled(false);
        pwdEdit.setEnabled(false);
        loginBtn.setEnabled(false);

        /* 将显示进度条 5s */
        progressBar.setVisibility(View.VISIBLE);
        new Thread(new Runnable() {
            @Override
            public void run() {
                // TODO Auto-generated method stub
                try {
                    /* 循环 5 次,每次休眠 1s */
                    for(int i = 0; i < 5; i++) {
                        progress = (i + 1) * 20;
                        Thread.sleep(1000);
                        if(i == 4) {
                            Message msg = new Message();
                            msg.what = STOP;
                            handler.sendMessage(msg);
                            break;
```

```
                        } else {
                                Message msg = new Message();
                                msg.what = CONTINUE;
                                handler.sendMessage(msg);
                        }
                    }
                } catch (InterruptedException e) {
                    // TODO Auto-generated catch block
                    e.printStackTrace();
                }
            }
        }).start();
    }
  });
}
```

2. "写入日记"功能实现

在 DiaryActivity 类中申明成员变量，包括控件相关的对象、用于文件操作的输入输出流对象、实现两次按【返回】键退出应用程序相关的变量：

```
EditText mydiaryEditText; // "写入日记"的文本输入框
Button saveButton; // "保存"按钮
static final String FILENAME = "MyDiary.txt"; //日记的文件名
FileOutputStream fOutputStream; //文件输出流
FileInputStream finputStream;//文件输入流
private static long INTERVAL = 2000; //两次返回键间隔最大值常量
private long mFirstBackKeyPressTime = -1;//第一次按下返回键的时间
private long mLastBackKeyPressTime = -1;//第二次按下返回键的时间
```

onCreate()方法中调用 init()、setListeners()方法。init()方法主要做一些初始化工作，setListeners()为界面中控件创建监听器：

```
@Override
protected void onCreate(Bundle savedInstanceState) {
    // TODO Auto-generated method stub
    super.onCreate(savedInstanceState);
    setContentView(R.layout.activity_diary);
    init(); // 初始化工作
    setListeners(); // 增加事件响应
}
```

实现 init()方法，在该方法中需要实例化界面中的控件变量，同时要将上一次保存的日记文件 MyDiary. txt 打开，将其内容显示在“写入日记”文本输入框中，同时为日记加上当前的日期：

```
void init() {
        // 实例化"写入日记"的文本输入框
        mydiaryEditText = (EditText) findViewById(R.id.edit_mydiary);
        // 实例化"保存"按钮
        saveButton = (Button) findViewById(R.id.btn_save);

        // 将上次保存的日记文件打开
        try {
            finputStream = openFileInput(FILENAME);
            ByteArrayOutputStream bou = new ByteArrayOutputStream();
            byte[] buffer = new byte[1024];
            int length = 0;
            while ((length = finputStream.read(buffer)) != -1) {
                bou.write(buffer, 0, length);
            }
            mydiaryEditText.setText(new String(bou.toByteArray()));
        } catch (FileNotFoundException e) {
            // TODO Auto-generated catch block
            e.printStackTrace();
        } catch (IOException e) {
            // TODO Auto-generated catch block
            e.printStackTrace();
        }

        //在此次要写入的日记前加入日期信息
        Time time = new Time("GMT+8");
        time.setToNow();
        mydiaryEditText.append("\n" + time.year + "年-" + (time.month + 1)
                + "月-" + time.monthDay + "日\n");

    }
```

实现 setListeners()方法，在该方法中为【保存】按钮创建单击监听器。单击【保存】按钮后，将“写入日记”文本输入框中的所有内容重新保存至 MyDiary. txt 中，该文件存放于手机内存中。

```
void setListeners() {
        saveButton.setOnClickListener(new OnClickListener() {
            @Override
            public void onClick(View v) {
                // TODO Auto-generated method stub
                /* 将此次写入的日记保存在 MyDiary.txt 文件中 */
                try {
                    fOutputStream = openFileOutput(FILENAME,
                            Context.MODE_PRIVATE);
                    fOutputStream.write(mydiaryEditText.getText().toString()
                            .getBytes());
                    Toast.makeText(DiaryActivity.this, "保存成功",
                            Toast.LENGTH_LONG).show();
                } catch (FileNotFoundException e) {
                    // TODO Auto-generated catch block
                    e.printStackTrace();
                } catch (IOException e) {
                    // TODO Auto-generated catch block
                    e.printStackTrace();
                }

            }
        });
    }
```

重写 DiaryActivity 的 onBackPressed()方法，在该方法中当用户按下智能终端的【返回】键（也称后退键）时触发，当第一次按下【返回】键时，记录第一次按下的时间并通过 Toast 提示用户再次按下；如果不是第一次按下，则比较两次按下【返回】键的时间间隔，等于或小于 2s 则退出应用，否则提示用户再次按下【返回】键并将当前时间设定为第一次按下的时间。

```
//按"返回"键两次即退出应用程序
@Override
public void onBackPressed() {
    //TODO Auto-generated method stub
    if(mFirstBackKeyPressTime == -1) {
        mFirstBackKeyPressTime = System.currentTimeMillis();
        Toast.makeText(DiaryActivity.this, "再按一下退出日记程序",
                Toast.LENGTH_LONG).show();
    } else {
```

```
                mLastBackKeyPressTime = System.currentTimeMillis();
                if((mLastBackKeyPressTime-mFirstBackKeyPressTime) <= INTERVAL){
                    finish();
                    System.exit(0);
                    super.onBackPressed();
                }else{
                    mFirstBackKeyPressTime = mLastBackKeyPressTime;
                    Toast.makeText(DiaryActivity.this, "再按一下退出日记程序",
                        Toast.LENGTH_LONG).show();
                }
            }
        }
```

四、运行结果

界面与程序编码实现后，可以利用 Android 虚拟机或手机来运行程序查看效果。输入用户名（admin）、密码（admin）后，选择“记住密码”，单击【登录】按钮之后，会弹出 5s 的进度条显示，如图 4-17 所示，继而转向写入日记界面。

在写入日记界面中，会发现系统已经将日记填写在文本输入框中，日记写好后，单击【保存】按钮，系统会将整个日记内容保存在 MyDiary.txt 中，如图 4-18 所示。

图 4-17　带进度条显示的登录界面

图 4-18　保存成功的界面

如果想退出应用程序，按一次【返回】键系统会以 Toast 形式提示用户，连续按【返回】键两次即可退出“我的日记”，如图 4-19 所示。

【试一试】根据任务实施这一节的内容，完成“我的日记”。利用 DDMS 看看手机内存中是否有 MyDiary.txt 文件。

图 4-19　退出日记程序界面

任务评价

完成任务四之后，可以根据表 4-3 的任务评价表对完成情况进行评价，并根据评价表创新能力中提到的指标对 APP 应用进一步改进。最后鼓励大家继续完成后面的拓展任务，进一步巩固和练习任务中学习的知识点和技能点，并将任务实现中的不足之处进行改进。

表 4-3　任务评价表

评价内容	具体指标		完成情况（打分）
基础素养	资料搜索、筛选和整合能力（3 分）		
	信息技术应用与数字化素养（2 分）		
专业知识	基础知识点的预学习情况（5 分）		
	知识点案例的掌握情况（15 分）		
	课后习题的完成情况（10 分）		
技术技能	分析问题、解构问题、技术选择、将问题图形化表达的能力（15 分）		
	代码编写能力（20 分）		
	程序调试技术（10 分）		
综合能力	任务报告编制能力（10 分）		
	沟通表达与团队协作（5 分）		
创新能力	改进或重设计 UI 界面（3 分）		
	更新或改进实现方法、程序结构重构或代码优化（2 分）		
目标完成	完成★★	基本完成★☆	未完成☆☆
学习收获			
学习反思			

任务小结

通过“我的日记”项目，学习了进度条ProgressBar控件的常见属性与使用方法，以及如何与线程相结合来使用进度条ProgressBar控件。

一个Android项目中往往会有多个界面（Activity），不同界面之间的切换会影响到Activity的生命周期，读者需要掌握Activity的生命周期、Intent的各种属性方法来实现Activity之间的跳转。

对于Android的存储，通过本项目我们学习了其中的SharedPreferencse和文件存储。一般来说在Android项目中，SharedPreferences主要用在如参数的设置、“记住密码”等场合。对于具有Java IO编程经验的读者来说，Android为文件存储提供了openFileOutput和openFileInput两个方法，文件存储可以直接套用Java IO的编程经验。

课后习题

第一部分　知识回顾与思考

1. Android的生命周期中有哪几种状态？
2. Intent有哪些重要属性？Activity之间是如何进行信息传递的？

第二部分　职业能力训练

一、单项选择题（下列答案中有一项是正确的，将正确答案填入括号内）

1. 以下哪个控件可以用来显示进度？（　　）

A. EditText　　B. ProgressBar　　C. TextView　　D. Button

2. 以下哪个方法可以用来获得进度条的当前进度值？（　　）

A. public synchronized int getProgress（）

B. public synchronized void setIndeterminate（boolean indeterminate）

C. public synchronized void setProgress（int progress）

D. Public final synchronized void incrementProgressBy（int diff）

3. 在Activity的生命周期中，当Activity处于栈顶时，此时处于哪种状态？（　　）

A. 活动　　B. 暂停

C. 停止　　D. 销毁

4. 在Activity的生命周期中，当Activity被某个AlertDialog覆盖掉一部分之后，会处于哪种状态？（　　）

A. 活动　　B. 暂停

C. 停止　　D. 销毁

5. Action属性ACTION_ DIAL代表什么标准动作？（　　）

A. 显示电话拨号面板

B. 显示直接打电话的界面

C. 显示数据

D. 提供编辑数据的途径

6. 如果需要显示 ID 为 1 的联系人信息，Intent 中的 Action 属性与 Data 属性应该设定为什么？（ ）

A. ACTION_ VIEW content：//contacts/people/1

B. ACTION_ DIAL content：//contacts/people/1

C. ACITON_ EDIT content：//contacts/people/1

D. ACTION_ CALL content：//contacts/people/1

7. 文件存储中，若要获得 SD 卡的存储路径，需要调用（ ）。

A. Environment. getExternalStorageDirectory( )

B. openFileOutput（String name，int mode）

C. File（File dir，String name）

D. Environment. getDataDirectory( )

8. Android 中 Environment. MEDIA_ MOUNTED 代表 SD 的什么状态？（ ）

A. 手机已插上 SD 卡并且应用程序对 SD 卡具有读写权限

B. 手机已插上 SD 卡但是应用程序对 SD 卡只具有读权限

C. 手机上没有 SD 卡

D. SD 卡存在但是没有被安装且可以通过 USB 大容量存储器共享

9. category 为（ ）的 Activity 会在 Android 系统的主屏幕（Home）显示。

A. CATEGORY_ HOME　　B. CATEGORY_ PREFERENCE

C. ACTION_ MAIN　　D. CATEGORY_ BROWSABLE

10. Activity 生命周期中调用的第一个回调函数是（ ）。

A. onCreated( )　　B. onStart( )　　C. onResume( )　　D. onRestart( )

二、填空题（请在括号内填空）

1. 若用 DDMS 查看，存储在手机 SD 卡上的文件的路径为（ ）。

2. SharedPreferences 所存储的数据是以（ ）的格式保存在 xml 文件中。

3. 当 android：indeterminate 取值为（ ）时，开启了进度条的“不确定模式”。

4. Android 中提供了标准的 Java 文件输入输出流，分别为（ ）InputStream、（ ）OutputStream。

5. category 类别为（ ）的 Activity 会在 Android 系统启动的时候最先启动起来。

三、简答题

1. 简述 ProgressBar 如何与 Handler 结合在一起使用。

2. 简述 Android 中如何利用文件存储来读写 SD 卡上的 TXT 文件。

拓展训练

相信大家现在一定对 ProgressBar 控件、Activity 的生命周期、Activity 之间的跳转以及 SharedPreferences、文件存储有了一定的了解。为了巩固这些知识点，请大家设计一个简单的“备忘录”软件，功能与界面要求如下：

●打开软件后，首先显示欢迎界面，在欢迎界面中要求有进度条（进度条的 style 可以自行选择）。

● 5s 之后，也就是进度条的进度结束后，系统转至“备忘录”主界面。在该界面中以列表的方式展示各项备忘录的标题与内容简介。

●单击【增加】按钮时，可以增加一条备忘录信息。单击列表中的某一项时，可以显示该条备忘录的具体内容信息。

●所有的备忘录信息都以文件的形式存储在手机内存或 SD 卡中。

任务五　音乐播放器的设计与实现

学习目标

【知识目标】

- 了解 Android ListView 控件。
- 掌握 ListView 控件与不同数据源的绑定方式。
- 掌握 Android 多媒体架构。
- 掌握 Android MediaPlayer 的使用方法。
- 掌握定时器的使用方法。

【能力目标】

- 能够使用 ListView 与数组、数据库等数据源进行数据绑定。
- 能够自定义 ListView 中 Item 的布局。
- 能利用多媒体进行音乐的播放和控制。
- 能够使用定时器控制周期性的处理。

【重点、难点】 ListView 与数据库进行数据绑定。

【素质目标】

- 通过同类组件的比较，培养学生知识迁移能力，树立学生自我学习、终身学习的意识。
- 通过编写代码，培养学生严谨细致、精益求精的程序员品质。

任务简介

本任务将制作一个运行在 Android 终端上的音乐播放器，可以播放存放在 SD 卡上的所有歌曲，并实现简单的暂停、继续、切歌等操作。

任务分析

将要制作的 Android 音乐播放器的界面如图 5-1 所示，整个程序由两个界面构成：歌曲列表界面和音乐播放界面。歌曲列表界面显示用户 SD 卡上存储的所有歌曲。用户单击歌曲进入播放界面并开始播放歌曲。在播放界面可以进行暂停、继续、切歌等操作，也可以触摸进度条随时调整歌曲播放进度。本任务需要用到一个新的控件：ListView（列表控件）。

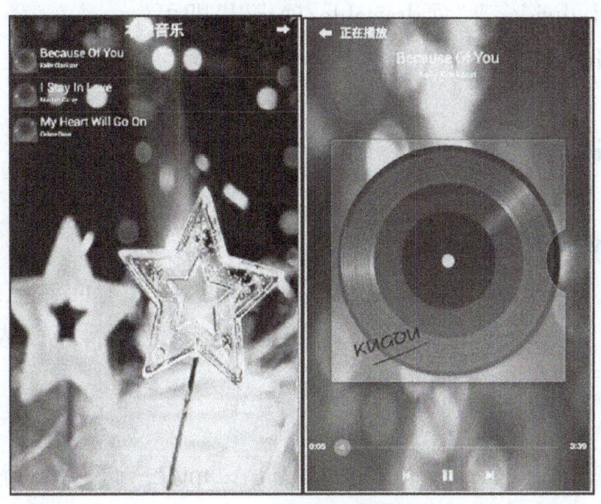

图 5-1　音乐播放器的界面

支撑知识

要做出一个简单的音乐播放器，需要学习以下知识：

- 如何使用 ListView 控件。
- 如何将 ListView 控件与数据进行绑定。
- 如何对 ListView 进行事件监听。
- 如何使用 MediaPlayer 播放音频。

一、ListView 控件

1. 简介

ListView 控件显示效果如图 5-2 所示，ListView 是 Android 中最为常用的列表类型控件，它的本质是容器，可以包含多个“列表项”，并将多个“列表项”以合适的形式显示出来。ListView 中的列表项样式可以是纯文字的，也可以带有图片。创建 ListView 有两种方式：

- 直接使用 ListView 控件。
- 让 Activity 继承 ListActivity。

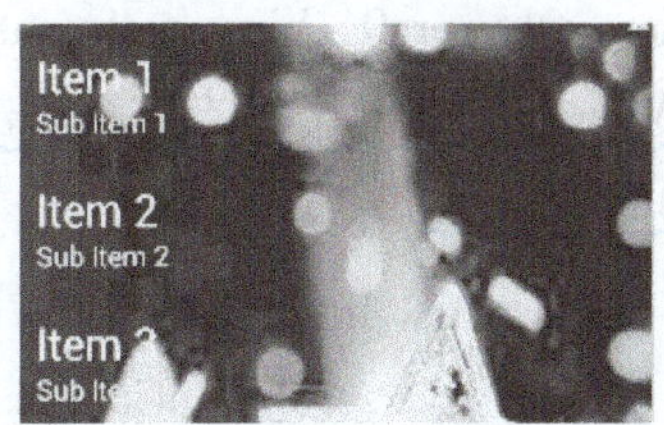

图 5-2　ListView 控件显示效果

2. 重要属性

（1）android：stackFromBottom

设置是否从底端开始排列列表项。

（2）android：transcriptMode

设置该控件的滚动模式，该属性支持以下值。

- disabled：关闭滚动，若该属性不设置，则默认为该值。
- normal：当该控件收到数据改变通知，且最后一个列表项可见时，该控件会滚动到底端。
- alwaysScroll：该控件总会自动滚动到底端。

（3）android：divider

该属性作用是设定每项之间间隔线的图片。android:divider = "@drawable/list_driver" 表

示设定分割线为一张图片，其中@ drawable/list_driver 是一个图片资源，如果不想显示分割线则只要设置为 android:divider = "@ drawable/@ null" 即可。

(4) android: dividerHeight

设置分隔线的高度。

(5) android: entries

指定一个数组资源作为该控件显示的内容。

(6) android: drawSelectorOnTop

该属性设置为 true 时单击某一条记录，颜色会显示在最上面，记录内容的文字被遮住。该属性设置为 false 时，单击某条记录不放，颜色会在记录的后面，成为背景色，但是记录内容的文字是可见的。

3. 重要方法

ListView 有一个重要的方法，用于设定适配器 Adapter，通过该方法可以将创建的 Adapter 与 ListView 控件连接在一起，该方法的语法为

public void setAdapter (Adapter adapter)

功能：为一个 ListView 控件设定 Adapter。

参数：adapter 可以为 ArrayAdapter、SimpleAdapter、SimpleCursorAdapter 等 Adapter 中的一种。

示例：

```
ListView myList = (ListView)findViewById(R.id.myList);
myList.setAdapter(adapter);
```

4. 监听器

ListView 里面的各项可供用户单击，当选择了某一项时，需要对这一事件进行处理，ListView 的父类 AdapterView 提供了一个单击选项的监听器，设定该监听器的方法为

public void setOnItemClickListener(AdapterView.OnItemClickListener listener)

功能：用于监听该控件某一列表项被单击的事件。

说明：AdapterView.OnItemClickListener 是一个接口，抽象方法为 onItemClick (AdapterView<?> arg0, View arg1, int arg2, long arg3)，在这四个参数中，arg0 代表用户操作的 ListView 对象，arg1 为当前被单击列表项的 View，arg2 为被单击列表项的位置，arg3 为被单击列表项的 id。

```
ListView listView = (ListView)findViewById(R.id.listview);    //获得控件的对象
listView.setOnItemClickListener(new AdapterView.OnItemClickListener()
{
    public void onItemClick(AdapterView<?> arg0, View arg1, int arg2,long arg3)
    {
        //TODO Auto-generated method stub
    }
});
```

5. 使用范例

这里简单地使用 ListView 显示一个 string 数组 myArray 中的内容。在 XML 布局文件中指定 android:entries = "@ array/myarray"，这意味着该 ListView 控件将以列表的方式显示字符串数组 myarray 中的每一个元素。

```
<RelativeLayout xmlns:android = "http://schemas.android.com/apk/res/android"
    xmlns:tools = "http://schemas.android.com/tools"
    android:layout_width = "match_parent"
    android:layout_height = "match_parent"
    tools:context = ".MainActivity"  >
    <ListView
        android:id = "@ +id/myList"
        android:entries = "@ array/myarray"
        android:layout_width = "match_parent"
        android:layout_height = "wrap_content" >
    </ListView >
</RelativeLayout >
```

字符串数组 myarray 的定义在目录/res/values/strings.xml 文件中。与添加字符串类似，此处首先添加一个名为 myArray 的字符串数组，区别在于添加完字符串数组还要为它添加数组中的每一项。与添加其他资源一样，可以在界面中完成，也可以在 XML 文件中完成。这里的 myArray 数组内容如下：

```
<string-array name = "myarray" >
    <item >北京市 </item >
    <item >上海市 </item >
    <item >广州市 </item >
    <item >南京市 </item >
</string-array >
```

运行程序后，可以看到图 5-3 所示的显示结果，myArray 定义的四个城市均以列表的方式显示出来了。

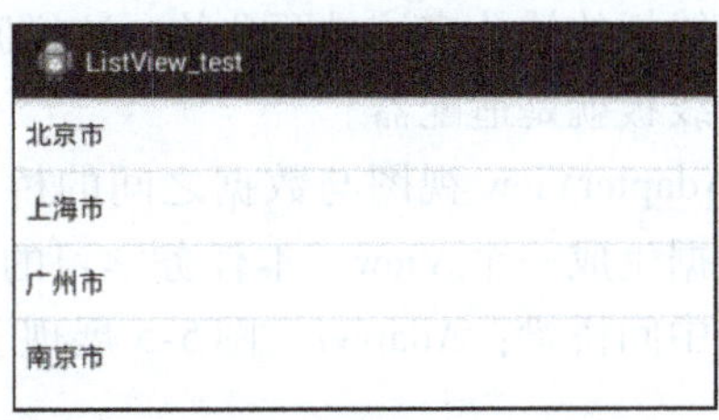

图 5-3　ListView 显示结果

为 ListView 添加简单的单击监听器，当监听到单击时，将选择结果输出到屏幕。以下是 OnCreate( ) 函数中设置监听器的代码：

```
ListView listView = (ListView)findViewById(R.id.myList);  //获得控件的对象
listView.setOnItemClickListener(new AdapterView.OnItemClickListener() {
    @Override
    public void onItemClick(AdapterView<?> arg0, View arg1, int arg2, long arg3) {
        // TODO Auto-generated method stub
        TextView tv = (TextView)arg1;
        Toast.makeText(getApplicationContext(), tv.getText(),
                Toast.LENGTH_SHORT).show();
    }
});
```

其中 getApplicationContext()方法返回的是当前 Activity 的环境。运行程序后，如图 5-4 所示，单击“北京市”后，出现 Toast 进行提示。

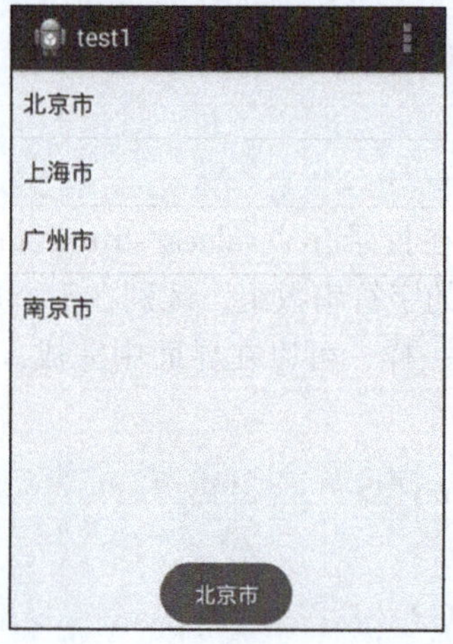

图 5-4 单击 ListView 效果展示

二、Adapter

Adapter 就是适配器的意思。何为适配器？举个简单例子：众所周知笔记本电脑的电源插头一般是三孔的，假如没有三孔的插座，而只有两孔的怎么办？解决方法很简单，就是买一个带三孔的接线板，并且接线板的插孔应该是两孔的，这样问题就解决了。这种解决的方法就是一种适配器模式，而接线板就是适配器。

简单地说，Adapter 就是 AdapterView 视图与数据之间的桥梁，Adapter 提供对数据项的访问，同时也负责为每一项数据生成一个 View。本任务学习的 ListView 就是 AdapterView 的一种，它与数据绑定需要一个中间桥梁：Adapter。图 5-5 展现了 Adapter、ListView 控件和数据之间的关系。

ListView 与不同的数据源进行绑定时，需要通过不同的 Adapter 接口的实现类。Adapter 常用的实现类如下。

- ArrayAdapter：用于与数组进行数据绑定。
- SimpleAdapter：用于与 List 集合的多个对象进行数据绑定。

- SimpleCursorAdapter：用于与 Cursor 提供的数据进行绑定。
- BaseAdapter：通常被扩展，扩展后可对各列表项进行最大限度的自定义。

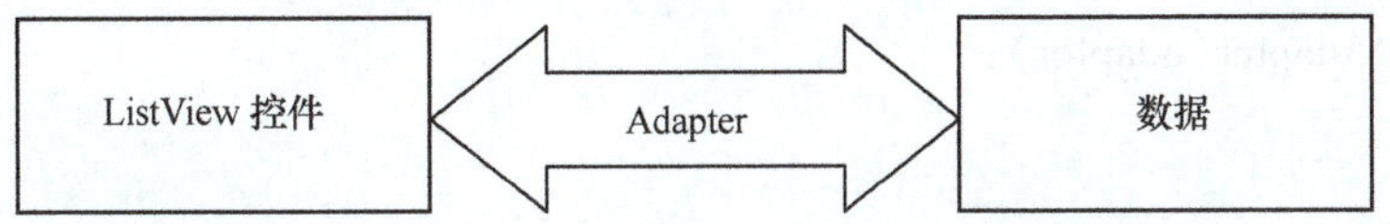

图 5-5　Adapter、ListView 控件和数据之间的关系图

三、ArrayAdapter

1. 简介

ArrayAdapter 一般用于显示一行或多行文本信息，所以比较容易。ArrayAdapter 构造函数为

public ArrayAdapter(Context context, int textViewResourceId, List <T> objects)

该方法各参数的作用分别为：

- 参数 context：上下文环境，比如 this。关联 ArrayAdapter 运行的 Activity 的上下文环境。
- 参数 textViewResourceId：布局文件的 ID（注意这里的布局文件描述的是列表的每一项的布局）。
- 参数 objects：数据源（一个 List 集合）。

ArrayAdapter 配置好以后，需要用 setAdapter()将 ListView 和 Adapter 绑定。

2. 使用范例

下面将创建一个应用，使用 ArrayAdapter 显示简单的一组文字。在默认的 Activity 所对应的布局文件中，添加一个 ListView 控件：

```
<? xml version = "1.0" encoding = "utf-8"? >
<LinearLayout xmlns:android = "http://schemas.android.com/apk/res/android"
    android:layout_width = "fill_parent"
    android:layout_height = "fill_parent"
    android:orientation = "vertical" >
    <ListView
        android:id = "@ +id/listview"
        android:layout_width = "fill_parent"
        android:layout_height = "wrap_content" />
</LinearLayout>
```

在 Activity 的 onCreate 函数中添加创建 ArrayAdapter 的代码，并调用 setAdapter 方法与监听器绑定：

```
private ArrayList<String> list = new ArrayList<String>();
private ListView lv;
public void onCreate(Bundle savedInstanceState) {
    super.onCreate(savedInstanceState);
    setContentView(R.layout.main);
    lv = (ListView)findViewById(R.id.listview);
    ArrayAdapter<String> adapter = new ArrayAdapter<String>(
        this,
```

```
            android.R.layout.simple_list_item_1,
            getData());
        lv.setAdapter(adapter);
    }

    private ArrayList<String> getData()
    {
        list.add("北京市");
        list.add("上海市");
        list.add("广州市");
        list.add("南京市");
        list.add("苏州市");
        return list;
    }
```

本例通过一个 ArrayAdapter 将 ListView 与一个字符串类型的 List 进行绑定，ListView 每一项的布局采用的是 android.R.layout.simple_list_item_1，该布局 ID 以“android.”开头，是 Android 系统自带的布局文件，不需要创建，实际上该布局中仅含有一个 TextView。程序执行结果如图 5-6 所示。

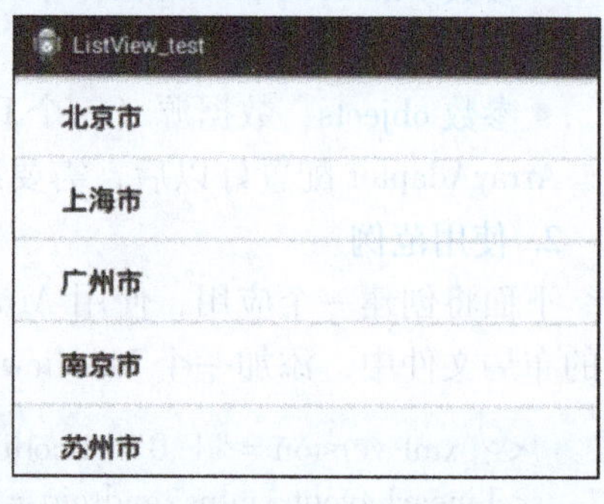

图 5-6　ArrayAdapter 范例程序运行结果

四、SimpleAdapter

1. 简介

SimpleAdapter 是扩展性很好的适配器，和 ArrayAdapter 相比，SimpleAdapter 可以定义各种布局，而且使用很方便。SimpleAdapter 的构造函数为

SimpleAdapter(Context context, List<? extends Map<String,?>> data, int resource, String[] from, int[] to)

- 参数 context：上下文环境，比如 this。关联 SimpleAdapter 运行的 Activity 的上下文环境。
- 参数 data：Map 列表，用于显示数据。这部分需要自己实现，如使用范例中的 data，每条项目要与 from 中指定条目一致。
- 参数 resource：ListView 单项布局文件的 ID，这个布局可以是自定义的布局，必须包括 to 中定义的控件 ID。
- 参数 from：关联 Map 列表的数据项名称的数组，数组的元素是 Map 中键的名称。
- 参数 to：是一个 int 数组，数组里面的元素是自定义布局中各个控件的 ID，需要与上面的 from 对应。

2. 使用范例

下面创建一个项目展示如何使用 SimpleAdapter 将数据显示到 ListView 控件上。同样，在默认 Activity 所使用的布局文件中，添加一个 ListView 控件。

```
<?xml version="1.0" encoding="utf-8"?>
<LinearLayout xmlns:android="http://schemas.android.com/apk/res/android"
    android:layout_width="fill_parent"
    android:layout_height="fill_parent"
    android:orientation="vertical" >
    <ListView
        android:id="@+id/listview"
        android:layout_width="fill_parent"
        android:layout_height="wrap_content"/>
</LinearLayout>
```

在 Activity 的 onCreate 方法中首先创建一个 List<Map<String, String>>类型的数据 data，data 含有四个 Map 数据，每一个 Map 数据包含两对键值（key-value），分别是（“城市”，value）和（“省份”，value）。

```
protected void onCreate(Bundle savedInstanceState) {
    super.onCreate(savedInstanceState);
    setContentView(R.layout.activity_main);
    ListView lv = (ListView)findViewById(R.id.listview);          //获得控件的对象

    //创建 List<Map<String,String>>类型数据
    List<Map<String,String>> data = new ArrayList<Map<String,String>>();
    //泛型 Map<String,String>前后要一致,也可都用 HashMap
    Map<String, String> item1 = new HashMap<String, String>();
    Map<String, String> item2 = new HashMap<String, String>();
    Map<String, String> item3 = new HashMap<String, String>();
    Map<String, String> item4 = new HashMap<String, String>();
    item1.put("城市","南京市");
    item1.put("省份","江苏省");
    data.add(item1);
    item2.put("城市","杭州市");
    item2.put("省份","浙江省");
    data.add(item2);
    item3.put("城市","成都市");
    item3.put("省份","四川省");
    data.add(item3);
    item4.put("城市","广州市");
    item4.put("省份","广东省");
    data.add(item4);

    //创建 SimpleAdapter
```

```
    SimpleAdapter adapter = new SimpleAdapter(this, data, android.R.layout.simple_list_item_2, new String[]{"城市", "省份"},
        new int[]{android.R.id.text1, android.R.id.text2});
    lv.setAdapter(adapter);
}
```

SimpleAdapter 创建时的第三个参数android. R. layout. simple_list_item_2 为 ListView 每一项所使用的布局，该布局 ID 以“android.”开头，是 Android 系统自带的布局，它实际上包含了上下两个 TextView，上面的 TextView 字体大，ID 为 android. R. id. text1，下面的字体小，ID 为 android. R. id. text2。

第四个参数 from = new String[]{"城市", "省份"}，第五个参数 to = new int[]{android. R. id. text1, android. R. id. text2}。意思就是将 Map 对象中 key 为“城市”的 value 显示到 android. R. id. text1 上，将 Map 对象中 key 为“省份”的 value 显示到 android. R. id. text2 上。ListView 显示时是分行显示的，每一个 List 元素显示为一行，每行显示一个 Map 元素（不是整个 Map）的 value。数据与布局控件的对应关系如图 5-7 所示。

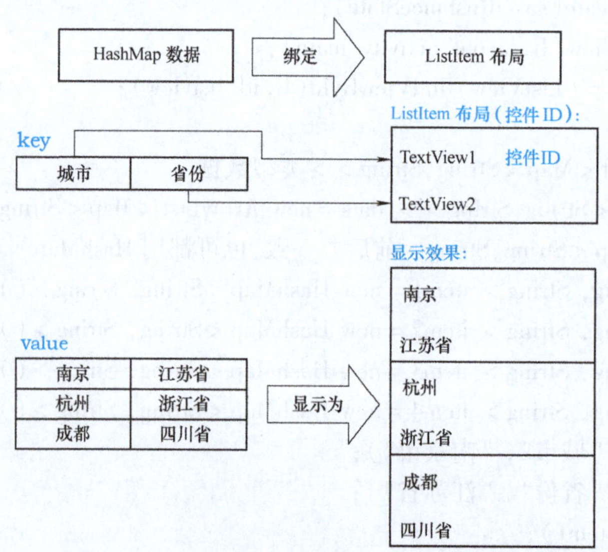

图 5-7 SimpleAdapter 数据与布局控件的对应关系

如图 5-8 所示，运行程序后可以发现四组城市和省份能够依次显示在 ListView 上，城市以较大的字体显示，省份以较小的字体显示。

图 5-8 SimpleAdapter 范例程序运行结果

五、SimpleCursorAdapter

SimpleCursorAdapter 允许绑定数据库的查询结果到 ListView 上，同样可以允许使用自定义的布局文件显示每个项目。

1. Cursor

从数据库中查询数据后，Android 会以 Cursor 类型将结果返回。Cursor 类位于 android. database 包中，从包名可以看出 Cursor 类是基于数据库服务产生的。当对数据库对象 db 使用 db. query( )查询方法时，就会得到 Cursor 对象，Cursor 指向查询所返回的数据集。query( )方法的调用方式为

Cursor query(String table, String[ ] columns, String selection, String[ ] selectionArgs, String groupBy, String having, String orderBy)

该方法返回值为 Cursor 对象。各参数的含义分别为：

- 参数 table：数据库中表格的名称。
- 参数 columns：需要查询的列名的数组。
- 参数 selection：数据库查询条件，相当于 SQL 语句中 where 后面的条件，如果没有则用 null 代替。
- 参数 selectionArgs：selection 语句中可以使用“？”来指定数值，数据库 where 条件后面经常会带“？”，这个参数就是“？”的替代者，如果没有则用 null 代替。
- 参数 groupBy：查询数据时分组的规则，如果没有则用 null 代替。
- 参数 having：聚合操作，如果没有则用 null 代替。
- 参数 orderBy：查询数据时排序的规则，如果没有则用 null 代替。

这里举一个简单的使用 Cursor 访问数据库的例子，见表 5-1，假设数据库 db 有表 5-1 所示的数据表，表名为“Orders”。该数据表存储的是某公司客户订单信息，表中字段分别是 Id（编号）、CustomerName（客户名称）、OrderPrice（订单价格）、Country（国家）、OrderDate（订单日期）。

表 5-1　Orders 数据表的内容

Id	CustomerName	OrderPrice	Country	OrderDate
1	Arc	100	China	2010/1/2
2	Bor	200	USA	2010/3/20
3	Cut	500	Japan	2010/2/20
4	Bor	300	USA	2010/3/2
5	Arc	600	China	2010/3/25
6	Doom	200	China	2010/3/26

以下代码表示从 Orders 表中查找出来自中国的所有客户的名称及其订单价格，并按名称排序。

```
String table = "Orders";
String[ ] columns = new String[ ] {"CustomerName", "OrderPrice"};
String selection = "Country = ?";
String[ ] selectionArgs = new String[ ] {"China"};
```

```
String orderBy = "CustomerName";
Cursor c = db.query(table, columns, selection, selectionArgs, null, null, orderBy);
```

Cursor 中得到的查询结果见表 5-2，并按照客户名称对查询结果排序。

表 5-2 查询结果

CustomerName	OrderPrice
Arc	100
Arc	600
Doom	200

2. SimpleCursorAdapter

SimpleCursorAdapter 与 SimpleAdapter 用法相近，只是将 List 对象换成了 Cursor 对象。而且 SimpleCursorAdapter 类构造方法的第四个参数 from 表示 Cursor 对象中的字段，而 SimpleAdapter 类构造方法的第四个参数 from 表示 Map 对象中的 key。除此之外，这两个 Adapter 类使用方法完全相同。SimpleCursorAdapter 构造函数为

public SimpleCursorAdapter(Context context,int layout,Cursor c,String[]from,int[]to)

- 参数 context：关联 SimpleCursorAdapter 运行的视图上下文环境。
- 参数 layout：ListView 单项布局文件的 ID，这个布局是自定义的布局，必须包括 to 中定义的控件 ID。
- 参数 c：数据源，必须包含参数 from 中指定的各列。
- 参数 from：Cursor 数据源中需要使用到的数据列，数组中每个元素是数据列的名称。
- 参数 to：是一个 int 数组，数组里面的 ID 是自定义布局中各个控件的 ID，需要与上面的 from 对应。

3. 使用范例

在本例中，希望能够读出 SD 卡中所有歌曲的信息并将其显示到 ListView，SD 卡中所有歌曲的信息并不保存在自定义的数据库中，而是保存在 Android 系统的数据库中。

在 Activity 中通过 getContentResolver()可以得到当前应用程序能够访问的 Android 系统数据库的信息，而 SD 卡中的歌曲信息也在其中。通过 getContentResolver().query()函数可以访问指定 Android 系统数据库的信息。MediaStore.Audio.Media.EXTERNAL_CONTENT_URI 实际上是 Android 系统数据库中存放歌曲信息的数据表。查询语句也非常简单，没有 where 条件，没有分组和聚合，仅使用默认排序。MediaStore.Audio.Media.DEFAULT_SORT_ORDER 是一个字符串，用来表示 MediaStore.Audio.Media 这张表的默认排序。

```
protected void onCreate(Bundle savedInstanceState) {
        super.onCreate(savedInstanceState);
        setContentView(R.layout.activity_main);
        ListView myList = (ListView)findViewById(R.id.listview);

        // 从 Content Provider 中获得 SD 卡中的歌曲信息
        Cursor c = getContentResolver().query(MediaStore.Audio.Media.EXTERNAL_CON-
TENT_URI,
```

```
        null, null, null, MediaStore. Audio. Media. DEFAULT_SORT_ORDER);
    //控制 Cursor
    startManagingCursor(c);
    //将数据项绑定到布局文件中
    SimpleCursorAdapter adapter = new SimpleCursorAdapter(this,
        android. R. layout. simple_list_item_2,
        c,
        new String[] {MediaStore. Audio. Media. TITLE, //歌曲名称
                MediaStore. Audio. Media. ARTIST}, //歌手名
        new int[]{android. R. id. text1, android. R. id. text2});
    myList. setAdapter(adapter);
}
```

本例中，虽然获取了所有歌曲信息，但是仅将数据库中歌曲名称（MediaStore. Audio. Media. TITLE）和歌手（MediaStore. Audio. Media. ARTIST）的信息显示出来，ListView 控件每一项的布局使用 android. R. layout. simple_list_item_2 这一系统自带的布局。程序运行结果如图 5-9 所示。

4. 自定义列表项布局

之前的例子中使用了系统提供的两种 ListItem 列表项的布局：R. layout. simple_list_item_1 和 R. layout. simple_list_item_2。本节将讲解如何自定义列表项布局以显示更多样化的样式。

（1）创建自定义布局 XML 文件

如图 5-10 所示，在所在目录新建布局 XML 文件，本例中为 itemlist. xml，该文件定义了 ListView 中每一项的布局样式。

图 5-9 SimpleCursorAdapter 范例程序运行结果

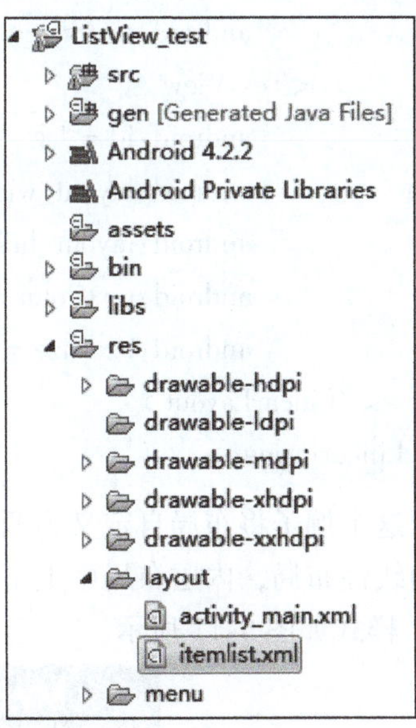

图 5-10 自定义布局文件所在目录

（2）编写自定义布局 XML 文件

编写自定义布局文件时，为每个显示歌曲信息的控件加上 ID：

```
<? xml version = "1.0" encoding = "utf - 8"? >
<LinearLayout xmlns:android = "http://schemas.android.com/apk/res/android"
    android:layout_width = "match_parent"
    android:layout_height = "match_parent"
    android:orientation = "horizontal" >
    <ImageView
        android:layout_width = "50dp"
        android:layout_height = "45dp"
        android:scaleType = "fitXY"
        android:layout_gravity = "center_vertical"
        android:src = "@drawable/default_album"/>
    <LinearLayout
        android:layout_width = "match_parent"
        android:layout_height = "55dp"
        android:layout_gravity = "center_vertical"
        android:orientation = "vertical" >
        <TextView
            android:id = "@ +id/title"
            android:layout_width = "wrap_content"
            android:layout_height = "wrap_content"
            android:textColor = "#FFFFFF"
            android:textSize = "20sp"/>
        <TextView
            android:id = "@ +id/artist"
            android:layout_width = "wrap_content"
            android:layout_height = "wrap_content"
            android:textColor = "#FFFFFF"
            android:textSize = "10sp"/>
    </LinearLayout>
</LinearLayout>
```

上面这个例子将布局自定义为两层线性布局。外层布局中一个 ImageView 与一个线性布局呈横向线性布局，内层布局中上下两个 TextView 大小分别为 20sp 和 10sp，ID 分别为 title 和 artist。样式如图 5-11 所示。

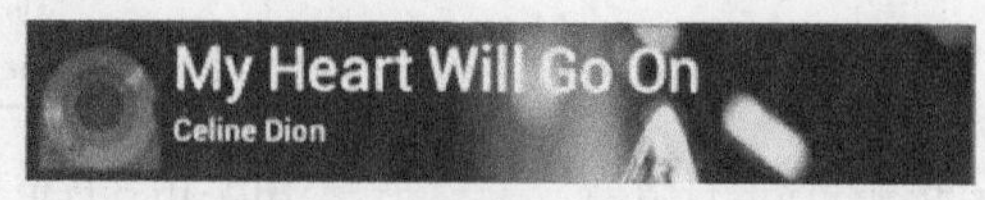

图 5-11　自定义布局样式

(3) 使用自定义布局

在 SimpleAdapter 和 SimpleCursorAdapter 构造函数中指定 ListView 的布局为自定义布局。此处以 SimpleCursorAdapter 为例：

```
SimpleCursorAdapter adapter = new SimpleCursorAdapter(this,
        R.layout.itemlist, cursor,
        new String[]{MediaStore.Audio.Media.TITLE,
                MediaStore.Audio.Media.ARTIST},
        new int[]{R.id.title, R.id.artist});
```

MediaStore. Audio. Media. TITLE 和 MediaStore. Audio. Media. ARTIST 所对应的数据分别绑定显示至 R. layout. itemlist 布局中 ID 为 title 和 artist 的控件。

六、Android 播放音频文件

1. Android 多媒体架构

图 5-12 给出了多媒体框架在整个 Android 系统所处的位置，从架构图可以看出 Media Framework 处于 LIBRARIES 这一层，该层提供的库函数不是用 Java 实现，而是用 C/C++实现，它们通过 Java 的 JNI 方式调用。

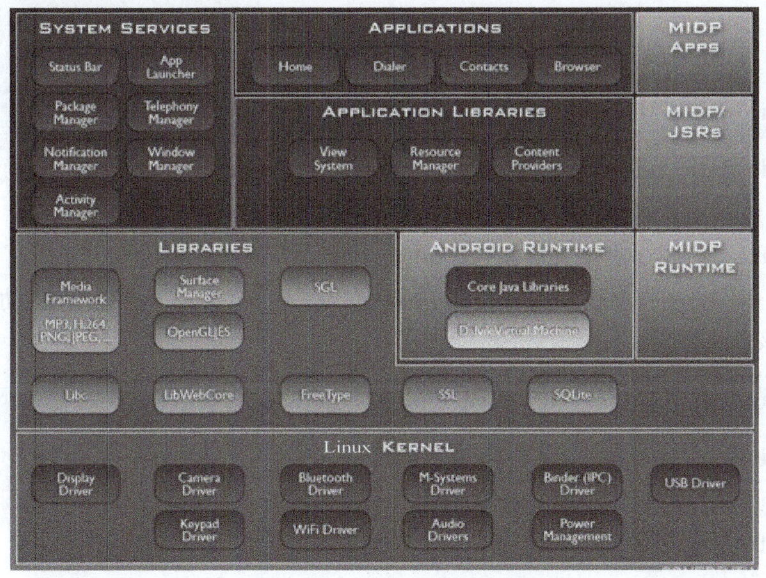

图 5-12　Android 系统架构图

Android 多媒体架构基于 PacketVideo 公司制定的 OpenCore platform 来实现，支持所有通用的视频、音频和静态图像格式。支持的格式包括 MPEG4、H. 264、MP3、AAC、AMR、JPG、PNG、GIF 等，可以实现的功能如下。

- OpenCore 多媒体框架有一套通用可扩展的接口，针对第三方的多媒体编解码器、输入/输出设备等。
- 多媒体文件的播放、下载，包括 3GPP、MPEG-4、AAC、MP3 containers。
- 流媒体文件的下载、实时播放，包括 3GPP、HTTP、RTSP/RTP。

- 动态视频和静态图像的编码、解码，例如 MPEG-4、H. 263、AVC(H. 264)、JPEG。
- 语音编码格式：AMR-NB、AMR-WB。
- 音乐编码格式：MP3、AAC、AAC +。
- 视频和图像格式：3GPP、MPEG-4、JPEG。
- 视频会议：基于 H324-M standard。

OpenCore 是 Android 的多媒体核心。对比 Android 的其他程序库，OpenCore 的代码非常庞大，是使用 C ++ 实现的定义了全功能的操作系统移植层，各种基本的功能均被封装成类的形式，各层次之间的接口多使用继承等方式。实际开发中并不需要过多地研究 OpenCore 的实现，Android 提供了上层的 Media API 给开发人员使用，分别是 MediaPlayer 和 MediaRecorder。MediaPlayer 可用于视频和音频的播放，MediaRecorder 可用于视频和音频的录制。

2. 重要方法

使用 MediaPlayer 播放音乐时，首先应该为 MediaPlayer 指定加载的音频文件。指定加载文件的方法分为两类：使用 MediaPlayer 提供的静态方法 create()和非静态方法 setDataSource()。

(1) public static void create(Context context, Uri uri)

功能：创建一个多媒体播放器并加载指定 uri 的多媒体文件。

参数：context 为程序上下文环境，uri 为多媒体文件标识。

示例：

```
Uri uri = Uri. parse("http://www. abc. com/test. mp3");
MediaPlayer mp = MediaPlayer. create(this, uri);
```

(2) public static void create(Context context, int resid)

功能：创建一个多媒体播放器并加载指定资源 ID 的多媒体文件。

参数：context 为程序上下文环境，resid 为多媒体资源文件 ID。

示例：MediaPlayer 将加载 test. mp3，该文件位于/res/raw 目录下，是手动添加的资源文件，R. raw. test 是该资源的 ID。

```
MediaPlayer mp = MediaPlayer. create(this, R. raw. test);
```

(3) public void setDataSource(String path)

功能：通过文件路径为多媒体播放器指定加载文件。

参数：path 为多媒体文件路径。

示例：

```
String path = "/mnt/sdcard/test. mp3";
MediaPlayer mp = new MediaPlayer();
mp. setDataSource(path);
```

(4) public void setDataSource(Context context, Uri uri)

功能：通过文件 uri 为多媒体播放器指定加载文件。

参数：context 为程序上下文环境，uri 为多媒体文件标识。

示例：

```
Uri uri = Uri.parse("http://www.abc.com/test.mp3");
MediaPlayer mp = new MediaPlayer();
mp.setDataSource(this, uri);.
```

(5) public void prepare()

功能：同步加载，方法返回时已加载完毕。

参数：无。

示例：

```
String path = "/mnt/sdcard/test.mp3";
MediaPlayer mp = new MediaPlayer();
mp.setDataSource(path);.
mp.prepare();
```

(6) public void prepareAsync()

功能：异步加载，方法返回时未加载完毕，常用于网络文件的加载。加载完毕之后，才可以对音频文件进行播放控制。

参数：无。

示例：

```
Uri uri = Uri.parse("http://www.abc.com/test.mp3");
MediaPlayer mp = new MediaPlayer();
mp.setDataSource(this, uri);.
mp.prepareAsync();
```

(7) public void start()

功能：开始播放。

参数：无。

示例：

```
Uri uri = Uri.parse("http://www.abc.com/test.mp3");
MediaPlayer mp = new MediaPlayer();
mp.setDataSource(this, uri);.
mp.prepareAsync();
mp.start();
```

(8) public void stop()

功能：终止播放。

参数：无。

示例：

```
mp.stop();
```

(9) public void pause()

功能：暂停播放。

参数：无。

示例：

```
mp.pause();
```

（10）其他常用 API

- getDuration()：返回 int 类型数据，得到歌曲的总时长，以 ms（毫秒）为单位。
- isLooping()：返回 boolean 类型数据，是否循环播放。
- isPlaying()：返回 boolean 类型数据，是否正在播放。
- release()：无返回值，释放 MediaPlayer 对象。
- reset()：无返回值，重置 MediaPlayer 对象。
- seekTo(int msec)：无返回值，指定歌曲的播放位置，以 ms（毫秒）为单位。
- setLooping(boolean looping)：无返回值，设置是否循环播放。
- setVolume(float leftVolume, float rightVolume)：无返回值，设置音量。

3. 监听器

播放过程中，MediaPlayer 提供了一些用于监听特定事件的方法。

（1）public void setOnCompletionListener(MediaPlayer.OnCompletionListener listener)

功能：用于监听 MediaPlayer 的播放结束事件。

说明：MediaPlayer.OnCompletionListener 是一个接口，该接口有一个抽象方法为 void onCompletion(MediaPlayer mp)，参数 mp 表示当前 MediaPlayer 控件。

示例：MediaPlayer 可以通过 setOnCompletionListener 设置 OnCompletionListener 监听器。

```
MediaPlayer mp = new MediaPlayer();
mp.setOnCompletionListener(new OnCompletionListener() {
    @Override
    public void onCompletion(MediaPlayer mp) {
        // TODO Auto-generated method stub
    }
})
```

（2）public void setOnPreparedListener(MediaPlayer.OnPreparedListener listener)

功能：用于监听 MediaPlayer 的 prepare 结束事件。

说明：MediaPlayer.OnPreparedListener 是一个接口，含有一个抽象方法为 public void OnPrepared（MediaPlayer mp），参数 mp 表示当前 MediaPlayer 控件。

示例：MediaPlayer 可以通过 setOnPreparedListener 设置 OnPreparedListener 监听器。

```
MediaPlayer mp = new MediaPlayer();
mp.setOnPreparedListener (new OnPreparedListener () {
    @Override
    public void OnPrepared(MediaPlayer mp) {
        // TODO Auto-generated method stub
    }
})
```

4. MediaPlayer 的状态图

Android 使用一个状态机来管理音频、视频文件和流的控制。图 5-13 显示了一个 MediaPlayer 对象的生命周期和状态，椭圆代表 MediaPlayer 对象可能的状态，弧线表示播放控制操作。这里有两种类型的弧线，由单箭头开始的弧线表示同步方法的调用，而以双箭头开始的弧线表示异步方法的调用。

（1）Idle 和 End 状态

有两种方式可以得到一个处于 Idle 状态的 MediaPlayer 对象：用 new 操作符创建一个新的 MediaPlayer 对象或是对已有对象调用 reset( ) 方法。当调用了 release( ) 方法后，MediaPlayer 对象就会处于 End 状态。这两种状态之间是 MediaPlayer 对象的生命周期。

用 new 操作符创建的 MediaPlayer 对象和一个调用了 reset( ) 方法的 MediaPlayer 对象是有区别的。当一个 MediaPlayer 对象刚开始被创建的时候，调用 getCurrentPosition( )、getDuration( )、setLooping(boolean)、setVolume(float, float)、pause( )、start( )、stop( )、seekTo(int)、prepare( ) 或 prepareAsync( ) 等方法都是不允许的，但系统无法调用 OnErrorListener. onError( ) 方法。如果这个 MediaPlayer 对象调用了 reset( ) 方法之后，再调用以上的那些方法，系统就可以调用 OnErrorListener. onError( ) 方法了，并将错误的状态传入。

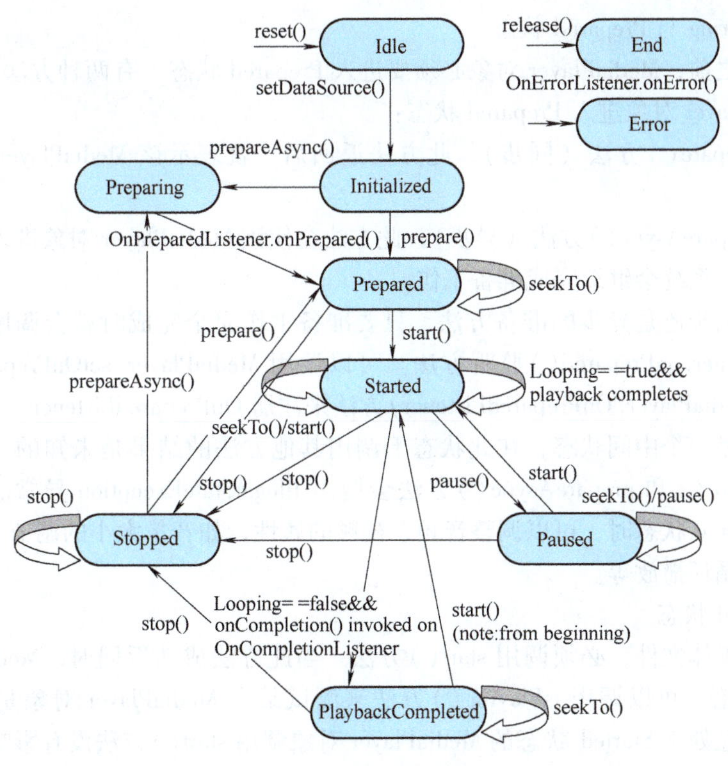

图 5-13　MediaPlayer 状态图

当确定 MediaPlayer 对象不再被使用时，应调用 release( ) 方法来释放这个 MediaPlayer 对象所占用的资源。否则可能会导致之后创建的 MediaPlayer 对象无法使用相关资源，从而导致程序运行异常或出错。一旦 MediaPlayer 对象进入了 End 状态，它不能再被使用，也不能转变到其他状态。

使用 new 操作符创建的 MediaPlayer 对象处于 Idle 状态，而那些通过 create( ) 方法创建的 MediaPlayer 对象却不是处于 Idle 状态，这些对象已经是 Prepared 状态了。

(2) Error 状态

当碰到以下情况时，MediaPlayer 可能会出错：不支持的音频、视频格式，缺少隔行扫描的音频、视频，分辨率太高，流超时等。因此，MediaPlayer 提供了错误报告和恢复。在出错的情况下，系统会调用一个由程序员实现的 OnErrorListener. onError( ) 方法。可以通过调用 MediaPlayer. setOnErrorListener(android. media. MediaPlayer. OnErrorListener) 方法来注册 OnErrorListener。

一旦发生错误，MediaPlayer 对象会进入到 Error 状态。如果要重新使用一个处于 Error 状态的 MediaPlayer 对象，可以调用 reset( ) 方法把这个对象恢复成 Idle 状态。

(3) Initialized 状态

调用 setDataSource (FileDescriptor) 方法、setDataSource (String) 方法、setDataSource (Context, Uri) 方法或 setDataSource (FileDescriptor, long, long) 方法会使处于 Idle 状态的对象转变为 Initialized 状态。然而如果 MediaPlayer 处于其他的状态下，调用 setDataSource( ) 方法会使其抛出 IllegalStateException 异常。

(4) Preparing 与 Prepared 状态

开始播放之前，MediaPlayer 对象必须要进入 Prepared 状态。有两种方法（同步和异步）可以使 MediaPlayer 对象进入 Prepared 状态：

- 调用 prepare( ) 方法（同步），此方法返回后，就表示该 MediaPlayer 对象已经进入 Prepared 状态。
- 调用 prepareAsync( ) 方法（异步），此方法会使该 MediaPlayer 对象进入 Preparing 状态并立刻返回，而系统会继续完成准备工作。

无论使用同步还是异步的准备方法，只要准备工作完全完成时就会调用程序员提供的 OnPreparedListener. onPrepared( ) 监听方法。可以调用 MediaPlayer. setOnPreparedListener(android. media. MediaPlayer. OnPreparedListener) 方法来注册 OnPreparedListener。

Preparing 是一个中间状态，在此状态下调用其他方法的结果是未知的。在不合适的状态下调用 prepare( ) 和 prepareAsync( ) 方法会抛出 IllegalStateException 异常。当 MediaPlayer 对象处于 Prepared 状态时，可以调整音频、视频的属性，如音量大小的调节、播放时是否一直亮屏、是否循环播放等。

(5) Started 状态

要播放多媒体文件，必须调用 start( ) 方法。当此方法成功返回时，MediaPlayer 的对象处于 Started 状态。可以调用 isPlaying( ) 方法来测试某个 MediaPlayer 对象是否在 Started 状态。对一个已经处于 Started 状态的 MediaPlayer 对象调用 start( ) 方法没有影响。

如果希望调整播放位置，可以调用 seekTo(int) 方法。seekTo(int) 方法是异步执行的，所以它可以马上返回，但是实际的定位播放操作可能需要一段时间才能完成，尤其是播放流形式的音频、视频。当实际的定位播放操作完成之后，系统会调用 OnSeekComplete. onSeekComplete( ) 方法，该方法可以通过 setOnSeekCompleteListener(OnSeekCompleteListener) 方法注册。

注意，seekTo(int)方法也可以在其他状态下调用，比如 Prepared、Paused 和 PlaybackCompleted 状态。此外，目前的播放位置，实际可以调用 getCurrentPosition()方法得到，它可以帮助如音乐播放器的应用程序不断更新播放进度。

(6) Paused 状态

播放可以被暂停、停止以及调整当前播放位置。当调用 pause()方法并返回时，会使 MediaPlayer 对象进入 Paused 状态。调用 start()方法会让一个处于 Paused 状态的 MediaPlayer 对象从之前暂停的地方恢复播放。当调用 start()方法返回的时候，MediaPlayer 对象的状态又会变成 Started 状态。对一个已经处于 Paused 状态的 MediaPlayer 对象，pause()方法没有影响。

(7) Stopped 状态

调用 stop()方法会停止播放，并且还会让一个处于 Started、Paused、Prepared 或 PlaybackCompleted 状态的 MediaPlayer 进入 Stopped 状态。对一个已经处于 Stopped 状态的 MediaPlayer 对象，调用 stop()方法后状态不发生变化。

(8) PlaybackCompleted 状态

当播放到流的末尾时，播放就完成了。如果调用了 setLooping(boolean)方法开启了循环模式，那么这个 MediaPlayer 对象会重新进入 Started 状态。若没有开启循环模式，那么系统会调用 OnCompletion. onCompletion()方法，可以通过 MediaPlayer. setOnCompletionListener (OnCompletionListener)方法来设置。系统一旦调用了 OnCompletion. onCompletion()方法，说明这个 MediaPlayer 对象进入了 PlaybackCompleted 状态。

当处于 PlaybackCompleted 状态时，可以再调用 start()方法来让这个 MediaPlayer 对象再进入 Started 状态。

5. 使用范例

本例中使用 MediaPlayer 打开一个网络音频文件，播放完毕提示用户。

```
String path = "http://website/path/file.mp3";  //读者可自己选择一个网络歌曲路径
try {
    MediaPlayer player = new MediaPlayer();
    player.setDataSource(path);
    //设置准备完毕的事件监听
    player.setOnPreparedListener(new MediaPlayer.OnPreparedListener() {
        public void onPrepared(MediaPlayer mp) {
            mp.start();  //开始播放准备完毕触发
        }
    });

    //设置播放完毕的事件监听
    player.setOnCompletionListener(new MediaPlayer.OnCompletionListener() {
        public void onCompletion(MediaPlayer mp) {
            Toast.makeText(getApplicationContext(),"歌曲播放结束",
```

```
                    Toast. LENGTH_SHORT). show();
            }
        });
        player. prepareAsync();   //异步准备,准备完毕后触发 OnPreparedListener()
}
catch (Exception e)
{
        e. printStackTrace();
}
```

七、SeekBar 控件

1. 简介

SeekBar 和 ProgressBar 十分相似，区别在于 ProgressBar 只能显示进度，SeekBar 既能显示进度也能改变进度。SeekBar 允许用户拖动滑块来改变当前值，如音乐播放进度调节、音量调节等。

2. 重要属性

SeekBar 继承了 ProgressBar，所以 ProgressBar 的属性和方法完全适用于 SeekBar，与 ProgressBar 一致的属性此处不再赘述。下面介绍 thumb 属性用于设定进度条滑块的显示样式：

android：thumb

指定滑块的显示样式为一个 Drawable 对象。

3. 重要方法

（1）public void setMax(int max)

功能：设定 SeekBar 的最大值。

参数：max 为整数。

示例：

```
SeekBar seekbar = (SeekBar) findViewById(R.id.bar);
seekbar.setMax (100);
```

（2）public void setProgress (int current)

功能：设定 SeekBar 的当前值为 current。

参数：current 为整数，current 应为 0 到最大值之间。

示例：

```
SeekBar seekbar = (SeekBar) findViewById(R.id.bar);
seekbar.setMax (100);
seekbar.setProgress (50);
```

4. 监听器

SeekBar 是一个可以让用户修改进度的控件，当用户拖动滑块，即当前进度被修改的时候，需要及时进行处理，所以 SeekBar 控件提供了一个进度变化的监听器，设定该监听器的

方法为

public void setOnSeekBarChangeListener(SeekBar. OnSeekBarChangeListener Listener)

功能：用于监听该控件当前进度被修改的事件。

说明：SeekBar. OnSeekBarChangeListener 是一个接口，该接口包含三个抽象方法。

首先是 public void onProgressChanged （SeekBar seekBar, int progress, boolean fromUser），该方法在进度发生改变之后被执行，seekBar 指当前控件，progress 指当前进度，fromUser 表示此次进度改变是否是由用户造成的。

其次是 public void onStartTrackingTouch （SeekBar seekBar），该方法在刚开始拖动滑块时被执行。

最后是 public void onStopTrackingTouch （SeekBar seekBar），该方法在滑块拖动结束时被执行。

示例：SeekBar 可以直接通过 setOnSeekBarChangeListener 方法设定监听器。

```
public void onCreate(Bundle savedInstanceState)
{
    super. onCreate(savedInstanceState);
    setContentView(R. layout. activity_main);
    SeekBar seekbar = (SeekBar)findViewById(R. id. seekbar);
    seekbar. setOnSeekBarChangeListener(new SeekBarListener());
}

class SeekBarListener implements SeekBar. OnSeekBarChangeListener
{
    @ Override
    public void onProgressChanged(SeekBar seekBar, int progress, boolean fromUser){
        // TODO Auto-generated method stub
        if (fromUser)
        {
        }
    }
    @ Override
    public void onStartTrackingTouch(SeekBar seekBar){
        // TODO Auto-generated method stub
    }
    @ Override
    public void onStopTrackingTouch(SeekBar seekBar){
        // TODO Auto-generated method stub
    }
}
```

八、定时器

1. 简介

Android 中有多种定时器的实现机制，这里介绍使用 Timer 和 TimerTask 类来启动定时器的方法。Timer 类是用来管理定时器的，它会按照设定好的周期，定时地触发任务。而 TimerTask 类就是定时需要执行的任务，TimerTask 是一个抽象类，需要实现其中的 run( ) 方法，定时任务所需要执行的代码就放在该方法中。

需要特别注意的是，每一个定时器都拥有一个子线程，在后台不停地运行着，子线程不同于 UI 界面线程。界面中控件的更新只可以在 UI 线程中完成，不可以在子线程中进行，否则会抛出异常。而定时任务常常需要更新控件，所以在 UI 线程中创建一个 Handle 对象，在 TimerTask 类的 run( ) 方法中向该 Handle 对象发送消息，Handle 对象收到定时发出的消息后进行界面相关处理。

如图 5-14 所示，Timer 启动后会周期性地触发 TimerTask 类的 run 方法，在 run 方法中会向 UI 线程的 Handle 对象发送 Message，从而触发 Handle 对象的 handleMessage 方法，该方法中可以进行 UI 线程中控件更新等操作。

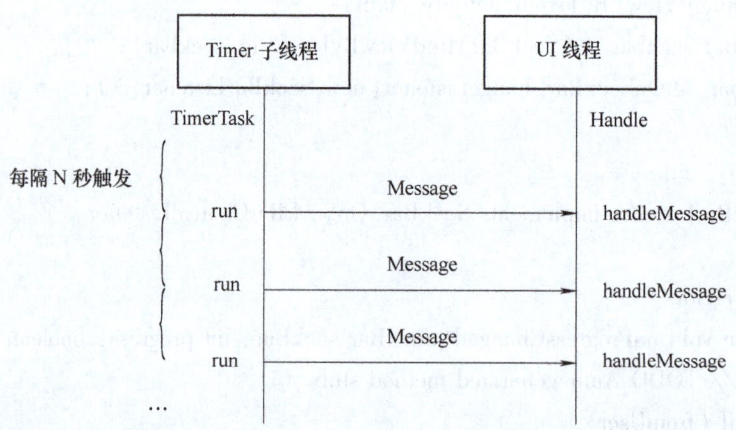

图 5-14　Timer 和 TimerTask 配合生成定时器

2. 重要方法

Timer 是定时器，它提供了方法用来开启定时器、取消定时器。

(1) Timer 类：public void schedule(TimerTask task, long delay, long period)

功能：启动定时器。

参数：task 为定时需要执行的任务，delay 为调用该方法到定时器第一次触发之间的时间，period 为定时器的周期，第二个参数和第三个参数的单位均为 ms（毫秒）。

返回值：无。

(2) Timer 类：public void cancel( )

功能：取消定时器和所有的定时任务。

参数：无。

返回值：无。

需要特别说明的是，一个定时器一旦调用了 cancel()，就不能再执行 schedule()方法，否则会抛出异常。所以一旦调用 cancel()，就需要重新创建一个 Timer 对象和 TimerTask 对象。

TimerTask 类是一个抽象类，其中最重要的方法就是 run，定时任务的代码都需要放在该方法中。

(3) TimerTask 类：public abstract void run()

功能：定时器触发的方法，要创建 TimerTask 对象，首先就需要实现该方法。

参数：无。

返回值：无。

3. 使用范例

下面创建一个工程 TimerTest，MainActivity 为默认的 Activity，对应的布局为 activity_main.xml 文件，其中包含了一个 TextView 控件。在 MainActivity 类中申明了定时器、定时器任务、Handler、TextView 控件对象，另外还申明了一个累加器 cnt。

```
private Timer mTimer = null;                    //定时器
private TimerTask mTimerTask = null;            //定时器任务
private Handler mHandler = null;                //处理消息的 Handler
private TextView textview;                      //TextView 控件
private int cnt = 1;                            //累加器
```

在 MainActivity 类的 onCreate 方法中获得 TextView 控件。创建 Handler 对象，并重写 handleMessage 方法，判断消息号为 1 的时候更新 TextView 控件的显示，并将 cnt 进行自增：

```
@Override
protected void onCreate(Bundle savedInstanceState) {
    super.onCreate(savedInstanceState);
    setContentView(R.layout.activity_main);

    textview = (TextView)this.findViewById(R.id.textView1);
    mHandler = new Handler() {
        @Override
        public void handleMessage(Message msg)
        {
            switch (msg.what)
            {
            case 1:
                textview.setText(Integer.toString(cnt++));
                break;
            default:
```

```
                break;
            }
        }
    }
    …
}
```

在 onCreate 方法中创建 Timer 对象，接着创建 TimerTask 对象，重写其中的 run( )方法，定时任务就是向 mHandler 发送消息号为 1 的消息：

```
mTimer = new Timer( );

mTimerTask = new TimerTask( ){
    @ Override
    public void run( )
    {
        Message message = new Message( );
        message. what = 1;
        mHandler. sendMessage( message);
    }
};
```

最后在 onCreate 方法中启动定时器，定时周期为 1s：

```
if( mTimer ! = null && mTimerTask ! = null)
    mTimer. schedule( mTimerTask, 1000, 1000);
```

运行程序就可以看到图 5-15 所示的界面，TextView 每隔 1s 就增加一下。

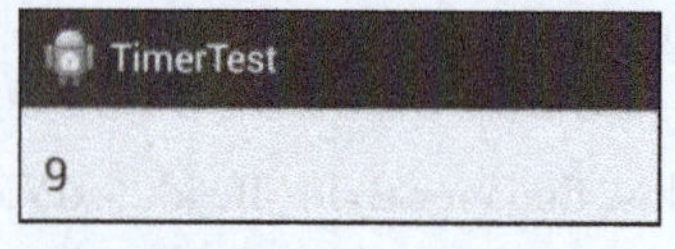

图 5-15　定时更新 TextView 显示

任务实施

下面将利用前面的知识来完成音乐播放器，首先进行总体分析了解程序的功能和结构，然后进行项目布局和功能编码。

一、总体分析

整个程序分为两个界面，歌曲列表界面和播放界面。歌曲列表为程序的入口界面，整个界面由一个 ListView 构成，在该界面需要显示 SD 卡中的所有歌曲。列表控件的每一项可以显示一首歌曲的信息，如歌曲名称、歌手名等。播放界面主要由一些 Button 和一个 SeekBar 构成。

如图 5-16 所示，整个程序的逻辑并不复杂，在歌曲列表界面选择某一首歌单击之后，开始播放这首歌并进入播放界面。在播放界面可以对歌曲播放进行控制，可以进行的操作包括调整播放进度、上一首、下一首、暂停、继续等。所以整个程序的核心部分包括以下三个方面：

● 列表界面需要读取 SD 卡中所有歌曲并将每一首歌的信息绑定到 ListView 控件中每一项（ListItem）。

● 监听 ListView 的选择事件。如果某一项被单击，程序界面跳转至播放界面，同时将歌曲信息传递至播放界面并进行播放。

● 播放界面对 Button 的单击事件和 SeekBar 的拖动事件进行监听来实现对播放的控制。

二、项目布局

1. 创建项目

首先创建一个 Android 应用程序项目，命名为 MusicPlayer，默认的 Activity 名称为 MusicList，其对应的 XML 布局文件为 res\layout\music_list. xml，该 Activity 用于显示所有 SD 卡上的歌曲。另外，新建一个名为 MusicMain 的 Activity，对应的 XML 布局文件为 res\layout\activity_play. xml，该 Activity 用于播放歌曲时显示播放进度以及进行播放控制。

2. 界面布局

MusicList 界面效果如图 5-17 所示。

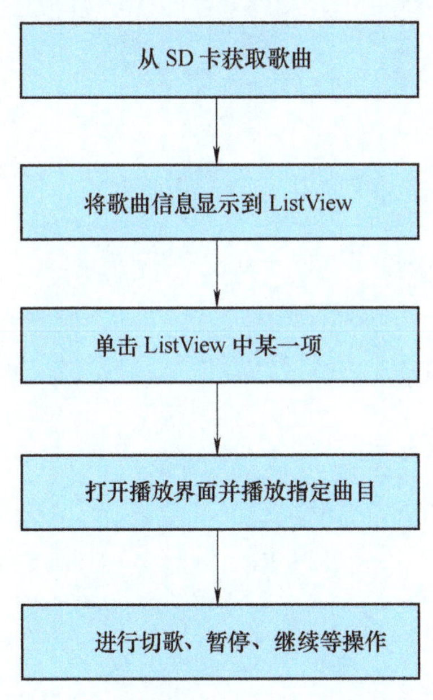

图 5-16　程序处理流程概要

图 5-17　MusicList 界面效果

在 MusicList 的界面布局中，使用纵向的 LinearLayout（线性布局）。该 LinearLayout 包含一个 RelativeLayout（相对布局）和 ListView 控件，其中 RelativeLayout 又包含一个右对齐的 Button 和一个居中的、显示内容为“本地音乐”的 TextView，该 Button 用于进入音乐播放界面。ListView 的作用是显示 SD 卡中所有歌曲的信息。

```
<LinearLayout xmlns:android = "http://schemas.android.com/apk/res/android"
    xmlns:tools = "http://schemas.android.com/tools"
    android:layout_width = "match_parent"
    android:layout_height = "match_parent"
    android:orientation = "vertical"
    android:id = "@ +id/layout"
    android:background = "@drawable/icon_bg"
    tools:context = ".MusicTest"  >
    <RelativeLayout
        android:layout_width = "match_parent"
        android:layout_height = "wrap_content"  >
        <ImageButton
            android:id = "@ +id/skip"
            android:layout_width = "wrap_content"
            android:layout_height = "45dp"
            android:layout_alignParentRight = "true"
            android:layout_centerVertical = "true"
            android:background = "@drawable/press"
            android:paddingLeft = "10dp"
            android:paddingRight = "10dp"
            android:src = "@drawable/forward"  />
        <TextView
            android:layout_width = "wrap_content"
            android:layout_height = "45dp"
            android:layout_alignParentTop = "true"
            android:layout_centerHorizontal = "true"
            android:gravity = "center"
            android:text = "本地音乐"
            android:textColor = "#FFFFFF"
            android:textSize = "25sp"
            android:textStyle = "bold"  />
    </RelativeLayout>
    <ListView
        android:id = "@ +id/myList"
        android:layout_width = "match_parent"
        android:layout_height = "wrap_content"  >
    </ListView>
    </LinearLayout>
```

MusicMain 播放界面设计如图 5-18 所示。该界面采用嵌套布局的方式，整体采用纵向的线性布局。该界面从上到下依次是：横向线性布局，包含一个返回主界面的 Button 和一个显示为“正在播放”的 TextView；用于显示歌曲名称的 TextView；用于显示歌手名的 TextView；用于绘制专辑封面的 ImageView（此处使用默认图片）；横向线性布局，包含一个 Seekbar 和两个分别用于显示当前进度和总时长的 TextView；横向线性布局，包含前一首、后一首、暂停、播放四个控制 Button，其中暂停和播放按钮位置重叠，通过 FrameLayout（帧布局）实现。

图 5-18 播放界面

```
<LinearLayout xmlns:android = "http://schemas.android.com/apk/res/android"
xmlns:tools = "http://schemas.android.com/tools"
android:layout_width = "match_parent"
android:layout_height = "match_parent"
android:orientation = "vertical"
android:id = "@ +id/layout"
tools:context = ".MusicMain"
android:background = "@drawable/preview" >
 <LinearLayout
      android:layout_width = "match_parent"
      android:layout_height = "45dp"
      android:orientation = "horizontal" >
      <ImageButton
           android:id = "@ +id/btn_back"
           android:layout_width = "wrap_content"
           android:layout_height = "match_parent"
           android:background = "@drawable/press"
           android:src = "@drawable/back"
```

```
        android:layout_marginLeft = "10dp"
        android:paddingLeft = "10dp"
        android:paddingRight = "10dp" />
    <TextView
        android:layout_width = "wrap_content"
        android:layout_height = "match_parent"
        android:gravity = "center"
        android:text = "正在播放"
        android:textColor = "#FFFFFF"
        android:textSize = "20sp"
        android:textStyle = "bold" />
</LinearLayout>
<LinearLayout
    android:layout_width = "match_parent"
    android:layout_height = "match_parent"
    android:orientation = "vertical" >
    <TextView
        android:id = "@ +id/music_title"
        android:layout_width = "wrap_content"
        android:layout_height = "wrap_content"
        android:textSize = "25sp"
        android:text = "歌曲名"
        android:textColor = "#FFFFFF"
        android:layout_gravity = "center"
        android:ellipsize = "marquee"
        android:singleLine = "true"
        android:gravity = "center"
        android:layout_weight = "0.5"/>
    <TextView
        android:id = "@ +id/music_artist"
        android:layout_width = "wrap_content"
        android:layout_height = "wrap_content"
        android:textSize = "15sp"
        android:text = "歌手"
        android:textColor = "#FFFFFF"
        android:layout_gravity = "center"
        android:gravity = "top"
        android:layout_weight = "1"/>
```

```
        <ImageView
            android:layout_width = "match_parent"
            android:layout_height = "wrap_content"
            android:layout_weight = "40"
            android:src = "@drawable/default_album" />
        <include layout = "@layout/media_controller"
            android:layout_weight = "3" />
    </LinearLayout>
    </LinearLayout>
```

当程序界面布局较复杂时，如果把布局代码都写在一个 XML 文件中，会显得很冗余，并且可读性也很差，可以把其中部分代码单独写成一个模块，然后用到的时候可以通过 <include />标签来调用这个模块。上面的 XML 代码中将播放控制的一些控件写在一个单独的 XML 布局文件 media_controller. xml 中，以便于阅读和管理。该文件代码如下：

```
    <?xml version = "1.0" encoding = "utf-8"?>
    <LinearLayout xmlns:android = "http://schemas.android.com/apk/res/android"
    android:layout_width = "match_parent"
    android:layout_height = "wrap_content"
    android:orientation = "vertical" >
    <LinearLayout
        android:layout_width = "match_parent"
        android:layout_height = "wrap_content"
        android:orientation = "horizontal" >
        <TextView android:id = "@+id/time_current"
            android:textSize = "14sp"
            android:textStyle = "bold"
            android:paddingTop = "4dip"
            android:paddingLeft = "4dip"
            android:layout_gravity = "center_horizontal"
            android:layout_width = "wrap_content"
            android:layout_height = "wrap_content"
            android:paddingRight = "4dip"
            android:text = "0.00"
            android:textColor = "#FFFFFF" />
        <SeekBar
            android:id = "@+id/mediacontroller_progress"
            style = "?android:attr/progressBarStyleHorizontal"
            android:layout_width = "0dip"
```

```
            android:layout_weight = "1"
            android:layout_height = "32dip"/>
        <TextView android:id = "@ +id/time"
            android:textSize = "14sp"
            android:textStyle = "bold"
            android:paddingTop = "4dip"
            android:paddingRight = "4dip"
            android:layout_gravity = "center_horizontal"
            android:layout_width = "wrap_content"
            android:layout_height = "wrap_content"
            android:paddingLeft = "4dip"
            android:text = "0.00"
            android:textColor = "#FFFFFF"/>
    </LinearLayout>
    <LinearLayout
        android:layout_width = "match_parent"
        android:layout_height = "wrap_content"
        android:gravity = "center"
        android:paddingTop = "4dip"
        android:orientation = "horizontal" >
        <ImageButton
            android:id = "@ +id/prev"
            style = "@ android:style/MediaButton.Previous"
            android:background = "@ drawable/press"/>
        <FrameLayout
            android:layout_width = "wrap_content"
            android:layout_height = "wrap_content" >
            <ImageButton
                android:id = "@ +id/play"
                style = "@ android:style/MediaButton.Play"
                android:background = "@ drawable/press"
                android:visibility = "gone"/>
            <ImageButton
                android:id = "@ +id/pause"
                style = "@ android:style/MediaButton.Pause"
                android:background = "@ drawable/press"/>
        </FrameLayout>
        <ImageButton
```

```
        android:id = "@ +id/next"
        style = "@ android:style/MediaButton. Next"
        android:background = "@ drawable/press"/>
  </LinearLayout>
  </LinearLayout>
```

除此之外，还有一个用于确定 MusicList 中每一项 listitem 的布局方式的布局文件 list_item. xml，listitem 布局样式如图 5-19 所示。该布局采用的是线性布局样式，包含三个基本控件：ImageView，该控件用于显示一个固定音乐图标使界面看起来并不单调，它与整个布局左对齐；ID 为 title 的 TextView，该控件用于显示歌曲的名称；ID 为 artist 的 TextView，该控件用于显示歌曲的歌手名。

图 5-19　listitem 布局样式

```
  <? xml version = "1.0"  encoding = "utf-8"? >
  < LinearLayout xmlns:android = "http://schemas. android. com/apk/res/android"
  android:layout_width = " match_parent"
  android:layout_height = " match_parent"
  android:orientation = " horizontal"  >
  < ImageView
      android:layout_width = "50dp"
      android:layout_height = "45dp"
      android:scaleType = "fitXY"
      android:layout_gravity = " center_vertical"
      android:src = "@ drawable/default_album"/>
  < LinearLayout
      android:layout_width = " match_parent"
      android:layout_height = "55dp"
      android:layout_gravity = " center_vertical"
      android:orientation = " vertical" >
   < TextView
        android:id = "@ +id/title"
        android:layout_width = " wrap_content"
        android:layout_height = " wrap_content"
        android:textColor = " #FFFFFF"
        android:textSize = "20sp"/>
   < TextView
        android:id = "@ +id/artist"
```

```
        android:layout_width = "wrap_content"
        android:layout_height = "wrap_content"
        android:textColor = "#FFFFFF"
        android:textSize = "10sp"/>
</LinearLayout>
</LinearLayout>
```

3. 显示歌曲信息

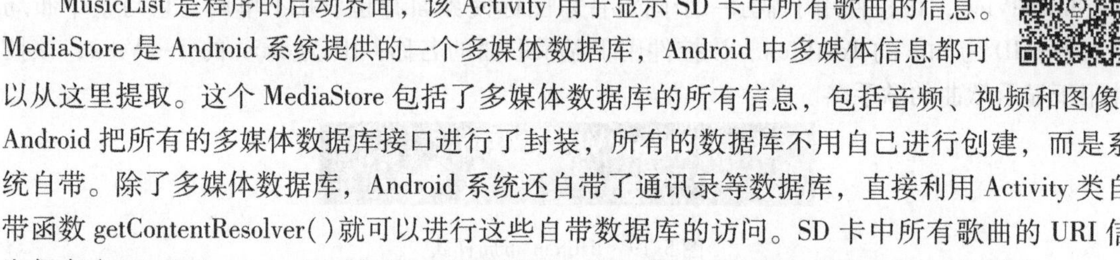

MusicList 是程序的启动界面，该 Activity 用于显示 SD 卡中所有歌曲的信息。MediaStore 是 Android 系统提供的一个多媒体数据库，Android 中多媒体信息都可以从这里提取。这个 MediaStore 包括了多媒体数据库的所有信息，包括音频、视频和图像，Android 把所有的多媒体数据库接口进行了封装，所有的数据库不用自己进行创建，而是系统自带。除了多媒体数据库，Android 系统还自带了通讯录等数据库，直接利用 Activity 类自带函数 getContentResolver()就可以进行这些自带数据库的访问。SD 卡中所有歌曲的 URI 信息保存在 MediaStore. Audio. Media. EXTERNAL_CONTENT_URI 这张表中，可以通过 getContentResolver(). query()对该表进行查询，查询返回结果为一个 cursor 对象。通过一个 simpleCursorAdapter 将该 cursor 中数据与 ListView 进行绑定。

```
protected void onCreate(Bundle savedInstanceState) {
    super.onCreate(savedInstanceState);
    // 去除 activity 的 title(标题栏)
    requestWindowFeature(Window.FEATURE_NO_TITLE);
    //为退出程序需要,要将本 Activity 添加到 Activity 列表
    MyActivityManager.getInstance().addActivity(this);
    setContentView(R.layout.music_list);
    LinearLayout layout = (LinearLayout)findViewById(R.id.layout);
    myList = (ListView)findViewById(R.id.myList);

    cursor = getContentResolver().query(MediaStore.Audio.Media.EXTERNAL_CON-
TENT_URI,null, null, null, MediaStore.Audio.Media.DEFAULT_SORT_ORDER);
    //控制 Cursor
    startManagingCursor(cursor);
    //将数据项绑定到布局文件中
    SimpleCursorAdapter adapter = newSimpleCursorAdapter(this,
        R.layout.list_item, cursor, cols, ids);
    myList.setAdapter(adapter);
    myList.setOnItemClickListener(new ListListener());
    findViewById(R.id.skip).setOnClickListener(new View.OnClickListener() {
        @Override
        publicvoid onClick(View v) {
                // TODO Auto-generated method stub
            tag = false; //用于标识播放状态
```

```
            intent(position);
        }
    });
}
```

Cursor 中查询到的每首歌的信息有很多，只需要其中的歌曲名称和歌手姓名，并将这两个信息绑定至 ListView 中每一项的相应 ID。SimpleCursorAdapter(this,R. layout. list_item, cursor, cols, ids)中 R. layout. list_item 就是之前定义的 ListView 中每一项 ListItem 的布局，对应的布局文件为 listitem. xml。cols 和 ids 的定义分别如下：

```
private String[] cols = new String[] {
    MediaStore. Audio. Media. TITLE,
    MediaStore. Audio. Media. ARTIST,};
private int[] ids = new int[]{R. id. title, R. id. artist};
```

MediaStore. Audio. Media. TITLE 和 MediaStore. Audio. Media. ARTIST 分别对应数据库中歌曲的名称和歌手信息这两列。

4. 跳转至播放界面

在 MusicList 页面单击某一首歌，程序跳转至播放界面进行播放。onCreate()函数中 myList. setOnItemClickListener(new ListListener())对 ListView 设定了单击项的监听器：

```
private class ListListener implements OnItemClickListener
{
    @ Override
    publicvoid onItemClick(AdapterView <?> arg0, View arg1, int arg2,
        long arg3) {
        // 实现 activity 之间的跳转
        position = arg2;
        tag = true;//用于标识播放状态
        intent(position);
    }
}
```

其中 position 存储的是单击项从上至下的序号（从 0 开始）。Intent 函数实现了两个 Activity 之间的跳转。页面跳转的同时，将 position 传递给新的 Activity。播放页面通过 position 判断当前应播放哪一首歌曲。

```
private void intent(int position)
{
    Intent it = new Intent(MusicList. this,MusicMain. class);
    it. putExtra("position",position);
    it. setFlags(Intent. FLAG_ACTIVITY_REORDER_TO_FRONT);
    //Intent. FLAG_ACTIVITY_REORDER_TO_FRONT 标志的含义为
    //如果该 Activity 已经启动了就不产生新的 Activity,而只是把现有的实例显示到
    //前端
```

```
        startActivity( it) ;
    }
```

重写 MusicList 的 onBackPressed( )方法，当用户连续按下两次【返回】键时退出程序。其中 mFirstBackKeyPressTime、mLastBackKeyPressTime、INTERVAL 的申明和使用方法，可以参考“我的日记”任务。

```
//按"返回"键两次即退出应用程序
@ Override
public void onBackPressed( ) {
    // TODO Auto - generated method stub
    if ( mFirstBackKeyPressTime == -1) {
        mFirstBackKeyPressTime = System. currentTimeMillis( ) ;
        Toast. makeText( getApplicationContext( ) , "再按一次退出程序" ,
            Toast. LENGTH_LONG) . show( ) ;
    } else {
        mLastBackKeyPressTime = System. currentTimeMillis( ) ;
        if ( ( mLastBackKeyPressTime - mFirstBackKeyPressTime) <= INTERVAL) {
            prepared = false;
            if( MusicMain. mPlayer != null)
                MusicMain. mPlayer. reset( ) ;
            //退出所有 Activity
            MyActivityManager. getInstance( ) . exit( ) ;
        } else {
            mFirstBackKeyPressTime = mLastBackKeyPressTime;
            Toast. makeText( getApplicationContext( ) , "再按一次退出程序" ,
                Toast. LENGTH_LONG) . show( ) ;
        }
    }
}
```

为了实现双击返回键退出程序的功能，我们需要自定义一个 Application 的子类用于管理所有创建的 Activity。我们将程序中两个 Activity 都加入到一个 List 中，在最后退出时将 List 中所有 Activity 依次关闭。此方法也适用于其他包含多个 Activity 程序的退出。

```
EditText t = ( EditText) this. findViewById( R. id. editText1) ;//根据 ID 获得控件对象
public class MyActivityManager extends Application{
    private List < Activity > list = new ArrayList < Activity > ( ) ;
    private static MyActivityManager mam;
    private MyActivityManager( ) {
    }
    public static MyActivityManager getInstance( ) {
        if( null == mam) {
            mam = new MyActivityManager( ) ;
```

```
        }
        return mam;
    }
    public void addActivity(Activity activity){
        list.add(activity);
    }

    public void exit(){
        for(int i=0;i<list.size();i++){
            list.get(i).finish();
        }
        System.exit(0);
    }
}
```

5. 播放界面初始化

对歌曲的播放控制主要在 MusicMain 类中。为方便编码，MusicMain 类实现了 View.OnClickListener 和 OnCompletionListener 接口，因此直接实现接口中相应的方法即可实现对单击事件和播放结束事件进行监听。类中成员变量主要是一些控件，其中 ImageButton 是带图标的按钮，使用方式和普通 Button 类似。MediaPlayer 对象此处被设置为 public static，目的在于使其唯一，方便对其进行管理。SeekBar 是拖动条，可以显示当前进度，也可以被拖动以改变当前进度。path 用于表示歌曲的存放路径，position 用于表示从 MusicList 传递过来的 position，cursor 用于保存查询 Android 多媒体库的结果。

```
public class MusicMain extends Activity implements View.OnClickListener,OnCompletion-
Listener{
    public static MediaPlayer mPlayer;
    private ImageButton btn_back,btn_play,btn_pause,btn_prev,btn_next;
    private TextView current_time,finish_time,music_title,music_artist;
    private SeekBar timeBar;
    private String path = null;
    private int position;
    private Cursor cursor;
    private Timer timer = new Timer();
}
```

在 MusicList 页面单击某一首歌时程序会跳转至 MusicMain 页面并进行播放。在 onCreate() 函数中，查询 SD 卡中所有歌曲信息，并将保存查询结果的 cursor 移动到传递过来的 position 处，通过这种方法可以获取之前选择的歌曲。

```
public void onCreate(Bundle savedInstanceState)
{
    super.onCreate(savedInstanceState);
    // 去除 activity 的 title(标题栏)
```

```
        requestWindowFeature(Window.FEATURE_NO_TITLE);
        //为退出程序需要,要将本 Activity 添加到 Activity 列表
        MyActivityManager.getInstance().addActivity(this);
        setContentView(R.layout.activity_play);
        timer.schedule(task, 0, 1000);
    }
    Protected void onStart() {
            //TODO Auto-generated method stub super.onstart();
        if (mPlayer == null)
            mPlayer = new MediaPlayer();

        cursor = getContentResolver().query(MediaStore.Audio.Media.EXTERNAL_CON-
TENT_URI,null, null, null, MediaStore.Audio.Media.DEFAULT_SORT_ORDER);
        position = getIntent().getIntExtra("position", 0);
        //cursor 移动到指定数据行
        cursor.moveToPosition(position);

        //初始化控件
        initWidget();
        stateJudge();
    }
```

在 initWidget()函数中，进行控件的初始化工作：

```
    public void initWidget()
    {
        btn_back = (ImageButton)findViewById(R.id.btn_back);//返回按钮
        btn_play = (ImageButton)findViewById(R.id.play);//播放按钮
        btn_pause = (ImageButton)findViewById(R.id.pause);//暂停按钮
        btn_prev = (ImageButton)findViewById(R.id.prev);//前一首按钮
        btn_next = (ImageButton)findViewById(R.id.next);//后一首按钮
        current_time = (TextView)findViewById(R.id.time_current);//当前播放时间
        finish_time = (TextView)findViewById(R.id.time);//歌曲总时间
        music_title = (TextView)findViewById(R.id.music_title);//歌曲名
        music_artist = (TextView)findViewById(R.id.music_artist);//歌手名
        timeBar = (SeekBar)findViewById(R.id.mediacontroller_progress);//拖动条
        btn_back.setOnClickListener(this);
        btn_play.setOnClickListener(this);
        btn_pause.setOnClickListener(this);
        btn_prev.setOnClickListener(this);
        btn_next.setOnClickListener(this);
        timeBar.setOnSeekBarChangeListener(new SeekBarListener());
        mPlayer.setOnCompletionListener(this);
```

```
        musicInfo();
    }
```

musicInfo 函数获取了当前播放歌曲的名称和歌手名，并显示到当前界面：

```
    public void musicInfo()
    {
        //歌曲名及歌手
        String title =cursor.getString(cursor.getColumnIndex(MediaStore.Audio.Media.TITLE));
        String artist = cursor.getString(cursor.getColumnIndex(MediaStore.Audio.Media.ART-
IST));
        music_title.setText(title);
        music_artist.setText(artist);
    }
```

stateJudge 函数对当前播放状态进行判断，MusicList.tag 为 true 表示用户在 MusicList 选择了一首歌曲进行播放，首先准备歌曲，然后播放选中的歌曲；当 MusicList.tag 为 false 表示用户在 Musiclist 单击右上角箭头返回至播放界面，如果当前歌曲不处于播放状态，需要将歌曲准备好，等待用户单击播放按钮进行播放。

```
    public void stateJudge()
    {
        if (MusicList.tag)
        {
            musicPrepare();
            play();
        }
        else {
            if (! mPlayer.isPlaying())
            {
                if (isPrepared())
                {
                    changePlayStatus(false);
                }
                else {
                    musicPrepare();
                    changePlayStatus(false);
                }
            }
        }
    }
```

6. 播放歌曲

musicPrepare 函数获取当前 cursor 指向歌曲的路径并将其设置为 MediaPlayer 的数据源，然后对 MediaPlayer 进行 prepare 操作，并将当前状态设置为 prepared：

```
public void musicPrepare( )
{
    //获取歌曲路径
    path = cursor. getString( cursor. getColumnIndex( MediaStore. Audio. Media. DATA) ) ;
    mPlayer. reset( ) ;
    try {
        mPlayer. setDataSource( path) ;
        mPlayer. prepare( ) ;
    } catch (Exception e) {
        // TODO Auto-generated catch block
        e. printStackTrace( ) ;
    }
    MusicList. prepared = true;
}
```

play 函数对 MediaPlayer 进行开始播放操作：

```
public void play( )
{
    changePlayStatus( true) ;
    mPlayer. start( ) ;
}
```

isPrepared 函数返回当前 MediaPlayer 的状态是否为 prepared：

```
public Boolean isPrepared( )
{
    if (MusicList. prepared)
    {
        return true;
    }
    else {
        return false;
    }
}
```

changePlayStatus 函数的作用是切换播放和暂停按钮的可见性，本例中这两个按钮实际上是重叠的：

```
public void changePlayStatus( Boolean b)
{
    if (b)
    {
        btn_play. setVisibility( View. GONE) ;
        btn_pause. setVisibility( View. VISIBLE) ;
```

```
    }
    else {
        btn_play. setVisibility( View. VISIBLE) ;
        btn_pause. setVisibility( View. GONE) ;
    }
}
```

7. 播放控制

pause 函数对 MediaPlayer 执行暂停操作：

```
public void pause( )
{
    changePlayStatus( false) ;
    mPlayer. pause( ) ;
}
```

由于 MusicMain 实现了 View. OnClickListener 接口，可以直接编写 MusicMain 类中的 onClick 函数来实现对单击按钮事件的监听，根据单击的按钮 ID 执行相应的函数：

```
@ Override
public void onClick( View v) {
    // TODO Auto-generated method stub
    switch (v. getId( ) )
    {
        case R. id. btn_back:
            backListener( ) ;
            break;
        case R. id. play:
            playListener( ) ;
            break;
        case R. id. pause:
            pauseListener( ) ;
            break;
        case R. id. prev:
            prevListener( ) ;
            break;
        case R. id. next:
            nextListener( ) ;
            break;
    }
}
@ Override
public void onCompletion( MediaPlayer mp) {
    // TODO Auto-generated method stub
```

```
    seriation(1);
    musicPrepare();
    play();
}
```

单击播放按钮所执行的方法为 playListener()，如果歌曲不处于播放状态，且已处于 Prepared 状态，则播放歌曲。

```
private void playListener()
{
    if (! mPlayer.isPlaying())
    {
        if (isPrepared())
        {
            play();
        }
    }
}
```

单击暂停按钮所执行的方法为 pauseListener ()：

```
private void pauseListener()
{
    if (mPlayer.isPlaying())
    {
        pause();
    }
}
```

单击前一首按钮所执行的方法为 prevListener()，其中 seriation(0)会将歌曲移至前一首：

```
public void prevListener()
{
    seriation(0);
    musicPrepare();              //准备歌曲
    setTime();                   //设定歌曲时长信息
    play();                      //播放歌曲
}
```

单击下一首按钮所执行的方法为 nextListener()，其中 seriation(1)会将歌曲移至前一首：

```
public void nextListener()
{
    seriation(1);
    musicPrepare();              //准备歌曲
    setTime();                   //设定歌曲时长信息
    play();                      //播放歌曲
}
```

seriation 函数实现了根据不同的输入将 cursor 移动至前一首或下一首歌曲，并实现了列表循环播放的功能，即如果当前是最后一首歌曲，则下一首歌曲为第一首歌曲：

```
public void seriation(int i)
{
    int count = cursor.getCount();                  //获得歌曲数目
    if (i == 0)                                     //移至前一首
    {
        position = position - 1 >= 0 ? position - 1 : count - 1;
    }
    else
    {                                               //移至下一首
        position = position + 1 <= count - 1? position + 1 :0;
    }
    MusicList.position = position;
    cursor.moveToPosition(position);                //重新定位歌曲
    musicInfo();                                    //显示歌曲和歌手信息
}
```

onCreate()函数最后启动了定时器，该定时器每秒执行一次 task。使用定时器的作用在于每隔一段时间通知 handler 更新 SeekBar 进度。为何不在 task 中直接更新 SeekBar 进度？控件的更新只能在主线程进行，而定时器执行的代码并不在主线程中，所以可以通过定时器通知 handler 的方式让 handler 更新 SeekBar 进度。应避免让 handleMessage 做太多的操作，因为它在主线程中执行，会影响主线程执行 UI 更新操作。

```
private final int MSG = 0x123;
private TimerTask task = new TimerTask() {
    @Override
    public void run() {
        // TODO Auto-generated method stub
        mHandler.sendEmptyMessage(MSG);
    }
};
private Handler mHandler = new Handler() {
    @Override
    public void handleMessage(Message msg)
    {
        if (msg.what == MSG)
        {
            setTime();
        }
    }
};
```

setTime()函数更新了 SeekBar 的进度、歌曲总时长和当前播放时长：

```
public void setTime()
{
    //歌曲总时长设置
    timeBar.setMax(mPlayer.getDuration());
    finish_time.setText(toTime(mPlayer.getDuration()));
    //当前播放时长设置
    timeBar.setProgress(mPlayer.getCurrentPosition());
    current_time.setText(toTime(mPlayer.getCurrentPosition()));
}

public String toTime(int time) {        //将整型时间转为标准时间格式
    time/ =1000;
    int minute = time/60;
    int second = time % 60;
    return String.format("%01d:%02d", minute, second);
}
```

在音乐播放过程中，需要对 SeekBar 进行监听，如果用户拖动 SeekBar，需要对当前播放进度进行调整。要完成这一功能，必须实现 SeekBar. OnSeekBarChangeListener 接口中 onProgressChanged 方法：

```
class SeekBarListener implements SeekBar.OnSeekBarChangeListener
{
    @Override
    public void onProgressChanged(SeekBar seekBar, int progress,
            boolean fromUser) {
        // TODO Auto-generated method stub
        if (fromUser)                        //用户拖动进度
        {
            mPlayer.seekTo(progress);    //设定歌曲播放进度
            setTime();                   //显示播放时间信息
        }
    }
    @Override
    public void onStartTrackingTouch(SeekBar seekBar) {
    // TODO Auto-generated method stub
    }
    @Override
```

```
        public void onStopTrackingTouch( SeekBar seekBar) {
        // TODO Auto-generated method stub
        }
    }
```

8. 返回功能

单击返回按钮返回到歌曲列表界面:

```
 private void backListener( )
 {
        Intent it = new Intent( MusicMain. this, MusicList. class) ;
        it. setFlags( Intent. FLAG_ACTIVITY_REORDER_TO_FRONT) ;
        //Intent. FLAG_ACTIVITY_REORDER_TO_FRONT 标志的含义为
        //如果该 Activity 已经启动了就不产生新的 Activity,而只是把现有的实例显示到
        //前端
        startActivity( it) ;
 }
```

三、运行结果

程序编码完毕后，打开程序，进入歌曲列表界面，如图 5-20 所示。

选择一首歌曲进行播放，进入播放界面，如图 5-21 所示。

图 5-20　运行初始界面

图 5-21　播放界面

在播放界面可以进行暂停、继续、前一首、后一首、拖动进度和返回歌曲列表界面等操作。

【试一试】根据任务实施这一节的内容，自己搜索一些好看的背景、图标和布局方式，完成一个属于自己的音乐播放器。

任务评价

完成任务五之后，可以根据表 5-3 的任务评价表对完成情况进行评价，并根据评价表创新能力中提到的指标对 APP 应用进一步改进。最后鼓励大家继续完成后面的拓展任务，进一步巩固和练习任务中学习的知识点和技能点，并将任务实现中的不足之处进行改进。

表 5-3 任务评价表

评价内容	具体指标		完成情况（打分）
基础素养	资料搜索、筛选和整合能力（3 分）		
	信息技术应用与数字化素养（2 分）		
专业知识	基础知识点的预学习情况（5 分）		
	知识点案例的掌握情况（15 分）		
	课后习题的完成情况（10 分）		
技术技能	分析问题、解构问题、技术选择、将问题图形化表达的能力（15 分）		
	代码编写能力（20 分）		
	程序调试技术（10 分）		
综合能力	任务报告编制能力（10 分）		
	沟通表达与团队协作（5 分）		
创新能力	改进或重设计 UI 界面（3 分）		
	更新或改进实现方法、程序结构重构或代码优化（2 分）		
目标完成	完成★★	基本完成★☆	未完成☆☆
学习收获			
学习反思			

任务小结

在音乐播放器设计这一任务中，我们学习了如何将 SD 卡中的歌曲信息读取并显示在程序界面中，也学会了如何使用 MediaPlayer 去播放音频文件。

ListView 的使用是这个任务的重点。想要这个任务，要掌握 ListView 如何与展示的数据进行绑定。与不同的数据源绑定需要使用不同的 Adapter，因此不同数据源的绑定方式以及不同 Adapter 的使用方法也是本任务的学习重点。本任务中数据来源为 Android 媒体数据库，因此使用 SimpleCursorAdapter 来绑定数据。

另外，通过本任务应该能够了解 MediaPlayer 类的使用，了解 MediaPlayer 对象的不同状态、状态间切换时应注意的要点，学习如何通过 MediaPlayer 类控制音频文件的播放。

通过音乐播放器这个应用，我们完成了 Android 平台媒体播放的第一个程序。大家可以利用空余时间写一个自己专属的音乐播放器并安装到手机中，这应该是一件很有意思的事情。Android 平台上除了播放音频，还可以进行音频的录制、视频的播放和录制。这些功能还有待大家更深入地学习 Android 去实现。

课后习题

第一部分 知识回顾与思考

1. ListView 如何与数据进行绑定？

2. ArrayAdapter、SimpleAdatper、SimpleCursorAdapter 的作用分别是什么？如何使用它们？

3. MediaPlayer 对象的生命周期是怎样的？

4. 回顾一下定时器所涉及的几个类的作用以及这几个类之间的关系（Timer、TimerTask、Handle、Message）。

第二部分 职业能力训练

一、单项选择题（下列答案中有一项是正确的，将正确答案填入括号内）

1. ListView 是常用的（ ）类型控件。

A. 按钮　B. 图片　C. 列表　D. 下拉列表

2. ListView 与数组或 List 集合的多个值进行数据绑定时使用（ ）。

A. ArrayAdapter　B. SimpleAdapter　C. SimpleCursorAdapter　D. BaseAdapter

3. ListView 与 List 集合的多个对象进行数据绑定时使用（ ）。

A. ArrayAdapter　B. SimpleAdapter　C. SimpleCursorAdapter　D. BaseAdapter

4. ListView 与 Cursor 提供的数据进行绑定时使用（ ）。

A. ArrayAdapter　B. SimpleAdapter　C. SimpleCursorAdapter　D. BaseAdapter

5. Android 中 MediaPlayer 无法播放（ ）。

A. 程序资源文件　B. 网络上的文件　C. SD 卡上的文件　D. 其他程序资源文件

6. 以下表示系统自定义的、只显示一行文字的布局文件是（ ）。

A. android. R. layout. simple_list_item_0　B. android. R. layout. simple_list_item_1

C. android. layout. simple_list_item_0　D. android. layout. simple_list_item_1

7. MediaPlayer 对象执行（ ）之后处于 Idle 状态。

A. start()　B. stop()　C. pause()　D. reset()

8. 下列说法错误的是（ ）。

A. prepare()是同步加载　B. prepare()方法返回时已加载完毕

C. prepareAsync()是异步加载　D. prepareAsync()方法返回时已加载完毕

9. 如果希望启动定时器 5s 后第一次执行定时器任务，然后每隔 3s 执行定时器任务，schedule 方法的后两个参数需要设定为（ ）。

A. 5，2　B. 5，3　C. 5000，2000　D. 5000，3000

二、填空题（请在括号内填空）

1. 创建 ListView 有两种方式，包括直接使用 ListView 控件和（　　）。

2. ListView 继承自（　　）。

3. Adapter 配置好以后，需要用（　　）函数将 ListView 和 Adapter 绑定。

4. 为 MediaPlayer 指定加载的音频文件时可以使用 MediaPlayer 提供的静态方法（　　）和非静态方法（　　）。

5. 调用 prepareAsync( )方法会使 MediaPlayer 对象进入（　　）状态并返回。

6. 如果定时器子线程试图更新 TextView 的文本显示，将会（　　）。

三、简答题

1. 简述构造 SimpleCursorAdapter 时各个参数的作用。

2. 简述 MediaPlayer 对象的 prepareAsync( )方法和 prepare( )方法的区别及其各自的使用场景。

拓展训练

在本任务完成的音乐播放器里，歌曲列表界面只显示了歌曲名称和演唱者姓名。完全可以根据自己的喜好挑选歌曲长度、专辑名称、文件位置等其他信息组合并显示在列表界面中。另外，在歌曲播放界面，也可以显示更为详细的歌曲信息。

【提示】了解 MediaStore. Audio. Media 中保存的信息即可轻松完成拓展训练。

任务六　贪吃蛇游戏的设计与实现

学习目标

【知识目标】

■掌握自定义控件的基本方法。

■掌握 SQLite 数据库的操作方法。

【能力目标】

■能够自己定义简单的控件，设计控件的方法、监听器。

■能够通过 SQLite 数据库实现数据的本地存储和读取。

■能够将所学的 Android 知识灵活运用，开发有一定难度的应用。

【重点、难点】 自定义控件的方法和监听器实现、控件的绘图、SQLite 数据库的操作。

【素质目标】

■通过游戏对象的建立及运动控制、边界判断等功能的实现，提升学生的抽象建模思维能力、逻辑思维能力和计算思维能力。

■通过任务分解和任务划分，培养学生复用性设计思维和模块化思维。

■通过任务合作开发，培养学生高效、精准的沟通能力，树立良好的团队合作精神。

任务简介

本任务将制作一个简单的贪吃蛇游戏，能够实现贪吃蛇的定时游动、获取食物、通过按钮控制它游动的方向以及前十名分数的记录和显示。

任务分析

将要制作的贪吃蛇游戏的界面如图 6-1 所示，从图中可以看到该程序由几部分组成：上方是贪吃蛇的游戏区域，下方是六个按钮，分别控制游戏的开始、暂停和上下左右四个方向，而中部是游戏当前的分数以及最高分数。游戏区域包含一条蛇和一个食物（正方形），蛇会定时游动，而通过上下左右按钮能够改变蛇游动的方向。

蛇吃到食物后分数就会增加，并且会在随机的位置生成下一个食物。随着吃的食物越来越多，当玩家的分数超过了历史最高分数时，最高分数也随之变化。

单击模拟器的菜单键会弹出一个菜单，含有一个菜单项【Top Ten】，单击【Top Ten】会跳转到另外一个 Activity，显示分数最高的十位玩家信息，如果玩家信息不满十个，则显示全部玩家信息。当玩家控制的贪吃蛇撞到游戏区域边框或者自身时，游戏结束并弹出 Dialog 提示玩家输入姓名，单击【确定】按钮后会记录玩家的分数和姓名。

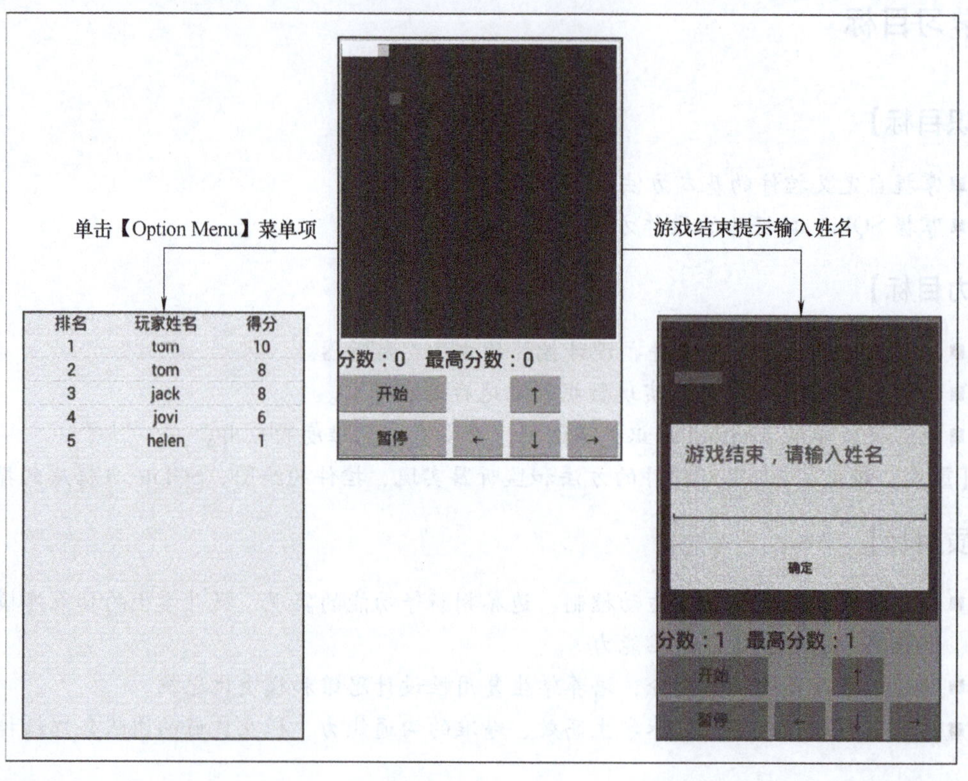

图 6-1　贪吃蛇游戏的界面

任务分解

要完成看似简单的贪吃蛇游戏的设计任务还需要掌握许多知识，首先最上方的游戏区域是自定义的控件，前面的任务都是使用 Android 系统自带的控件，现在要试着自己定义一个控件。而蛇的定时游动，会涉及定时器的控制。另外最高分数的玩家信息需要保存起来，下次打开游戏才能够再次读取，这一次不再使用文件的方式，对于有一定结构的数据，数据库无疑是最好的选择。

- 自定义控件：涉及很多知识，如图形的绘制、尺寸计算、方法和监听器的创建。
- 定时器：定时器的启动、响应。
- 数据库的操作：数据库的创建、插入、删除、更新、查询。

由于贪吃蛇游戏有一定的开发量，所以把这个任务分解为三个子任务：

● 贪吃蛇的绘制：完成贪吃蛇数据结构的创建，以及贪吃蛇的图形绘制，任务完成后可以看到一条静止的蛇出现在界面中。

● 贪吃蛇的游动和控制：实现贪吃蛇的定时游动，并通过按钮改变贪吃蛇的游动方向，完成贪吃蛇吃食物的功能。

● Top Ten：实现前十位玩家信息的记录和显示。

子任务1　贪吃蛇的绘制

支撑知识

一、自定义控件

1. 简介

前面学习了很多控件以及布局，这些控件和布局都继承自同一个类 View，常见的控件都是 View 类的直接子类，如 ImageView、TextView 等。我们熟悉的布局大多是 ViewGroup 类的直接子类，而 ViewGroup 类的父类也是 View 类，如图 6-2 所示。

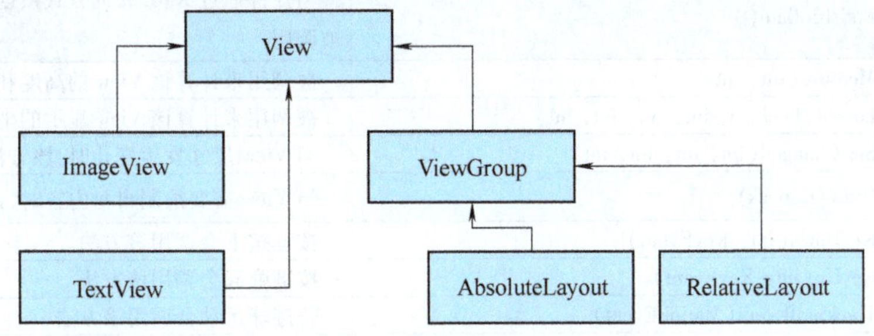

图 6-2　View 和 ViewGroup 的关系图

View 类是所有界面元素的基类，它包含和处理了很多内容：

● View 所在区域的位置信息。

● 计算 View 及其所有子 View 尺寸的方法。

● 绘制 View 及其所有子 View 的方法。

● 排列子 View 的方法。

● 焦点处理方法。

● 窗口滚动方法。

● 按键和手势的处理方法。

正因为 View 类实现了这么多方法，控件都基本上继承自 View 类。而与 View 类有着紧密关系的是 ViewGroup 类，ViewGroup 类是一个抽象类，也是 View 的子类，但与控件不同的是，它本身没有实质性的内容，仅仅是一个容器，可以包含其他 View 形成一个整体。布局的作用也正是如此，所以布局类的父类为 ViewGroup。

那么什么时候需要自己定义控件？一般出于以下几种原因：

● 现有控件或布局无法直接满足应用程序的需要，需要重新创建一个完全崭新的控件或布局。

- 需要组合多个已有的控件，形成一个具有更加完整组合功能的控件。
- 需要完全控制某个控件的图形绘制方法，展现不同于现有控件的外观。
- 需要修改某个控件的现有事件处理方法。

自定义控件也有多种方法：

- 继承已有的控件，在其基础上做一些添加和修改。
- 组合多个已有的控件，形成一个功能强大的整体。
- 继承自 View 类，完全重新定义一个控件（贪吃蛇控件由于找不到相似的控件，将会采用这种方法）。

2. 重要方法

View 类提供了很多方法（见表6-1）对应不同的操作，自定义控件时就需要充分利用好 View 类的方法。自定义贪吃蛇控件需要其中一部分方法，下面将重点介绍相关的方法。

表 6-1 View 类重要方法一览表

分类	方法	说明
创建	构造方法	当控件被创建时构造方法被调用，控件可以通过代码或者 XML 布局被创建，两种创建的方法对应不同的构造方法
	onFinishInflate( )	当控件通过 XML 布局方式被创建完毕后，该方法被调用
布局	onMeasure(int, int)	被调用来计算该 View 的高度和宽度
	onLayout(boolean, int, int, int, int)	被调用来计算该 View 显示的坐标和尺寸大小
	onSizeChanged(int, int, int, int)	当 View 尺寸发生变化时，该方法被调用
绘制	onDraw(Canvas)	当 View 需要绘制自身内容时，该方法被调用
事件处理	onKeyDown(int, KeyEvent)	按键按下会调用该方法
	onKeyUp(int, KeyEvent)	按键弹起会调用该方法
	onTrackballEvent(MotionEvent)	轨迹球运动会调用该方法
	onTouchEvent(MotionEvent)	触摸屏幕会调用该方法
焦点	onFocusChanged(boolean, int, android. graphics. Rect)	当 View 获得焦点或者失去焦点时，该方法被调用
	onWindowFocusChanged(boolean)	当 View 所在窗体获得焦点或者失去焦点时，该方法被调用
内嵌窗口	onAttachedToWindow( )	当 View 内嵌到某个窗口时，该方法被调用
	onDetachedFromWindow( )	当 View 从某个窗口移除时，该方法被调用
	onWindowVisibilityChanged(int)	当 View 所在窗口的可见性发生变化时，该方法被调用

（1）View(Context context) 和 View(Context context, AttributeSet attrs)

功能：View 类的两种构造方法，第一种是代码创建控件时被调用的，而第二种是在 XML 文件中创建控件时被调用的。

参数：context 代表该 View 对象所运行的 Activity 环境；当使用 XML 文件创建控件时，可以在 XML 文件中指定控件的属性，attrs 会将这些属性传递进构造方法。

返回值：无。

自定义控件一般都需要实现这两种构造方法，实际上 View 还有第三种构造方法，由于比较复杂也不常用，所以不做说明。

(2) protected void onSizeChanged(int w, int h, int oldw, int oldh)

功能：当 View 尺寸发生变化时，该方法被调用。

参数：w 和 h 分别为控件最新的宽度和高度，oldw 和 oldh 为该控件原来的宽度和高度。

返回值：无。

(3) protected void onDraw(Canvas canvas)

功能：当 View 需要绘制自身内容时，该方法被调用。

参数：canvas 为该控件的绘图面板，可以将控件想像为一张空白的油画板，如果希望让控件有漂亮的界面，就需要在这个油画板上画画。

返回值：无。

系统会在以下几种情况下认为 View 需要重新绘制：

- 控件被创建并显示。
- 隐藏的控件再次被显示。
- 调用了 invalidate()方法强制控件重绘。

(4) public void invalidate()

功能：触发控件重绘，调用该方法后会触发 onDraw()方法被调用。

参数：无。

返回值：无。

二、图形绘制

1. 简介

View 类中有一个重要的方法 onDraw()进行控件的绘制，如果希望自定义的控件是矩形或圆形，或者希望控件是红色或蓝色，那么就需要在 OnDraw()方法中编写代码。可以将 onDraw 的参数 canvas 想像为一张油画板，而我们就是画家，通过调用 Canvas 类的图形绘制方法绘制一幅美丽的油画。那么画家画画还需要什么？需要的是画笔，在 Android 编程中如果希望在 Canvas 上画画就需要 Paint 类（画笔类）。

2. 重要方法

如同画家画画前准备好画笔一样，程序员进行图形绘制前需要先创建好 Paint 对象，Paint 类有很多方法可以设定画笔特性。

(1) Paint 类：public void setARGB(int a, int r, int g, int b)

功能：设定画笔的透明度和颜色。

参数：a 代表透明度，取值范围为 0～255，数值越小越透明，颜色上表现越淡。

r、g、b 分别代表红色、绿色、蓝色的比重，取值范围为 0～255，0 代表没有该颜色，255 为最高的比重。

返回值：无。

示例：

```
//生成一个画笔
Paint pt = new Paint();
//设定画笔为红色
pt.setARGB(255, 255, 0, 0);
```

（2）Paint 类：public void setColor(int color)

功能：设定画笔的颜色。

参数：color 为颜色值，实际上一个颜色是由透明度和红、绿、蓝色组成的，常用 Color. argb（A，R，G，B）获得一个颜色值。

返回值：无。

示例：

```
//生成一个画笔
Paint pt = new Paint();
//设定画笔为黑色
pt. setColor(Color. argb(255, 0, 0, 0));
```

（3）Paint 类：public void setAntiAlias(boolean aa)

功能：设定是否抗锯齿。

参数：aa 为 true 代表使用抗锯齿，false 反之。

返回值：无。

由于计算机屏幕都是由一个个像素组成的，在绘制斜线时会出现锯齿，采用抗锯齿效果会让图形看上去比较顺滑。

示例：

```
//生成一个画笔
Paint pt = new Paint();
//设定画笔为黑色且抗锯齿
pt. setColor(Color. argb(255, 0, 0, 0));
pt. setAntiAlias(true);
```

（4）Paint 类：public void setTextSize(float textSize)

功能：如果使用画笔绘制文字，可以使用该方法设定文字的大小。

参数：textSize 为大于 0 的浮点数，用来指定文字大小。

返回值：无。

【试一试】Paint 还有很多方法，比如 setTextAlign 方法可以设定文本对齐的方式，可以配合 Canvas 类的 drawText 方法查看效果。

有了 Paint 对象，还要学习一下 Canvas 类的方法，将两者配合起来就可以绘制图形了。

（1）Canvas 类：public void drawPoint(float x, float y, Paint paint)

功能：绘制一个点。

参数：x 和 y 为该点的坐标，paint 为画笔。

返回值：无。

（2）Canvas 类：public void drawLine(float startX, float startY, float stopX, float stopY, Paint paint)

功能：绘制一条线。

参数：startX 和 startY 为起始点的坐标，stopX 和 stopY 为终止点的坐标，paint 为画笔。

返回值：无。

（3）Canvas 类：public void drawText(String text, float x, float y, Paint paint)

功能：绘制一段文字。

参数：text 为需要绘制的字符串，x 和 y 为开始绘制文字的坐标，paint 为画笔。

返回值：无。

（4）Canvas 类：public void drawRect(float left, float top, float right, float bottom, Paint paint)

功能：绘制一个矩形。

参数：left 和 top 为矩形左上角点的坐标，right 和 bottom 为矩形右下角点的坐标，paint 为画笔。

返回值：无。

（5）Canvas 类：public void drawBitmap(Bitmap bitmap, float left, float top, Paint paint)

功能：绘制一张位图。

参数：bitmap 为需要绘制的位图对象，left 和 top 为绘制位图的左上角起始点的坐标，paint 为画笔。

返回值：无。

【试一试】Canvas 还有很多方法，可以通过 Android 的帮助文件学习并编写代码进行尝试，比如 drawCircle 方法就可以绘制一个圆形。

3. 使用范例

下面创建一个工程，默认的 Activity 为 MainActivity。在该工程下新建一个类 MyView 继承自 View 类。然后单击菜单【Source⇒Generate Constructor from Superclass...】添加三个构造方法，由于初始化时不需要做任何处理，所以构造方法中不添加任何代码。

重写 onDraw 方法，该方法中创建红色的画笔绘制矩形和点，创建蓝色的画笔绘制线条和文字。最后通过 decodeResource 方法获取 R. drawable. ic_launcher 资源的位图对象，对位图对象进行绘制。

```
public class MyView extends View {
    public MyView(Context context) {
        super(context);
        // TODO Auto-generated constructor stub
    }
    public MyView(Context context, AttributeSet attrs, int defStyle) {
        super(context, attrs, defStyle);
        // TODO Auto-generated constructor stub
    }
    public MyView(Context context, AttributeSet attrs) {
        super(context, attrs);
        // TODO Auto-generated constructor stub
    }
```

```
    @ Override
    protected void onDraw(Canvas canvas) {
        // TODO Auto-generated method stub
        super.onDraw(canvas);

        Paint ptRed = new Paint();
        ptRed.setColor(Color.argb(255, 255, 0, 0));              //创建红色画笔
        canvas.drawPoint(10, 10, ptRed);                         //绘制点
        canvas.drawRect(20, 0, 30, 50, ptRed);                   //绘制矩形

        Paint ptBlue = new Paint();                              //创建第二支画笔
        ptBlue.setAntiAlias(true);                               //设定抗锯齿效果
        ptBlue.setColor(Color.argb(255, 0, 0, 255));             //设定蓝色
        canvas.drawLine(50, 50, 150, 150, ptBlue);               //绘制线条

        ptBlue.setTextSize(20);                                  //设定字体大小
        canvas.drawText("Hello Android", 100, 200, ptBlue);      //绘制文本

        Bitmap bitmap = BitmapFactory.decodeResource(getResources(), R.drawable.ic
_launcher);
        canvas.drawBitmap(bitmap, 10, 300, ptBlue);              //绘制位图
    }
}
```

打开 MainActivity 所对应的布局文件 activity_main.xml，在 Palette 窗口中选择【Custom&Library Views】，会发现其中已经出现了自定义的控件 MyView，如图 6-3 所示。只需要将 MyView 控件拖放到布局中，就完成了在 MainActivity 布局中添加自定义控件的步骤。

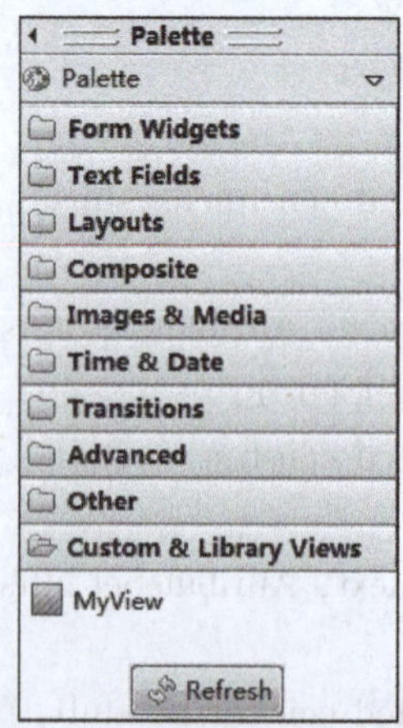

图 6-3　Palette 窗口中出现自定义控件 MyView

可以修改该控件的属性，使其宽度和高度充满父容器：

```
<RelativeLayout xmlns:android = "http://schemas.android.com/apk/res/android"
    xmlns:tools = "http://schemas.android.com/tools"
    android:layout_width = "match_parent"
    android:layout_height = "match_parent"
    tools:context = ".MainActivity" >
     <com.example.drawtest.MyView
        android:id = "@ +id/myView1"
        android:layout_width = "match_parent"
        android:layout_height = "match_parent"
        android:layout_alignParentLeft = "true"
        android:layout_alignParentTop = "true" />
</RelativeLayout>
```

运行程序后就可以看到图 6-4 所示的效果，在界面中出现了点（非常小）、线、矩形、文字和图片。

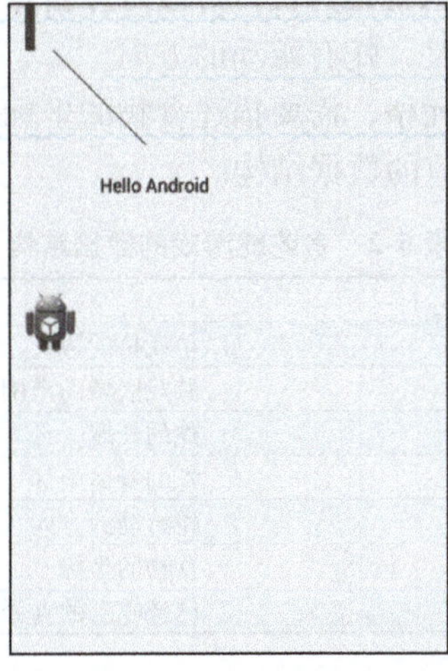

图 6-4　自定义控件的绘图效果

任务实施

一、子任务分析

学习了控件的自定义和图形绘制的相关方法，下面就可以开始创建贪吃蛇游戏了。首先要了解贪吃蛇游戏的数据结构，通过什么样的类可以描述贪吃蛇游戏？这就需要仔细分析游戏里面的元素。可以将贪吃蛇界面进行抽象化，如图 6-5 所示，贪吃蛇游戏本质上就是由很多小方格组成的一个游戏区域，一个食物占据一个小方格，而蛇由多段身体组成，每段身体占据一个小方格。

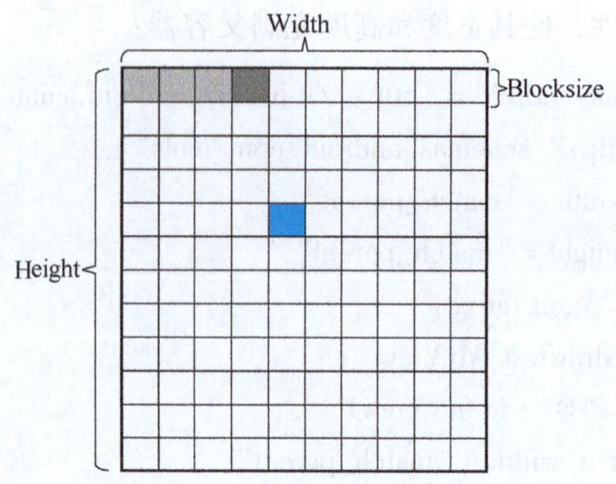

图 6-5 游戏区域示意图

该游戏有以下三个重要的元素。

- 游戏区域：游戏区域由 Width × Height 个单元格组成，Width 为横向单元格的个数，Height 为纵向单元格的个数。而每个单元格是有尺寸的正方形，这个正方形的边长为 Blocksize 个像素。
- 蛇：蛇由多段身体组成，也就是身长。每段身体占据一个单元格，这意味着需要定义蛇身体的坐标。另外不能忽略的是，蛇有游动的方向。
- 食物：食物只占有一个单元格，需要描述食物的坐标。

表 6-2 列举了这些元素所对应的数据结构。

表 6-2 贪吃蛇游戏的数据结构

属 性	说 明
int mBlocksize;	单元格的边长
int mWidth,mHeight;	游戏区域的范围
int mSnakeLen;	蛇的长度
int[] mSnakeX,mSnakeY;	蛇的身体坐标
int mSnakeDir;	蛇游动的方向
int mFoodX,mFoodY;	食物的坐标
int mFoodCnt;	已经吃到的食物个数

需要特别说明的是 mBlocksize 和 mWidth、mHeight 的单位，mBlocksize 以像素为单位，而 mWidth 和 mHeight 以单元格为单位。假设 mBlocksize = 20，mWidth = 10，mHeight = 12，那么一个单元格为 20 × 20 像素大小，而游戏区域包含 10 × 12 个单元格，如果要换算为像素，游戏区域整体占据 200 × 240 像素。

【提示】目前使用两个整型变量来描述一个位置的 X 和 Y 坐标，实际上也可以使用 Point 类，如果感兴趣可以试试。

二、项目布局

1. 创建项目

首先创建一个 Android 应用项目，命名为 SnakeGame，默认的 Activity 为 MainActivity，其对应的 XML 布局文件为 activity_main. xml。

然后添加一个自定义控件的类为 SnakeView，继承自 View 类，单击菜单【Source⇒Generate Constructor from Superclass...】添加三个构造方法。

2. 界面布局

从界面显示上看，应用程序包含了多个控件，在底部为六个按钮，分别是上下左右、开始和暂停。【→】按钮位于界面的右下角，【↓】按钮在【→】按钮的左侧，【←】按钮在【↓】按钮的左侧，而【↑】按钮在【↓】按钮的上方。【暂停】按钮在【←】按钮的左侧，而【开始】按钮在【暂停】按钮的上方。用来记录分数的 TextView 在【暂停】按钮的上方，而自定义的贪吃蛇控件在 TextView 的上方。这样复杂的关系，无疑采用相对布局最为合适。

```
<TableLayout xmlns:android = "http://schemas.android.com/apk/res/android"
<RelativeLayout xmlns:android = "http://schemas.android.com/apk/res/android"
    xmlns:tools = "http://schemas.android.com/tools"
    android:layout_width = "match_parent"
    android:layout_height = "match_parent"
    tools:context = ".MainActivity"  >
    <Button
        android:id = "@ +id/buttonRight"
        android:layout_width = "wrap_content"
        android:layout_height = "wrap_content"
        android:layout_alignParentBottom = "true"
        android:layout_alignParentRight = "true"
        android:text = "→" />
    <Button
        android:id = "@ +id/buttonDown"
        android:layout_width = "wrap_content"
        android:layout_height = "wrap_content"
        android:layout_alignBottom = "@ +id/buttonRight"
        android:layout_toLeftOf = "@ +id/buttonRight"
        android:text = "↓" />
    <Button
        android:id = "@ +id/buttonLeft"
        android:layout_width = "wrap_content"
        android:layout_height = "wrap_content"
        android:layout_alignBottom = "@ +id/buttonDown"
        android:layout_toLeftOf = "@ +id/buttonDown"
        android:text = "←" />
    <Button
        android:id = "@ +id/buttonUp"
```

```
        android:layout_width = "wrap_content"
        android:layout_height = "wrap_content"
        android:layout_above = "@ +id/buttonDown"
        android:layout_toRightOf = "@ +id/buttonLeft"
        android:text = "↑" />
    <Button
        android:id = "@ +id/buttonPause"
        android:layout_width = "wrap_content"
        android:layout_height = "wrap_content"
        android:layout_alignBottom = "@ +id/buttonLeft"
        android:layout_alignParentLeft = "true"
        android:layout_toLeftOf = "@ +id/buttonLeft"
        android:text = "暂停" />
    <Button
        android:id = "@ +id/buttonStart"
        android:layout_width = "wrap_content"
        android:layout_height = "wrap_content"
        android:layout_alignBottom = "@ +id/buttonUp"
        android:layout_alignLeft = "@ +id/buttonPause"
        android:layout_alignRight = "@ +id/buttonPause"
        android:text = "开始" />
    <TextView
        android:id = "@ +id/textView_Score"
        android:layout_width = "wrap_content"
        android:layout_height = "wrap_content"
        android:layout_above = "@ +id/buttonStart"
        android:layout_alignParentLeft = "true"
        android:text = "分数:0   最高分数:0"
        android:textAppearance = "? android:attr/textAppearanceLarge" />
    <com.example.snakegame.SnakeView
        android:id = "@ +id/snakeView"
        android:layout_width = "match_parent"
        android:layout_height = "match_parent"
        android:layout_above = "@ +id/textView_Score" />
</RelativeLayout>
```

其中 com.example.snakegame.SnakeView 是自定义控件的类，它位于 TextView 的上方，并充满整个容器的剩余部分。

三、功能实现

1. 成员变量

在子任务分析中，已经解析出了所需要的成员变量，为了让游戏区域位于画面的中央，还添加了 offsetX 和 offsetY 用于计算游戏区域的起始偏移位置；另外，考虑到游戏各个部分绘制的颜色不同，还定义了五种画笔；最后，还定义了四个 static 常量来表示蛇游动的四个方向。

```
private int mBlocksize = 20;                  //单元格的大小
private int mWidth, mHeight;                  //游戏区域的宽度和高度
private int mOffsetX, mOffsetY;               //游戏区域起始偏移位置
private int mSnakeLen;                        //蛇的长度
private int[] mSnakeX = new int[100];         //蛇的 X 坐标
private int[] mSnakeY = new int[100];         //蛇的 Y 坐标
private int mSnakeDir;                        //蛇的方向
private int mFoodX, mFoodY;                   //食物的 X 和 Y 坐标
private int mFoodCnt;                         //已经吃到的食物个数

Paint ptBackground = new Paint();             //用于绘制背景的画笔
Paint ptHead = new Paint();                   //用于绘制蛇头的画笔
Paint ptBody = new Paint();                   //用于绘制蛇身的画笔
Paint ptFood = new Paint();                   //用于绘制食物的画笔
Paint ptBorder = new Paint();                 //用于绘制游戏边框的画笔

public static final int DIR_UP = 0;           //蛇方向:向上
public static final int DIR_RIGHT = 1;        //蛇方向:向右
public static final int DIR_DOWN = 2;         //蛇方向:向下
public static final int DIR_LEFT = 3;         //蛇方向:向左
```

【试一试】使用数组的第 0 个元素表示蛇头坐标，蛇身长增加时，多出来的蛇身体将放在数组后面的元素中。但是定义的数组大小是有限的，如果超过了数组元素的最大个数，势必会造成数组越界。如果使用 List <T> 类来管理蛇身体就会灵活很多，可以试一试。

2. 构造方法

目前已经添加了三个构造方法，现在需要添加代码进行一些变量的初始化。为了使程序容易看到效果，假设蛇和食物的初始位置如图 6-5 所示。特别需要说明的是，在 SnakeView 类初始化时就创建了画笔，然后调用 InitGame()方法设定画笔的颜色，这是为了避免在 onDraw()方法中频繁地创建画笔，造成不必要的程序开销。

```
public SnakeView(Context context, AttributeSet attrs, int defStyle) {
    super(context, attrs, defStyle);
    // TODO Auto-generated constructor stub
    InitGame();
}
public SnakeView(Context context, AttributeSet attrs) {
    super(context, attrs);
    // TODO Auto-generated constructor stub
    InitGame();
}
public SnakeView(Context context) {
    super(context);
    // TODO Auto-generated constructor stub
    InitGame();
}
public void InitGame()
{
    ptBackground.setColor(Color.argb(255, 0, 0, 0));
    ptHead.setColor(Color.argb(255, 255, 0, 0));
    ptBody.setColor(Color.argb(255, 255, 211, 55));
    ptBorder.setColor(Color.argb(255, 255, 255, 255));
    ptFood.setColor(Color.argb(255, 0, 11, 255));
    InitSnake();
}

public void InitSnake()
{
    mSnakeLen = 4;                                    //蛇初始包括四段身体
    mSnakeX[0] = 3;
    mSnakeY[0] = 0;
    mSnakeX[1] = 2;
    mSnakeY[1] = 0;
    mSnakeX[2] = 1;
    mSnakeY[2] = 0;
    mSnakeX[3] = 0;
    mSnakeY[3] = 0;
    mFoodX = 4;
    mFoodY = 4;
```

```
    mFoodCnt = 0;
    mSnakeDir = DIR_RIGHT;                    //蛇初始向右移动
}
```

三个构造方法都调用了 InitGame( )方法，该方法设定了画笔的颜色，并且调用了另一个方法 InitSnake( )。InitSnake( )方法中进行了蛇长度、蛇位置、蛇方向、食物位置的初始化，蛇头的位置存储在 snakeX[0]、snakeY[0]中，初始化为（3，0），代表蛇头处于横向第四个、纵向第一个单元格，蛇初始向右移动。

3. 游戏区域的计算

为了自动计算游戏区域，需要重写 onSizeChanged 方法，该方法在控件大小发生变化时会被自动调用，其中 w 和 h 为控件当前的大小。通过 w/mBlocksize 和 h/mBlocksize 可以计算出游戏区域横向和纵向所包含的单元格个数。为了使游戏区域不贴紧两侧，将 mWidth 和 mHeight 各减去 1。将多余的空间除以 2，计算出游戏区域的起始偏移位置 mOffsetX 和 mOffsetY，这意味着游戏区域距离左右两侧各有 mOffsetX 的距离。游戏区域的左上角坐标为(mOffsetX，mOffsetY)，右下角坐标为（mOffsetX + mWidth * mBlocksize，mOffsetY + mHeight * mBlocksize）。

```
@ Override
protected void onSizeChanged(int w, int h, int oldw, int oldh) {
    // TODO Auto-generated method stub
    super. onSizeChanged(w, h, oldw, oldh);

    mWidth = w/mBlocksize-1;
    mHeight = h/mBlocksize-1;
    mOffsetX = (w-mWidth * mBlocksize)/2;
    mOffsetY = (h-mHeight * mBlocksize)/2;
}
```

4. 游戏元素的绘制

重写 onDraw 方法，进行游戏元素的绘制：

```
@ Override
protected void onDraw(Canvas canvas) {
    // TODO Auto-generated method stub
    super. onDraw(canvas);
    //画游戏区域背景
    canvas. drawRect(mOffsetX, mOffsetY,(mWidth) * mBlocksize + mOffsetX,
            (mHeight) * mBlocksize + mOffsetY, ptBackground);
    //画游戏区域边框
    canvas. drawLine(mOffsetX-1, mOffsetY-1, mWidth * mBlocksize + mOffsetX, mOff-
setY-1, ptBorder);
```

```
        canvas. drawLine ( mOffsetX- 1 , mOffsetY- 1 , mOffsetX- 1 , mHeight * mBlocksize +
mOffsetY, ptBorder);
        canvas. drawLine( mWidth * mBlocksize + mOffsetX, mOffsetY-1,
            mWidth * mBlocksize + mOffsetX, mHeight * mBlocksize + mOffsetY, ptBorder);
        canvas. drawLine( mOffsetX-1, mHeight * mBlocksize + mOffsetY,
            mWidth * mBlocksize + mOffsetX, mHeight * mBlocksize + mOffsetY, ptBorder);
        //画食物
        canvas. drawRect ( mFoodX * mBlocksize + mOffsetX, mFoodY * mBlocksize + mOff-
setY,( mFoodX +1) * mBlocksize + mOffsetX,
            ( mFoodY +1) * mBlocksize + mOffsetY, ptFood);
        //画蛇
        for( int i =0; i < mSnakeLen; i ++)
        {
            if( i ==0)
            {       //画蛇头
                canvas. drawRect ( mSnakeX[ i ] * mBlocksize + mOffsetX, mSnakeY[ i ] *
mBlocksize + mOffsetY,( mSnakeX[ i ] +1) * mBlocksize + mOffsetX,
                ( mSnakeY[ i ] +1) * mBlocksize + mOffsetY, ptHead);
            }
            else
            {       //画蛇身
                canvas. drawRect ( mSnakeX[ i ] * mBlocksize + mOffsetX, mSnakeY[ i ] *
mBlocksize + mOffsetY,( mSnakeX[ i ] +1) * mBlocksize + mOffsetX,
                ( mSnakeY[ i ] +1) * mBlocksize + mOffsetY, ptBody);
            }
        }
    }
```

可以看到游戏背景的绘制，首先是绘制一个矩形，然后在该矩形的四周绘制四条边框线。绘制蛇的时候通过一个循环绘制蛇的每段身体，为了让蛇头颜色看上去与身体不同，还加入了判断，对于蛇头使用不同的画笔。

【提示】注意元素绘制顺序是非常重要的，如果将背景绘制放在最后，会发生什么现象？

5. 运行游戏

编码完成后运行一下，就可以看到一条静止的蛇和食物出现在游戏区域上了，如图 6-6 所示。

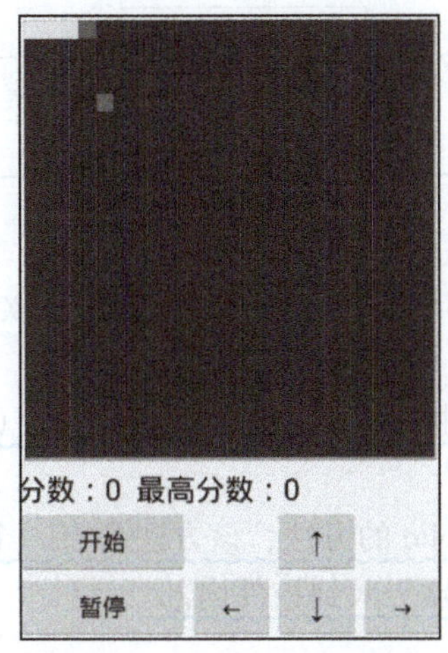

图 6-6　游戏运行效果图

子任务 2　贪吃蛇的游动和控制

支撑知识——定义控件的方法和监听器

现在我们拥有了一条静止的蛇，接下来的任务是让蛇自动游起来，并能够实现对贪吃蛇游戏的控制。为了让贪吃蛇游动起来，需要启动定时器，周期性地控制其游动。另外，当单击【开始】按钮、【暂停】按钮以及上下左右按钮时，需要控制贪吃蛇控件，这就需要为贪吃蛇控件编写方法，以方便 Activity 来控制该控件。而当蛇吃到食物时，需要通知 Activity 最新的分数，从而更新 TextView 的分数显示，这种由控件内部通知外部的机制，本质上就是监听器的回调机制。

下面介绍定义控件的方法和监听器。

大家都使用过 Button 控件，Button 控件提供了很多方法可以设定它的属性，如 setText 方法可以设定按钮上显示的文本。这种外部代码通过调用控件的方法，能够实现设定控件的参数或者获取控件的参数。

而单击 Button 控件时，会触发单击监听器 View. OnClickListener 的 onClick 方法。这种控件发生了某个事件，从而驱动外部的行为称为监听器回调。方法的调用和监听器的回调方向相反，一个由外部控制内部，一个由内部通知外部，如图 6-7 所示。自定义控件也是一样，也需要提供方法给外部调用，同样也需要提供监听器，当控件内部发生某些事件时能够及时通知外部。

定义方法比较简单，只需要在自定义控件类内定义 public 的方法即可。而监听器机制的实现相对复杂，需要以下几个步骤：

- 在自定义控件内部定义一个 public 的接口，在该接口内定义抽象方法。

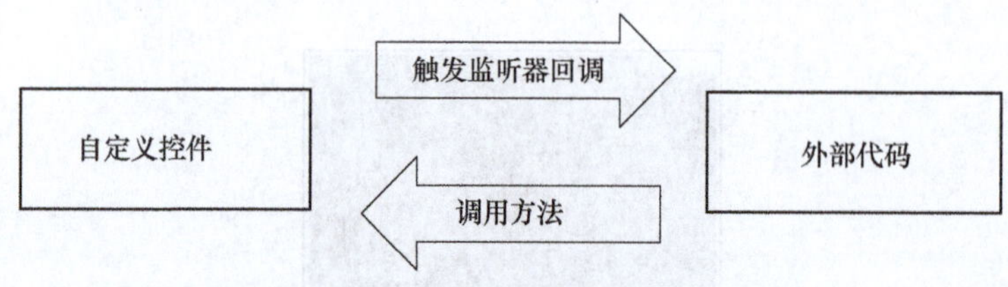

图 6-7 自定义控件与外部代码的关系

● 在自定义控件内部申明该接口的对象，当发生事件（如检测到按钮被单击）时调用该对象的抽象方法。

● 在自定义控件内部定义 public 的方法，该方法含有一个接口类型的参数，外部 Activity 可以调用这个方法将创建的监听器传入到控件内部。

任务实施

一、子任务分析

1. 游戏状态

该任务是让贪吃蛇游戏能够运行起来，首先需要分析一下游戏的几种状态。

● 运行状态：蛇开始游动，并且可以接受玩家的控制。

● 暂停状态：蛇暂停游动。

● 死亡状态：游戏结束状态。

游戏的状态是动态变化的，发生了某个事件后导致游戏状态的改变，如图 6-8 所示，游戏的初始状态为暂停状态，单击【开始】按钮后进入运行状态，单击【暂停】按钮又会回到暂停状态。

当游戏处于运行状态时，如果蛇撞墙或撞到自己，游戏进入死亡状态。

当游戏处于死亡状态时，单击【开始】按钮，游戏将重新初始化进入运行状态。

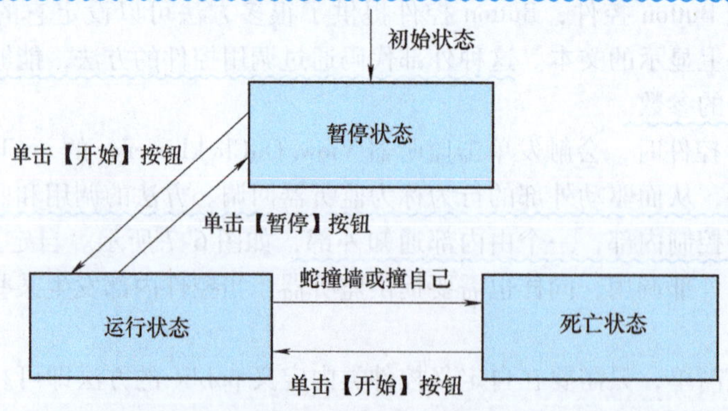

图 6-8 游戏状态切换图

2. 方法和监听器

需要为贪吃蛇控件定义一些什么方法和监听器？这需要仔细分析贪吃蛇控件与外部

Activity 之间存在哪些交互。首先分析贪吃蛇需要在什么时候触发外部处理，可以归纳出以下几点：

- 贪吃蛇吃到食物时需要通知外部 Activity 进行分数更新。
- 贪吃蛇撞墙或撞到自己时需要通知外部 Activity 进行游戏结束的提示。

下面将创建两个监听器，分别监听蛇吃到食物和蛇死亡的事件，见表 6-3。

表 6-3 贪吃蛇控件的监听器

监 听 器	说 明

public interface OnSnakeEatFoodListener {
void OnSnakeEatFood(int foodcnt) ;
}
	该监听器会在蛇吃到食物以及游戏重新开始时触发，接口中抽象方法的参数为当前蛇吃到食物的个数

public interface OnSnakeDeadListener {
void OnSnakeDead(int foodcnt) ;
}
	该监听器会在蛇撞墙或撞到自己时触发，接口中抽象方法的参数为蛇最终吃到食物的个数

那么外部 Activity 会对贪吃蛇控件进行什么控制？包括以下几种控制方式：

- 对贪吃蛇游戏的开始和暂停。
- 对贪吃蛇方向的控制。
- 设定贪吃蛇的监听器对象。

考虑到这些情况，可以提供表 6-4 中的 public 方法，以便外部 Activity 调用。

表 6-4 贪吃蛇控件的主要方法

属 性	说 明
public void StartGame( )	开始游戏： 如果游戏处于运行状态，调用该方法无效 如果游戏处于死亡状态，将重新初始化运行游戏 如果游戏处于暂停状态，将恢复游戏运行
public void PauseGame( )	暂停游戏： 游戏处于运行状态时，会暂停游戏 其他状态时，调用该方法无效
public void ControlGame(int dir)	游戏处于运行状态时，调用该方法可以控制蛇游动的方式，参数为上下左右四个方向 其他状态时，调用该方法无效
void setOnSnakeEatFoodListener(OnSnakeEatFoodListener listener)	该方法可以设定蛇吃到食物的监听器对象
void setOnSnakeDeadListener(OnSnakeDeadListener listener)	该方法可以设定蛇死亡的监听器对象

二、控件功能实现

1. 成员变量

本子任务需要完成贪吃蛇的状态控制、定时器启动。首先定义与定时器相关的成员变量，mTimer 为定时器的对象，mTimerTask 为定时器任务的对象，mHandler 为主 UI 线程中处理消息的 Handler 对象，SNAKE_MOVE 是定时器任务将要向 Handler 发送的消息编号。

```
private Timer mTimer = null;                    //定时器
private TimerTask mTimerTask = null;            //定时器任务
private Handler mHandler = null;                //处理消息的 Handler
private final int SNAKE_MOVE = 1;               //蛇游动的定时器消息号
```

定义游戏状态所对应的成员变量 mGameStatus，并定义三个常量，分别代表游戏的运行、死亡和暂停状态：

```
private int mGameStatus;
private final int STATUS_RUN  = 1;              //游戏状态:运行
private final int STATUS_DEAD = 2;              //游戏状态:死亡
private final int STATUS_PAUSE =  3;            //游戏状态:暂停
```

2. 蛇定时游动

(1) 创建定时器

SnakeView 类创建时就启动一个定时器，游戏的运行和暂停通过 mGameStatus 变量进行控制，而不去暂停定时器，这样做的原因是 Timer 和 TimerTask 对象暂停后再次启动会抛出异常。

首先在 InitGame 方法中加入定时器相关的创建处理，创建 Handler 对象，handlMessage 方法会判断消息的种类为 SNAKE_MOVE 时，调用 SnakeMove( )方法控制蛇的游动；然后创建定时器对象 mTimer；接着创建定时器任务 mTimerTask，在 run( )方法中发送 SNAKE_MOVE 消息给 Handler；最后通过 schedule 方法启动定时器，定时器周期为 300ms。

```
mHandler = new Handler( ) {
    @ Override
    public void handleMessage( Message msg)
    {
        switch (msg. what)
        {
        case SNAKE_MOVE:
            SnakeMove( );
            break;
        default:
            break;
        }
    }
};

if (mTimer == null)
{
```

```
        mTimer = new Timer( ) ;
    }
    if ( mTimerTask == null)
    {
        mTimerTask = new TimerTask( ) {
            @ Override
            public void run( )
            {
                Message message = new Message( ) ;
                message. what = SNAKE_MOVE;
                mHandler. sendMessage( message) ;
            }
        } ;
    }

    if( mTimer != null && mTimerTask != null )
        mTimer. schedule( mTimerTask, 300, 300) ;
```

(2) 蛇的游动

蛇游动的规律比较简单，首先根据蛇游动的方向计算蛇头的最新位置，然后蛇身体需要依次向前移动形成身体游动的效果。本质上新位置中第 N 段身体的坐标就是旧位置第 N－1 段身体的坐标，如图 6-9 所示。

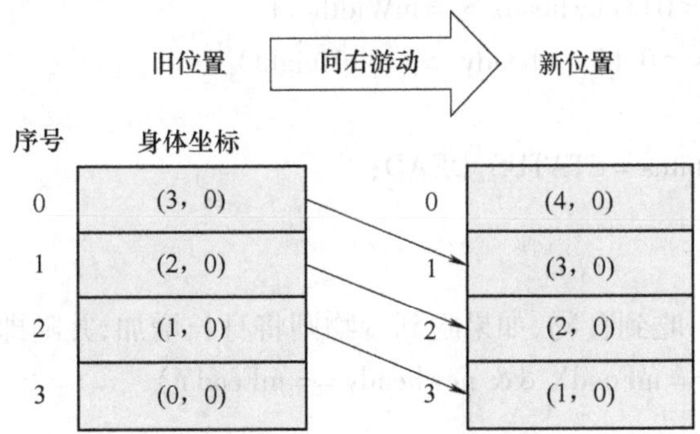

图 6-9　蛇身体的游动规律

```
public void SnakeMove( )
{
    //如果游戏不处于运行状态,不进行蛇的游动
    if( mGameStatus != STATUS_RUN)
        return;
    int newheadx = 0, newheady = 0;
```

```
//计算蛇头的位置
switch(mSnakeDir)
{
case 0:
    newheadx = mSnakeX[0];
    newheady = mSnakeY[0] - 1;
    break;
case 1:
    newheadx = mSnakeX[0] + 1;
    newheady = mSnakeY[0];
    break;
case 2:
    newheadx = mSnakeX[0];
    newheady = mSnakeY[0] + 1;
    break;
case 3:
    newheadx = mSnakeX[0] - 1;
    newheady = mSnakeY[0];
    break;
}
//判断蛇头是否超过游戏区域,如果超过游戏区域更改游戏状态
if(newheadx <0||newheadx >= mWidth ||
    newheady <0 ||newheady >= mHeight)
{
    mGameStatus = STATUS_DEAD;
    return;
}
//判断蛇是否吃到食物,如果吃到食物则将身长增加,并随即生成下一个食物
if(newheadx == mFoodX && newheady == mFoodY)
{
    //Eat mFood
    Random random = new Random();
    mFoodX = random.nextInt(mWidth - 1);
    mFoodY = random.nextInt(mHeight - 1);
    mSnakeLen ++;
    mFoodCnt ++;
}
//挪动蛇的位置
```

```
    for(int i = mSnakeLen - 1; i > 0; i--)
    {
        mSnakeX[i] = mSnakeX[i - 1];
        mSnakeY[i] = mSnakeY[i - 1];
    }
    //设定蛇头的位置
    mSnakeX[0] = newheadx;
    mSnakeY[0] = newheady;
    //触发 onDraw 进行重绘
    invalidate();
}
```

整个代码虽然有点长，但是基本上可以分为以下几个步骤，如图 6-10 所示，先计算蛇头新的位置，然后判断新的位置是否超过边界，如果超过边界则终止游戏；如果蛇头新的位置与食物重合，则通过随机函数生成下一个食物，并更新蛇身长和吃到的食物个数；最后进行蛇身体和蛇头位置的移动，为了触发 onDraw 重绘蛇，还调用了 invalidate 方法。

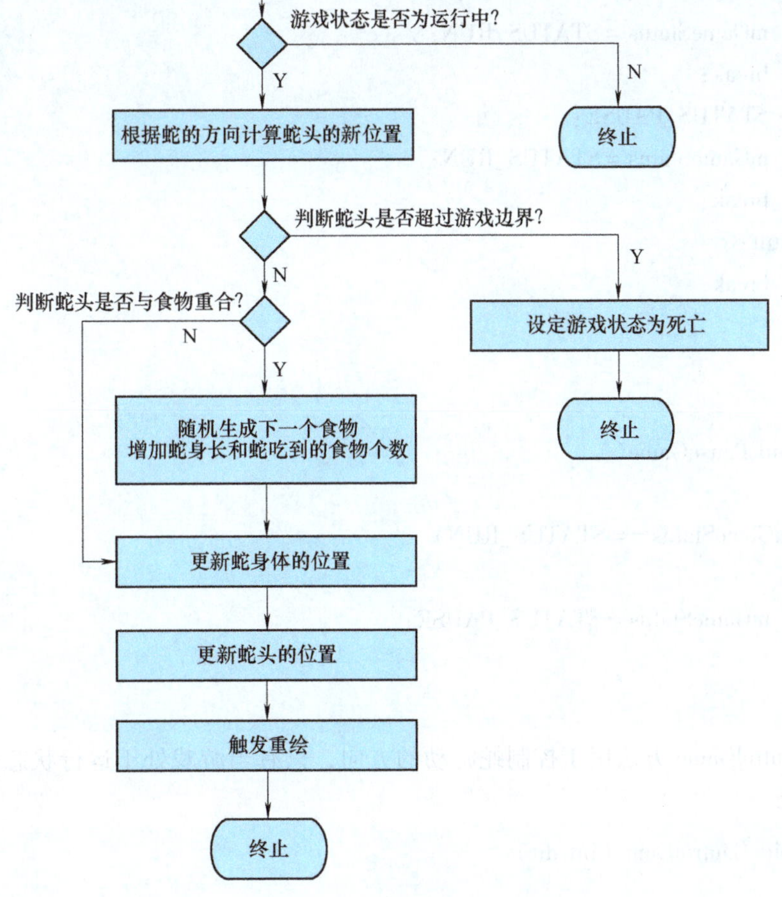

图 6-10　蛇身体游动的流程图

【提示】流程图中几个处理之间的先后顺序是有讲究的，请思考以下几个问题：

- 如果将更新蛇身体和蛇头位置的处理顺序调换一下，会发生什么情况？
- 如果将更新蛇身体和蛇头位置的处理放到游戏结束判断之前，会发生什么情况？

3. 方法实现

在任务分析中，就已经分析了需要提供多个方法以方便外部 Activity 对控件的控制。首先是 StartGame( ) 和 PauseGame( ) 两个方法，分别实现游戏的开始和暂停。StartGame( ) 方法需要考虑游戏的不同状态进行处理，当游戏处于死亡状态时，会将蛇位置进行初始化重新开始游戏；当游戏处于暂停状态时，会将游戏切换到运行状态。PauseGame( ) 方法只有当游戏处于运行状态时才会将游戏切换到暂停状态。

```
public void StartGame( )
{
    switch(mGameStatus)
    {
    case STATUS_DEAD:
        InitSnake( );
        mGameStatus = STATUS_RUN;
        break;
    case STATUS_PAUSE:
        mGameStatus = STATUS_RUN;
        break;
    default:
        break;
    }
}

public void PauseGame( )
{
    if(mGameStatus == STATUS_RUN)
    {
        mGameStatus = STATUS_PAUSE;
    }
}
```

另外，ControlGame 方法用于控制蛇游动的方向，只有当游戏处于运行状态时才会改变蛇游动的方向：

```
public void ControlGame(int dir)
{
    if(mGameStatus != STATUS_RUN)
```

```
        return;

    switch(dir)
    {
    case DIR_UP:
    case DIR_RIGHT:
    case DIR_DOWN:
    case DIR_LEFT:
        mSnakeDir = dir;
        break;
    default:
        break;
    }
}
```

4. 监听器实现

需要实现两个监听器，两个监听器中抽象方法都含有一个参数传递蛇已经吃到的食物个数。首先申明两个监听器的接口如下：

```
public interface OnSnakeEatFoodListener {
    void OnSnakeEatFood(int foodcnt);
    }
public interface OnSnakeDeadListener {
    void OnSnakeDead(int foodcnt);
    }
private OnSnakeEatFoodListener mOnSnakeEatListener;        //蛇吃到食物的监听器
private OnSnakeDeadListener mOnSnakeDeadListener;          //游戏结束的监听器
```

然后创建两个 public 的方法用于外部 Activity 设定监听器对象：

```
public void setOnSnakeEatFoodListener(OnSnakeEatFoodListener listener)
{
    this.mOnSnakeEatListener = listener;
}
public void setOnSnakeDeadListener(OnSnakeDeadListener listener)
{
    this.mOnSnakeDeadListener = listener;
}
```

最后需要在合适的时候调用监听器的方法以通知外部 Activity。首先是 OnSnakeEatFoodListener 监听器，希望游戏分数发生变化时通知外部 Activity，当蛇吃到食物时游戏分数会增加，需要在 SnakeMove()方法中调用监听器的方法。

```
if( newheadx == mFoodX && newheady == mFoodY)
{
    //蛇吃到食物的处理
    Random random = new Random();
    mFoodX = random.nextInt(mWidth - 1);
    mFoodY = random.nextInt(mHeight - 1);
    mSnakeLen ++;
    mFoodCnt ++;

    if( mOnSnakeEatListener != null)
        mOnSnakeEatListener.OnSnakeEatFood(mFoodCnt);
}
```

另外，当游戏从死亡状态再次开始时游戏分数会清零，此时希望通知外部 Activity 更新分数，所以在 StartGame()方法中调用 OnSnakeEatFood 方法：

```
public void StartGame()
{
    switch(mGameStatus)
    {
    case STATUS_DEAD:
        InitSnake();
        mGameStatus = STATUS_RUN;
        if(mOnSnakeEatListener != null)
            mOnSnakeEatListener.OnSnakeEatFood(mFoodCnt);
        break;
    …
    }
}
```

最后是当游戏结束时需要调用 OnSnakeDeadListener 的方法：

```
if( newheadx < 0 || newheadx >= mWidth ||
newheady < 0 || newheady >= mHeight)
{
    //游戏结束
    mGameStatus = STATUS_DEAD;
    if( mOnSnakeDeadListener != null)
        mOnSnakeDeadListener.OnSnakeDead(mSnakeLen);
    return;
}
```

【提示】有没有发现游戏结束的条件好像缺少了蛇头撞到身体的判断？这是预留的小任务，请编码实现这个功能。

三、Activity 功能实现

完成了 SnakeView 控件的方法和监听器以及定时器的处理，下面需要在外部 Activity 中调用 SnakeView 类的方法和监听该控件的事件，实现【开始】、【暂停】、方向控制和分数显示的功能。

1. 成员变量

首先在 MainActivity 类中申明成员变量，从变量的名称就可以判断出这些变量所对应的控件：

```
Button button_start;
Button button_pause;
Button button_up;
Button button_down;
Button button_left;
Button button_right;
TextView textview_score;
SnakeView snakeview;
```

2. 获取控件对象

然后在 MainActivity 类的 onCreate 方法中获取控件对象，并为多个 Button 对象设定单击事件监听器，考虑到一共有六个按钮，定义一个监听器类 ButtonClickListener 实现 View. OnClickListener 接口的 onClick 单击方法，在该方法中通过判断参数 v 为哪个控件，来执行不同的处理。

```
public class ButtonClickListener implements View. OnClickListener{
        @ Override
        public void onClick( View v) {
                // TODO Auto-generated method stub
                Button btn = ( Button) v;
                if( btn == button_start)
                        snakeview. StartGame( ) ;
                if( btn == button_pause)
                        snakeview. PauseGame( ) ;
                if( btn == button_up)
                        snakeview. ControlGame( SnakeView. DIR_UP) ;
                if( btn == button_down)
                        snakeview. ControlGame( SnakeView. DIR_DOWN) ;
```

```
            if(btn == button_left)
                snakeview. ControlGame(SnakeView. DIR_LEFT);
            if(btn == button_right)
                snakeview. ControlGame(SnakeView. DIR_RIGHT);
        }
    }
@ Override
protected void onCreate(Bundle savedInstanceState) {
    super. onCreate(savedInstanceState);
    setContentView(R. layout. activity_main);

    button_start = (Button)this. findViewById(R. id. buttonStart);
    button_pause = (Button)this. findViewById(R. id. buttonPause);
    snakeview = (SnakeView)this. findViewById(R. id. snakeView);
    textview_score = (TextView)this. findViewById(R. id. textView_Score);
    button_up = (Button)this. findViewById(R. id. buttonUp);
    button_down = (Button)this. findViewById(R. id. buttonDown);
    button_right = (Button)this. findViewById(R. id. buttonRight);
    button_left = (Button)this. findViewById(R. id. buttonLeft);

    ButtonClickListener clicklistener = new ButtonClickListener();
    button_start. setOnClickListener(clicklistener);
    button_pause. setOnClickListener(clicklistener);
    button_up. setOnClickListener(clicklistener);
    button_down. setOnClickListener(clicklistener);
    button_right. setOnClickListener(clicklistener);
    button_left. setOnClickListener(clicklistener);
}
```

3. 实现 SnakeView 控件的监听器

实现 SnakeView 控件的监听器，本质上和实现 Button 的单击事件监听器一样简单，只要在 MainActivity 类的 onCreate 方法中，添加如下代码即可。贪吃蛇游戏结束时会触发 OnSnakeDead 方法，该方法会产生一个“Game Over”的 Toast；而当贪吃蛇分数发生变化时会触发 OnSnakeEatFood 方法，该方法会控制 TextView 显示最新的分数。

```
snakeview. setOnSnakeDeadListener(new SnakeView. OnSnakeDeadListener() {
        @ Override
        public void OnSnakeDead(int foodcnt) {
            // TODO Auto-generated method stub
```

```
            Toast. makeText( MainActivity. this, " Game Over!", Toast. LENGTH_SHORT).
show();
            }
        });

    snakeview. setOnSnakeEatFoodListener( new SnakeView. OnSnakeEatFoodListener() {
            @ Override
            public void OnSnakeEatFood( int foodcnt) {
                // TODO Auto-generated method stub
                textview_score. setText( "分数:" + foodcnt);
            }
        });
```

子任务3　Top Ten 功能

支撑知识

目前贪吃蛇已经运转正常，为了让它能够记录分数前十位的玩家信息，需要将玩家姓名和分数记录到本地文件中，为了实现这个 Top Ten 功能，当然可以使用文件这种方式，但是对于结构化数据的存储，数据库无疑是最合适的。

一、SQLite 数据库

1. 简介

SQLite 是一款轻量级的数据库，设计 SQLite 的初衷就是为了满足嵌入式产品的需求，由于嵌入式产品的资源有限，所以要求数据库占用资源非常低。SQLite 做到了这一点，它是目前嵌入式设备中较常见的数据库之一，只需要占用很少的内存，且支持 SQL 语句。

Android 为每个应用程序都安排了固定的数据库存放目录，即应用程序所在目录（/data/data/包名）下的 databases 目录。

2. 实践操作

下面将使用相关命令登录到 Android 内核，然后进入 SQLite 数据库，使用 SQL 语句进行数据库的创建、插入、删除、更新和查询。

(1) 登录 Android 内核

可以尝试手动操作 SQLite 数据库，首先打开 Window 操作系统中的命令窗口，输入 adb shell 命令。如果系统无法识别该命令，检查 Android SDK 所在目录下 platform-tools 目录的路径是否已经添加到了 Windows 操作系统的环境变量中，具体添加的方法在任务一中有详细的讲述。如果出现如下错误提示，先运行模拟器：

```
C:\Users\Administrator > adb shell
error: device not found
```

模拟器运行正常后，再次输入命令会提示成功登录：

```
C:\Users\Administrator > adb shell
root@ android:/#
```

（2）进入程序目录

在 Android 操作系统中，每个应用都有其对应的目录（/data/data/包名），该包名就是创建 Android 项目时指定的包名。进入一个测试程序的目录，然后创建一个 databases 的目录，并修改权限：

```
root@ android:/#cd   /data/data/com. example. test

root@ android:/data/data/com. example. test#mkdir databases

root@ android:/data/data/com. example. test#chmod 777 databases

root@ android:/data/data/com. example. test#ls  -l
ls-l
drwxrwxx- x u0_a50 u0_a50          2014-01-13 05:01 cache
drwxrwxrwx root root          2014-01-13 05:02 databases
lrwxrwxrwx install install          2014-01-13 05:01 lib- >/data/app-lib/com. example. test-1
```

下面将一直在该测试程序的 databases 目录中进行 SQLite 数据库的操作。

（3）创建数据库

在该目录中输入"sqlite3 新建数据库名"后，就创建了一个数据库，有了数据库后，就可以使用 SQL 语句进行数据操作了：

```
root@ android:/data/data/com. example. test#sqlite3 testdb
sqlite3 testdb
SQLite version 3.7.11 2012-03-20 11:35:50
Enter ".help" for instructions
Enter SQL statements terminated with a ";"
sqlite >
```

（4）数据操作

下面可以使用 SQL 语句进行数据表的创建，需要特别注意的是，在 SQL 语句最后要加上分号。使用如下命令创建一个表格，含有一个主键 id 和一个文本类型的字段 name：

```
sqlite > create table table_test(id Integer NOT NULL PRIMARY KEY, name TEXT);
```

表格创建后，可以向其中插入两条记录，由于 Integer 类型支持主键自增，只需要将 id 设定为 null，系统就会自动生成新记录的主键，不需要我们操心。使用 insert 命令插入了两条记录：

```
sqlite > insert into table_test values(null,'tom');
sqlite > insert into table_test values(null,'jack');
```

为了验证数据是否已经插入，使用 select 查询命令，可以看到两条记录已经在数据表中了，而且 id 是自动生成的：

```
sqlite >select * from table_test;
1|tom
2|jack
```

当需要更新数据时，可以使用 update 语句，下方的 SQL 语句是将“jack”的名字修改为“jovi”：

```
sqlite > update table_test set name ='jovi'   where name ='jack';
```

当需要删除数据时可以使用 delete 语句，下方的 SQL 语句是将 id 为 1 的记录删除：

```
sqlite > delete from table_test where id =1;
```

使用 select 语句进行查询会发现数据表中仅存有一条记录：

```
sqlite >select * from table_test;
select * from table_test;
2|jovi
```

（5）其他命令

SQLite 还提供了其他命令，能够实现不同的功能，【.tables】可以查看当前数据库下存在的数据表：

```
sqlite >.tables
.tables
table_test
```

【.schema 数据表名】可以查看某张数据表的创建语句：

```
.schema table_test
CREATE TABLE table_test(id Integer NOT NULL PRIMARY KEY, name TEXT);
```

如果希望学习更多 SQLite 的命令，可以使用【.help】命令查看。

二、SQLiteOpenHelper 和 SQLiteDatabase

1. 简介

通过 SQL 语句可以手动操作 SQLite 数据库，但是程序员需要编写代码来操作数据库，Android 提供了 SQLiteOpenHelper 类和 SQLiteDatabase 类。

SQLiteOpenHelper 是一个抽象类，来管理数据库的创建和版本的升级，操作数据库需要继承自该类，并实现其中的 onCreate 和 onUpgrade 方法，这两个方法会在数据库需要创建或升级时被调用。

如图 6-11 所示，SQLiteDatabase 类就是用来操作数据库的类，SQLiteOpenHelper 类的 onCreate 和 onUpgrade 方法都含有该类型的参数，通过 SQLiteDatabase 对象可以方便地实现数据库的创建、升级。另外，SQLiteDatabase 类还提供了对数据库进行增删改查的方法。

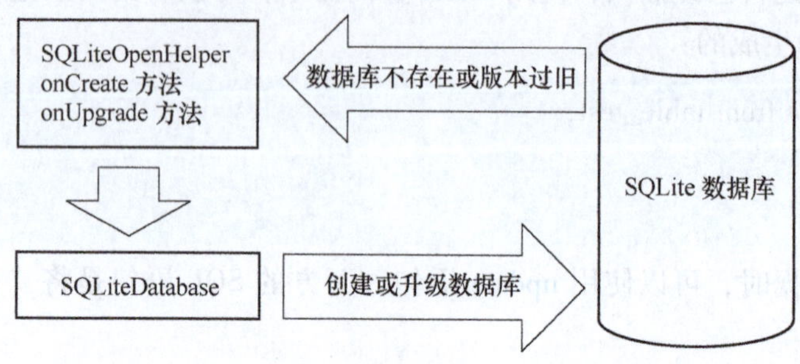

图 6-11　SQLiteOpenHelper 和 SQLiteDatabase 的关系图

2. 重要方法

首先介绍 SQLiteOpenHelper 类的主要方法。

(1) SQLiteOpenHelper 类：public SQLiteOpenHelper(Context context, String name, SQLiteDatabase. CursorFactory factory, int version)

功能：数据库的构造方法。

参数：context 为使用该数据库所在的上下文环境，name 为数据库名，factory 用于创建游标的对象，默认使用 null 即可，version 为数据库的版本号。

返回值：无。

(2) SQLiteOpenHelper 类：public abstract void onCreate(SQLiteDatabase db)

功能：创建 SQLiteOpenHelper 对象时，会通过参数传入数据库名。当程序调用 getWritableDatabase 或 getReadableDatabase 方法时，系统检查该数据库文件是否存在，如果不存在就会触发 onCreate 方法，需要在该方法内编写数据库创建的代码。

参数：db 为数据库对象。

返回值：无。

(3) SQLiteOpenHelper 类：public abstract void onUpgrade(SQLiteDatabase db, int oldVersion, int newVersion)

功能：创建 SQLiteOpenHelper 对象时，会通过参数传入版本号。当程序调用 getWritableDatabase 方法或 getReadableDatabase 方法时，系统会检查该版本号是否高于数据库文件的当前版本号，如果是则系统会触发 onUpgrade 方法，该方法内一般需要编写数据库升级的代码。

参数：db 为数据库对象，oldVersion 为旧版本号，newVersion 为新版本号。

返回值：无。

(4) SQLiteOpenHelper 类：public SQLiteDatabase getWritableDatabase()

功能：获得一个可以读写的数据库对象。如果第一次调用该方法，会打开数据库，如果发现数据库不存在或者版本过旧，会触发 onCreate 或 onUpgrade 方法。

参数：无。

返回值：数据库对象。

获取 SQLiteDatabase 读写对象后，就可以调用 SQLiteDatabase 类的方法进行数据表的创建、升级以及数据的增删改查。

（5）SQLiteOpenHelper 类：public SQLiteDatabase getReadableDatabase（）

功能：获取一个只读的数据库对象。如果第一次调用该方法，会打开数据库，如果发现数据库不存在或者版本过旧，会触发 onCreate 或 onUpgrade 方法。

参数：无。

返回值：数据库对象。

获取 SQLiteDatabase 只读对象后，仅可以进行数据库的读操作如查询，而不能进行数据的增删改。

（6）SQLiteDatabase 类：public void execSQL(String sql，Object[ ] bindArgs)

功能：执行 SQL 语句（不包含返回数据的 SQL 语句，如不可以为 SELECT 语句）。

参数：sql 为 SQL 语句字符串，bindArgs 为 SQL 语句中占位符参数的值。

返回值：无。

示例：如果 SQL 语句掌握得很好，通过这个方法可以实现对 SQLite 数据库的表格创建、插入数据、更新数据、删除数据。下面的代码有两个占位符“?”，第二个参数为一个 String 类型的数组，第一个元素为 name 变量，第二个元素为常量“Canada”。

```
SQLiteDatabase db = openHelper. getWritableDatabase( );
String name = "Nelson";
//向 table_person 表中插入一条记录("Nelson","Canada")
db. execSQL("insert into table_person values(?,?);", new String[ ]{name, "Canada"});
db. close( );
```

（7）SQLiteDatabase 类：public long insert(String table，String nullColumnHack，ContentValues values)

功能：向表格中插入数据。

参数：table 为数据表的名称。

nullColumnHack 是插入空行时指定的列名，建议输入 null 即可。

values 为 ContentValues 类型，类似于 map，通过键值对的形式存储将要插入的数据。

返回值：无。

示例：

```
ContentValues values = new ContentValues( );
values. put("name", "Nelson");              // name 字段的值为 Nelson
values. put("address", "Canada");           //address 字段的值为 Canada
SQLiteDatabase db = openHelper. getWritableDatabase( );
db. insert("table_person", null, values);   //向 table_person 表中插入一条记录
db. close( );
```

（8）SQLiteDatabase 类：public int delete(String table，String whereClause，String[ ] whereArgs)

功能：从表格中删除数据。

参数：table 为数据表的名称。

whereClause 为 SQL 语句 DELETE 中的 WHERE 语句。

whereArgs 为 WHERE 语句中占位符参数的值。

返回值：无。

示例：

```
SQLiteDatabase db = openHelper. getWritableDatabase( );
//从 table_person 表格中删除 name 为"Nelson"的记录
db. delete( "table_person" , "name = ?" ,new String[ ] { "Nelson" } );
db. close( );
```

(9) SQLiteDatabase 类：public int update(String table, ContentValues values, String whereClause, String[ ] whereArgs)

功能：更新表格中某条记录。

参数：table 为数据表的名称。

values 为 ContentValues 类型，类似于 map，通过键值对的形式存储将要更新的数据。

whereClause 为 SQL 语句 UPDATE 中的 WHERE 语句。

whereArgs 为 WHERE 语句中占位符参数的值。

返回值：无。

示例：

```
ContentValues values = new ContentValues( );
values. put( "address" , "China" );   //只需要向 ContentValues 放入需要更新的字段值
SQLiteDatabase db = helper. getWritableDatabase( );
//将 table_person 表格中"Nelson"的地址更新为"China"
db. update( "table_person" , values, "name = ?" , new String[ ] { "Nelson" } );
db. close( );
```

(10) SQLiteDatabase 类：public Cursor rawQuery(String sql, String[ ] selectionArgs)

功能：查询数据。

参数：sql 为 SELECT 语句。

selectionArgs 为 SELECT 语句中占位符参数的值。

返回值：SELECT 语句执行返回的数据集，通过 Cursor 可以访问数据集的每一行以及每列数据。

示例：

```
SQLiteDatabase db = openHelper. getReadableDatabase( );
//从 table_person 表格中查询所有记录,由于没有占位符,第二个参数填写 null 即可
Cursor cursor = db. rawQuery( "select * fromtable_person" , null);
db. close( );
```

三、Cursor 游标

1. 简介

对于数据库的查询有时会返回多条记录，这些记录形成一个数据集。如何读取这些数据？就需要用到 Cursor 对象（游标对象）。Cursor 类似于一个指针，指向返回的数据集，可以将数据集想像为一张表，通过 Cursor 的移动可以访问表格中的上一行或者下一行，定位到某一行后可以获取某列的数据。

如图 6-12 所示，从 table_ person 表格中查询出 address 字段为“USA”的记录，得到右侧表格的三条记录。此时会返回一个 Cursor 对象指向右侧的数据集，通过调用 Cursor 的方法可以实现对返回数据集的访问，下面将以图 6-12 为例讲解 Cursor 类的方法。

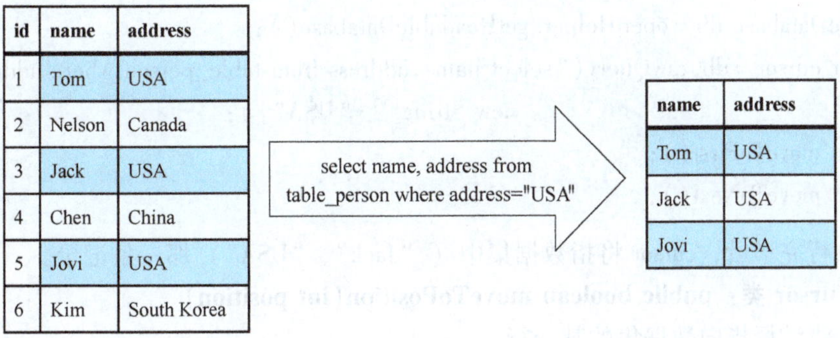

id	name	address
1	Tom	USA
2	Nelson	Canada
3	Jack	USA
4	Chen	China
5	Jovi	USA
6	Kim	South Korea

select name, address from table_person where address="USA"

name	address
Tom	USA
Jack	USA
Jovi	USA

图 6-12　数据查询示意图

2. 重要方法

（1）Cursor 类：public boolean moveToFirst( )

功能：将游标指向数据集的第一行。

参数：无。

返回值：如果数据集为空则返回 false，否则为 true。

示例：

```
SQLiteDatabase db = openHelper. getReadableDatabase( ) ;
Cursor cursor = db. rawQuery( " select name, address from table_person where address = ?" ,
                                new String[ ] { " USA" } ) ;
cursor. moveToFirst( ) ;
```

调用了该方法后，cursor 将指向查询结果数据集中的（“Tom”，“USA”）那一条记录。

（2）Cursor 类：public boolean moveToLast （）

功能：将游标指向数据集的最后一行。

参数：无。

返回值：如果数据集为空则返回 false，否则为 true。

示例：

```
SQLiteDatabase db = openHelper.getReadableDatabase();
Cursor cursor = db.rawQuery("select name,address from table_person where address = ?",
                            new String[]{"USA"});
cursor.moveToLast();
```

调用了该方法后，cursor 将指向查询结果数据集中的（“Jovi”，“USA”）那一条记录。

（3）Cursor 类：public boolean moveToNext()

功能：将游标指向数据集的下一行。

参数：无。

返回值：如果游标当前指向最后一行，那么调用该方法会返回 false，否则为 true。

示例：

```
SQLiteDatabase db = openHelper.getReadableDatabase();
Cursor cursor = db.rawQuery("select name,address from table_person where address = ?",
                            new String[]{"USA"});
cursor.moveToFirst();
cursor.moveToNext();
```

程序执行完毕后，cursor 将指数据集中（“Jack”，“USA”）那一条记录。

（4）Cursor 类：public boolean moveToPosition(int position)

功能：将游标指向数据集的某一行。

参数：position 为该行的序号，如果数据集为 N 行，那么序号的范围是 0 ~ N - 1。

返回值：如果 position 超过了范围则返回 false，否则为 true。

示例：

```
SQLiteDatabase db = openHelper.getReadableDatabase();
Cursor cursor = db.rawQuery("select name,address from table_person where address = ?",
                            new String[]{"USA"});
cursor.moveToPosition(2)
```

代码执行完毕后，cursor 将指向数据集中（“Jovi”，“USA”）的那一条记录。

（5）Cursor 类：public int getCount()

功能：获得数据集的总行数。

参数：无。

返回值：总行数。

示例：

```
SQLiteDatabase db = openHelper.getReadableDatabase();
Cursor cursor = db.rawQuery("select name,address from table_person where address = ?",
                            new String[]{"USA"});
int cnt = cursor.getCount();
```

代码执行完毕后，cnt 的值为 3。

（6）Cursor 类：public int getColumnIndex(String columnName)

功能：根据列名获得该列在数据列中的序号。

参数：columnName 为列名。

返回值：该列的序号，如果返回的数据集共有 M 列，列的序号范围为 0～(M－1)。如果该列名不存在，则返回－1。

示例：

```
SQLiteDatabase db = openHelper.getReadableDatabase();
Cursor cursor = db.rawQuery("select name,address from table_person where address = ?",
                            new String[]{"USA"});
int index = cursor.getColumnIndex ("name");        //index 值为 0
index = cursor.getColumnIndex ("address");         //index 值为 1
index = cursor.getColumnIndex ("id");              //由于查询结果中没有 id 字段,index
                                                   //值为 -1
```

（7）Cursor 类：public int getInt (int columnIndex)

功能：返回游标指向当前行中某列的整数值。

参数：columnIndex 为列的序号。

返回值：当前行该列的整数值，如果该列的类型不是整数类型将会抛出异常。

（8）Cursor 类：public float getFloat(int columnIndex)

功能：返回游标指向当前行中某列的浮点值。

参数：columnIndex 为列的序号。

返回值：当前行该列的浮点值，如果该列的类型不是浮点类型将会抛出异常。

（9）Cursor 类：public String getString(int columnIndex)

功能：返回游标指向当前行中某列的字符串值。

参数：columnIndex 为列的序号。

返回值：当前行该列的字符串值。

示例：

```
SQLiteDatabase db = openHelper.getReadableDatabase();
Cursor cursor = db.rawQuery("select name,address from table_person where address = ?",
                            new String[]{"USA"});
cursor.moveToFirst();
int index = cursor.getColumnIndex ("name");        //index 值为 0
String name = cursor.getString(index);             //name 值为"Tom"
```

【提示】Cursor 类还提供了其他方法获得当前行某列的值，如 getShort、getLong、getDouble，使用的方法和 getInt 相似，只是返回的类型不同。在使用这些方法的时候，一定要确保所调用的 get 方法与列的数据类型相一致。

3. 使用范例

下面将创建一个 StudentInfo 项目来演示如何进行数据库表格的创建、数据的增删改查，该项目界面简单，包含三个按钮，分别实现学生的增加、删除、名字的更改，在下方有一个 ListView，显示当前所有学生的信息。

（1）布局设计

如图 6-13 所示，单击【Add】按钮会弹出一个 Dialog 提示输入学生的姓名，单击 Dialog 中的【确定】按钮后会新增一名学生。单击【Delete】按钮也会弹出同样的 Dialog 提示输入学生的姓名，单击 Dialog 的【确定】按钮后删除该名学生。单击【Update】按钮会弹出另一个 Dialog，提示输入学生旧的名字和新的名字，单击 Dialog 的【确定】按钮后将该名学生的姓名进行修改。当前数据库中所有学生的信息将自动显示在按钮下方的 ListView 控件中。

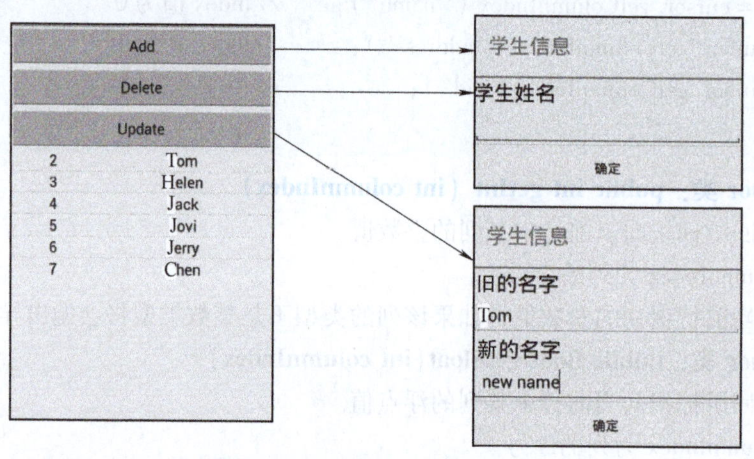

图 6-13　学生信息管理应用界面

该项目的默认 Activity 为 MainActivity，对应的布局文件为 activity_main. xml。下面将创建一个简单的数据库 studentdb，该数据库包含一张表格 table_stu，表格包含一个主键 id 和文本类型的字段 name，用于记录学生的姓名。MainActivity 中包含三个按钮，分别进行学生的增加、删除、名字的更改，最下方有一个 ListView，显示当前所有学生的信息。

```
<LinearLayout xmlns:android="http://schemas.android.com/apk/res/android"
        xmlns:tools="http://schemas.android.com/tools"
        android:id="@+id/LinearLayout1"
        android:layout_width="match_parent"
        android:layout_height="match_parent"
        android:orientation="vertical"
        tools:context=".MainActivity" >
    <Button
        android:id="@+id/button_Add"
        android:layout_width="match_parent"
        android:layout_height="wrap_content"
```

```
            android:text = "Add"  / >
        < Button
            android:id = "@ + id/button_Delete"
            android:layout_width = "match_parent"
            android:layout_height = "wrap_content"
            android:text = "Delete"  / >
        < Button
            android:id = "@ + id/button_Update"
            android:layout_width = "match_parent"
            android:layout_height = "wrap_content"
            android:text = "Update"  / >
        < ListView
            android:id = "@ + id/listView1"
            android:layout_width = "match_parent"
            android:layout_height = "wrap_content"  >
        < /ListView >
    < /LinearLayout >
```

其中 ListView 每一项由两个 TextView 组成，用于表示数据库中 id 和 name 的值。创建了一个布局文件 listitem. xml，用于设计 ListView 项的布局。两个 TextView 控件均设定了 android：gravity = "center" 属性，这意味着文字将居中，另外，通过 android：layout_weight 属性设定两个控件，在横向位置上各占据 1/3 和 2/3 的位置。

Android 中权重的属性（android：layout_weight）非常实用，如果两个控件 A 和 B 位于同一行，A 的权重为 1，B 的权重为 2，那么 A 将占据 1/3 的宽度，B 将占据 2/3 的宽度。实际上 Android 在计算控件所占比例时还会结合 android:layout_width 属性，android:layout_width 设定为"wrap_content"或"fill_parent"都会导致最终比例有所不同。为了方便起见将 android:layout_width 设定为 0，这样控件占用的比例就完全按照 android:layout_weight 属性进行分配。

```
    < ? xml version = "1.0"  encoding = "utf - 8" ? >
    < LinearLayout xmlns:android = "http://schemas. android. com/apk/res/android"
            android:layout_width = "match_parent"
            android:layout_height = "match_parent"
            android:orientation = "horizontal" > "
        < TextView
            android:id = "@ + id/textView_itemid"
            android:layout_width = "0dip"
            android:layout_weight = "1"
            android:layout_height = "wrap_content"
```

```
        android:text = "Medium Text"
        android:gravity = "center"
        android:textAppearance = "?android:attr/textAppearanceMedium" />
    <TextView
        android:id = "@ + id/textView_itemname"
        android:layout_width = "0dip"
        android:layout_weight = "2"
        android:layout_height = "wrap_content"
        android:text = "Large Text"
        android:gravity = "center"
        android:textAppearance = "?android:attr/textAppearanceMedium" />
</LinearLayout>
```

单击增加和删除按钮将弹出一个 Dialog，该 Dialog 中包含一个 EditText，用于输入学生姓名。因此需要创建一个 dialoglayout.xml 布局定义该 Dialog 的布局：

```
<?xml version = "1.0" encoding = "utf-8"?>
<LinearLayout xmlns:android = "http://schemas.android.com/apk/res/android"
        android:layout_width = "match_parent"
        android:layout_height = "match_parent"
        android:orientation = "vertical" >
    <TextView
        android:id = "@ + id/textView1"
        android:layout_width = "wrap_content"
        android:layout_height = "wrap_content"
        android:text = "学生姓名"
        android:textAppearance = "?android:attr/textAppearanceLarge" />
    <EditText
        android:id = "@ + id/editText_Name"
        android:layout_width = "match_parent"
        android:layout_height = "wrap_content"
        android:ems = "10" >
        <requestFocus />
    </EditText>
</LinearLayout>
```

单击更新按钮将弹出一个 Dialog，该 Dialog 中包含两个 EditText，用于输入旧的名字和新的名字。因此创建 dialoglayout_update.xml 布局定义更新 Dialog 的布局：

```
<?xml version = "1.0" encoding = "utf-8"?>
<LinearLayout xmlns:android = "http://schemas.android.com/apk/res/android"
```

```
        android:layout_width = "match_parent"
        android:layout_height = "match_parent"
        android:orientation = "vertical"  >
    <TextView
        android:id = "@ +id/textView1"
        android:layout_width = "wrap_content"
        android:layout_height = "wrap_content"
        android:text = "旧的名字"
        android:textAppearance = "? android:attr/textAppearanceLarge" / >
    <EditText
        android:id = "@ +id/editText_OldName"
        android:layout_width = "match_parent"
        android:layout_height = "wrap_content"
        android:ems = "10"  >
         <requestFocus / >
    </EditText >
    <TextView
        android:id = "@ +id/textView1"
        android:layout_width = "wrap_content"
        android:layout_height = "wrap_content"
        android:text = "新的名字"
        android:textAppearance = "? android:attr/textAppearanceLarge" / >
    <EditText
        android:id = "@ +id/editText_NewName"
        android:layout_width = "match_parent"
        android:layout_height = "wrap_content"
        android:ems = "10" / >
</LinearLayout >
```

（2）创建 SQLiteOpenHelper 类

设计好布局后，创建一个类 StudentOpenHelper，该类继承自 SQLiteOpenHelper，并增加该类的构造方法 StudentOpenHelper，重写 onCreate 和 onUpgrade 方法，由于是简单的程序测试，不涉及数据库更新，因此仅在 onCreate 方法中完成数据表格的创建，onUpgrade 方法中不做任何处理。

```
public class StudentOpenHelper extends SQLiteOpenHelper {
    public StudentOpenHelper( Context context, String name,
            CursorFactory factory, int version) {
        super( context, name, factory, version);
```

```
        // TODO Auto-generated constructor stub
    }
    @Override
    public void onCreate(SQLiteDatabase db) {
        // TODO Auto-generated method stub
        db.execSQL("create table table_stu (id INTEGER NOT NULL PRIMARY KEY,
name TEXT);");
    }
    @Override
    public void onUpgrade(SQLiteDatabase db, int oldVersion, int newVersion) {
        // TODO Auto-generated method stub
    }
}
```

（3）创建成员变量

下面需要设计 Activity 类，该类中申明了多个成员变量，三个 Button 对象是 MainActivity 中的三个按钮对象，三个 EditText 对象将与 Dialog 中三个 EditText 相对应：

```
Button btn_add;                    //MainActivity 的【Add】按钮
Button btn_delete;                 //MainActivity 的【Delete】按钮
Button btn_update;                 //MainActivity 的【Update】按钮

EditText input_name;               //新增、删除 Dialog 中的 EditText
EditText input_oldname;            //更新 Dialog 中的旧名字 EditText
EditText input_newname;            //更新 Dialog 中的新名字 EditText
```

另外再申明一个 StudentOpenHelper 对象进行数据库的访问；ArrayList < HashMap < String, String > >类型的对象用于记录学生信息，最终通过 SimpleAdapter 适配器与 ListView 控件相绑定，显示学生信息：

```
StudentOpenHelper openHelper;
ArrayList<HashMap<String, String>> listdata = new ArrayList<HashMap<String, String
>>();
```

（4）实现数据库的查询和显示

在 MainActivity 类中设计一个 UpdateList 方法，该方法将查询数据表获得所有数据，通过 cursor 对象遍历所有数据将学生信息存放到 listdata 中，最后通过 SimpleAdapter 绑定并显示到 ListView 控件上。该方法在学生信息发生变化时将被调用，用来显示最新的学生信息。

```
private void UpdateList()
{
    ListView listview = (ListView)this.findViewById(R.id.listView1);
```

```
        SQLiteDatabase db = openHelper. getReadableDatabase( ) ;
        Cursor cursor = db. rawQuery( "select * from table_stu", null) ;
        if( cursor == null)
            return;

        listdata. clear( ) ;                                    //将数据清除
        cursor. moveToFirst( ) ;                                //移至第一行
        for( int i = 0; i < cursor. getCount( ) ; i ++ )        //遍历每行数据
        {
            HashMap < String, String > map = new HashMap < String, String > ( ) ;
            map. put( "id", cursor. getString(0) ) ;
            map. put( "name", cursor. getString(1) ) ;
            listdata. add( map) ;
            cursor. moveToNext( ) ;
        }

        SimpleAdapter adapter = new SimpleAdapter( MainActivity. this, listdata, R. layout. listitem,
            new String[ ] { "id", "name" }, new int[ ] { R. id. textView_itemid, R. id. text-
View_itemname} ) ;
        listview. setAdapter( adapter) ;
        db. close( ) ;
    }
```

在 MainActivity 类的 onCreate 方法中，获取三个 Button 对象，然后创建 StudentOpenHelper 对象。调用 UpdateList 方法进行数据显示，这意味着程序一运行就能够在 ListView 控件上看到所有数据库中的数据。

```
    @ Override
    protected void onCreate( Bundle savedInstanceState) {
        super. onCreate( savedInstanceState) ;
        setContentView( R. layout. activity_main) ;

        btn_add = ( Button) this. findViewById( R. id. button_Add) ;
        btn_delete = ( Button) this. findViewById( R. id. button_Delete) ;
        btn_update = ( Button) this. findViewById( R. id. button_Update) ;

        openHelper = new StudentOpenHelper( MainActivity. this, "studentdb", null, 1) ;
        UpdateList( ) ;
    }
```

（5）实现数据的插入

在 onCreate 方法中为【Add】按钮设定单击监听器，该监听器中将弹出 Dialog，当输入学生姓名并单击【确定】按钮后，将向数据表 table_stu 中插入一条学生信息，最后调用 UpdateList( )方法显示最新的学生信息。

```
btn_add. setOnClickListener( new View. OnClickListener( ) {
    @ Override
    public void onClick( View v) {
        // TODO Auto-generated method stub
        LayoutInflater inflater = LayoutInflater. from( MainActivity. this) ;
        View textEntryView = inflater. inflate( R. layout. dialoglayout, null) ;
        input_name = ( EditText) textEntryView. findViewById( R. id. editText_Name) ;

        AlertDialog. Builder builder = new AlertDialog. Builder( MainActivity. this) ;
        builder. setTitle( "学生信息") ;
        builder. setView( textEntryView) ;
        builder. setPositiveButton( "确定", new DialogInterface. OnClickListener( ) {
            public void onClick( DialogInterface dialog, int whichButton) {
                String name = input_name. getText( ) . toString( ) ;
                SQLiteDatabase db = openHelper. getWritableDatabase( ) ;
                db. execSQL( "insert into table_stu values( null,?) ;",new String[ ] { name} ) ;
                db. close( ) ;
                UpdateList( ) ;
            } } ) ;
        builder. show( ) ;
    }
} ) ;
```

（6）实现数据的删除

与插入数据处理非常类似，继续为【Delete】按钮设定单击监听器，该监听器中将显示 Dialog，当输入学生姓名并单击【确定】按钮后，将从数据表 table_stu 中删除该名学生的信息，最后调用 UpdateList( )方法。

```
btn_delete. setOnClickListener( new View. OnClickListener( ) {
    @ Override
    public void onClick( View v) {
        // TODO Auto-generated method stub
        LayoutInflater inflater = LayoutInflater. from( MainActivity. this) ;
        View textEntryView = inflater. inflate( R. layout. dialoglayout, null) ;
        input_name = ( EditText) textEntryView. findViewById( R. id. editText_Name) ;
```

```
        AlertDialog. Builder builder = new AlertDialog. Builder( MainActivity. this) ;
        builder. setTitle( "学生信息" ) ;
        builder. setView( textEntryView) ;
        builder. setPositiveButton( "确定", new DialogInterface. OnClickListener( ) {
            public void onClick( DialogInterface dialog, int whichButton) {
                    String name = input_name. getText( ). toString( ) ;
                    SQLiteDatabase db = openHelper. getWritableDatabase( ) ;
                    db. execSQL( "delete from table_stu where name = ?;",new String[ ]
                    {name} ) ;
                    db. close( ) ;
                    UpdateList( ) ;
                }} ) ;
        builder. show( ) ;
    }
} ) ;
```

（7）实现数据的更新

为【Update】按钮设定单击监听器，该监听器中将显示更新 Dialog，当输入学生旧的名字和新的名字，并单击【确定】按钮后，执行 update 语句，将学生的姓名进行更新，然后调用 UpdateList( )方法显示最新的数据。

```
btn_update. setOnClickListener( new View. OnClickListener( ) {
    @ Override
    public void onClick( View v) {
        // TODO Auto-generated method stub
        LayoutInflater inflater = LayoutInflater. from( MainActivity. this) ;
        View textEntryView = inflater. inflate( R. layout. dialoglayout_update, null) ;
        input_oldname = ( EditText) textEntryView. findViewById( R. id. editText_OldName) ;
        input_newname = ( EditText) textEntryView. findViewById( R. id. editText_NewName) ;

        AlertDialog. Builder builder = new AlertDialog. Builder( MainActivity. this) ;
        builder. setTitle( "学生信息" ) ;
        builder. setView( textEntryView) ;
        builder. setPositiveButton( "确定", new DialogInterface. OnClickListener( ) {
            public void onClick( DialogInterface dialog, int whichButton) {
                String oldname = input_oldname. getText( ). toString( ) ;
                String newname = input_newname. getText( ). toString( ) ;
                SQLiteDatabase db = openHelper. getWritableDatabase( ) ;
                db. execSQL( "update table_stu set name = ? where name = ?;",
                new String[ ] {newname, oldname} ) ;
```

```
                db.close();
                UpdateList();
            }});
        builder.show();
    }
});
```

任务实施

一、子任务分析

Top Ten 功能本质是要记录分数前十的玩家信息并进行显示，要完成这个功能，需要思考以下几个问题：

- 数据库如何设计？
- 什么时候需要从数据库中读取数据？
- 什么时候需要向数据库中写入数据？

数据库如何设计实际上就是思考需要存储哪些数据、如何存储最为合理。该应用程序非常简单，只需要显示玩家的姓名和分数，所以数据库表格设计也很简单，见表 6-5。

表 6-5　贪吃蛇数据库表格的设计

字　段	类　型	含　义
id	Interger 主键	唯一标识
name	Text	玩家姓名
score	Integer	玩家分数

什么时候需要操作数据库？实际上只要从游戏操作的角度就能够推理出。

- 当贪吃蛇游戏结束时，需要弹出玩家信息输入框，输入完姓名后，需要判断玩家的分数是否位列前十，如果是则需要插入玩家记录或更新记录。
- 当单击【Top Ten】菜单项后，就要显示前十名玩家的姓名和分数，此时需要读取数据库获取信息。
- 还有一点很容易忘记，游戏的主界面除了显示玩家分数外还有一个最高分数，这就意味着 Activity 创建时，就需要从数据库中取得最高分数并进行显示。

二、项目布局

1. Dialog 布局

当游戏结束时，需要弹出一个对话框输入姓名，单击【确定】按钮后会进行数据库的更新，所以创建一个 dialoglayout. xml 文件，其中含有一个 EditText 控件用于输入姓名：

```
<? xml version = "1.0"  encoding = "utf - 8"?  >
<LinearLayout xmlns:android = "http://schemas. android. com/apk/res/android"
    android:layout_width = "match_parent"
    android:layout_height = "match_parent"
    android:orientation = "vertical"  >
     <EditText
         android:id = "@ + id/editText_Name"
         android:layout_width = "match_parent"
         android:layout_height = "wrap_content"
         android:ems = "10"  >
          <requestFocus / >
     </EditText >
</LinearLayout >
```

2. Top Ten 界面布局

当单击【Top Ten】菜单后，将跳转到 Top Ten 界面，显示历史分数前十的玩家信息。该 Activity 由三列组成，最上方是表头，分别为排名、姓名、分数，下方是具体的信息。最上方的表头是由三个 TextView 组成的，而下方是 ListView。ListView 的每一个项又由三个 TextView 组成。为了让表头和信息能够对齐，需要使用 android：layout_ weight 属性控制三个 TextView 的权重。

首先进行布局，创建 Top Ten 对应的 Activity 类 ScoreActivity，接着创建与其绑定的 Layout 布局文件 activity_score. xml。如图 6-14 所示，该布局整体是一个垂直的线性布局，其中包含一个水平方向的线性布局和 ListView 控件。水平方向的线性布局中又包含了三个 TextView 作为表头，android:layout_weight 属性使得三个控件在水平方向各占据了 1/3 的位置，android：gravity 属性设定文字居中显示。

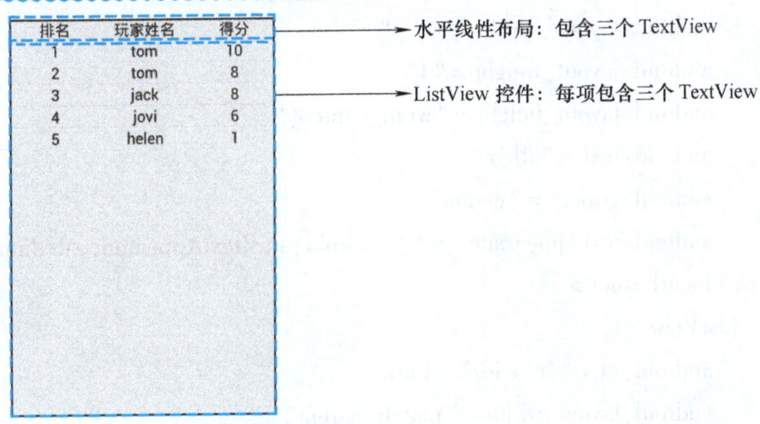

图 6-14　ScoreActivity 的布局

```
<? xml version = "1.0"  encoding = "utf - 8"?  >
<LinearLayout xmlns:android = "http://schemas. android. com/apk/res/android"
```

```
    android:layout_width = "match_parent"
    android:layout_height = "match_parent"
    android:orientation = "vertical"  >
    <LinearLayout
        android:layout_width = "match_parent"
        android:layout_height = "wrap_content"  >
        <TextView
            android:id = "@ +id/textView_HeadRank"
            android:layout_width = "0dip"
            android:layout_weight = "1"
            android:layout_height = "wrap_content"
            android:text = "排名"
            android:gravity = "center"
            android:textAppearance = "? android:attr/textAppearanceMedium" />
        <TextView
            android:id = "@ +id/textView_HeadName"
            android:layout_width = "0dip"
            android:layout_weight = "1"
            android:layout_height = "wrap_content"
            android:text = "玩家姓名"
            android:gravity = "center"
            android:textAppearance = "? android:attr/textAppearanceMedium" />
        <TextView
            android:id = "@ +id/textView_HeadScore"
            android:layout_width = "0dip"
            android:layout_weight = "1"
            android:layout_height = "wrap_content"
            android:text = "得分"
            android:gravity = "center"
            android:textAppearance = "? android:attr/textAppearanceMedium" />
        </LinearLayout>
        <ListView
            android:id = "@ +id/listView"
            android:layout_width = "match_parent"
            android:layout_height = "wrap_content"  >
        </ListView>
    </LinearLayout>
```

另外，还需要创建一个布局 listitemlayout. xml，用于控制 ListView 每一项的显示，可以看到该布局也是由三个 TextView 组成，也是通过 android：layout_ weight 属性控制三个控件各占据了 1/3 的位置，以及 android：gravity 属性设定文字居中显示。

```
<? xml version = "1.0"  encoding = "utf-8"? >
<LinearLayout xmlns:android = "http://schemas.android.com/apk/res/android"
    android:id = "@ +id/LinearLayout2"
    android:layout_width = "match_parent"
    android:layout_height = "match_parent"
    android:orientation = "horizontal" >"
     <TextView
        android:id = "@ +id/textView_itemrank"
        android:layout_width = "0dip"
        android:layout_height = "wrap_content"
        android:layout_weight = "1"
        android:text = "1"
        android:gravity = "center"
        android:textAppearance = "? android:attr/textAppearanceMedium" />
     <TextView
        android:id = "@ +id/textView_itemname"
        android:layout_width = "0dip"
        android:layout_height = "wrap_content"
        android:layout_weight = "1"
        android:text = "2"
        android:gravity = "center"
        android:textAppearance = "? android:attr/textAppearanceMedium" />
     <TextView
        android:id = "@ +id/textView_itemscore"
        android:layout_width = "0dip"
        android:layout_height = "wrap_content"
        android:layout_weight = "1"
        android:text = "3"
        android:gravity = "center"
        android:textAppearance = "? android:attr/textAppearanceMedium" />
</LinearLayout>
```

三、功能实现

1. 数据库类创建

要实现数据库存储首先需要创建一个数据库类且继承自 SQLiteOpenHelper 类，生成该类

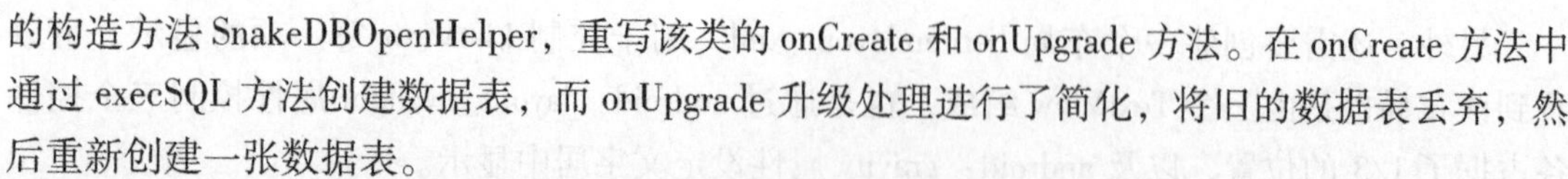

的构造方法 SnakeDBOpenHelper，重写该类的 onCreate 和 onUpgrade 方法。在 onCreate 方法中通过 execSQL 方法创建数据表，而 onUpgrade 升级处理进行了简化，将旧的数据表丢弃，然后重新创建一张数据表。

```
public class SnakeDBOpenHelper extends SQLiteOpenHelper {
    public SnakeDBOpenHelper(Context context, String name,
            CursorFactory factory, int version) {
        super(context, name, factory, version);
        // TODO Auto-generated constructor stub
    }
    @Override
    public void onCreate(SQLiteDatabase arg0) {
        // TODO Auto-generated method stub
            arg0.execSQL("create table table_score (id INTEGER NOT NULL PRIMARY
KEY, name TEXT, score INTEGER);");
    }
    @Override
    public void onUpgrade(SQLiteDatabase db, int oldVersion, int newVersion) {
        // TODO Auto-generated method stub
        db.execSQL("DROP TABLE IF EXISTS table_score");
        onCreate(db);
    }
}
```

2. 最高分数功能实现

MainActivity 一运行就需要从数据库中查询最高分数显示到 TextView 上，首先在 MainActivity 类中申明成员变量。highscore 用来记录最高分数，openHelper 为 SnakeDBOpenHelper 类型的对象，用于操作数据库，input 为游戏结束时弹出的 Dialog 中 EditText 控件的对象：

```
private int highscore = 0;                          //最高分数
private SnakeDBOpenHelper openHelper;               //数据库对象
private EditText input;                             //Dialog 中 EditText 对象
```

在 onCreate 方法中通过执行 SQL 语句 "select * from table_score order by score desc limit 1" 获取最高分数（该 SQL 语句的含义为从 table_score 表格中查询记录，并按照 score 字段进行降序排列）。当数据库中没有任何数据时，cursor.getCount()的值为 0，此时最高分数 TextView 将显示初始值 0。

```
protected void onCreate(Bundle savedInstanceState) {
    super.onCreate(savedInstanceState);
```

```
        setContentView(R.layout.activity_main);
        //此处省略已经完成的代码
        openHelper = new SnakeDBOpenHelper(MainActivity.this, "table_score", null, 1);
        SQLiteDatabase db = openHelper.getWritableDatabase();
        Cursor cursor = db.rawQuery("select * from table_score order by score desc limit 1",
null);
        if (cursor != null && cursor.getCount() >= 1)
        {
            cursor.moveToFirst();
            highscore = cursor.getInt(2);
        }
        textview_score.setText("分数:0" + "      最高分数:" + highscore);
    …
    }
```

最高分数什么时候需要更新？当贪吃蛇吃到食物时，玩家分数会增加，可能会超过最高分数，这就意味着最高分数需要更新。在 OnSnakeEatFoodListener 监听器中添加处理：

```
snakeview.setOnSnakeEatFoodListener(new SnakeView.OnSnakeEatFoodListener() {
        @Override
        public void OnSnakeEatFood(int foodcnt) {
            // TODO Auto-generated method stub
            if(foodcnt > highscore)
                highscore = foodcnt;
            textview_score.setText("分数:" + foodcnt + "    最高分数:" + highscore);
        }
    });
```

3. 玩家信息的插入

当游戏结束时，需要根据玩家的最终分数，记录分数最高的十位玩家信息。游戏结束时会触发 OnSnakeDeadListener 监听器，将弹出一个 Dialog，提示输入玩家姓名，单击 Dialog 的【确定】按钮后，需要更新前十名玩家的信息，具体的流程如图 6-15 所示。

首先需要通过 SQL 语句“select * from table_score order by score desc limit 10”从数据库中获取前十名的玩家信息并降序排列。如果查询的结果不足十条，意味着数据库中玩家信息还不足十条，那么本次的玩家信息肯定排名前十，就可以直接插入到数据库；如果记录有十条，需要判断玩家分数是否大于第十名的分数，如果是则将第十名玩家的信息更新为本次玩家的信息，如果不是则意味着分数位于十名之后，不需要操作数据库。

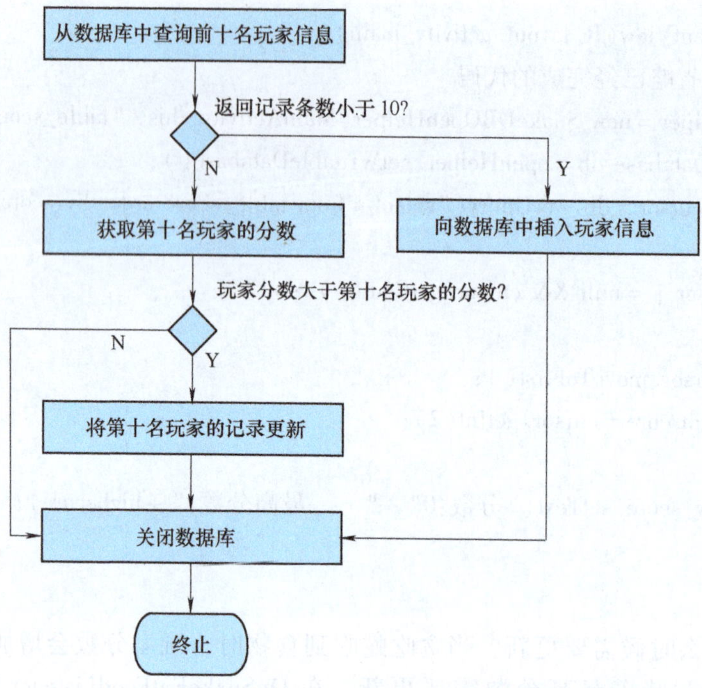

图 6-15 前十名玩家信息更新处理流程

```
public void OnSnakeDead(int foodcnt) {
    // TODO Auto-generated method stub
    LayoutInflater inflater = LayoutInflater.from(MainActivity.this);
    View textEntryView = inflater.inflate(R.layout.dialoglayout, null);
    input = (EditText)textEntryView.findViewById(R.id.editText_Name);
    score = foodcnt;
    AlertDialog.Builder builder = new AlertDialog.Builder(MainActivity.this);
    builder.setTitle("游戏结束,请输入姓名");
    builder.setView(textEntryView);
    builder.setPositiveButton("确定", new DialogInterface.OnClickListener() {
        public void onClick(DialogInterface dialog, int whichButton) {
            String name = input.getText().toString();
            SQLiteDatabase db = openHelper.getWritableDatabase();
            Cursor cursor = db.rawQuery("select * from table_score order by score desc
            limit 10", null)
            if (cursor == null)
            {
                db.close();
                return;
```

```
        }
        if(cursor.getCount() < 10)
        {
            db.execSQL("insert into table_score values(null,?,?);",
                    new String[]{name, Integer.toString(score)});
        }
        else
        {
            cursor.moveToLast();                          //移至第十条记录
            String id = cursor.getString(0);
            int oldscore = cursor.getInt(2);
            if(score > oldscore)
                db.execSQL("update table_score set name = ?,score = ? where id = ?",
                        new String[]{name, Integer.toString(score), id});
        }
        db.close();
    }});
    builder.show();
};
```

4. Top Ten 信息的显示

最后来完成 Top Ten 的显示功能。首先需要在 MainActivity 中创建一个 Option Menu 菜单项，该菜单项显示为【Top Ten】。当单击该菜单后会跳转到 ScoreActivity，进行玩家信息显示。

首先修改 res/layout/menu/main.xml，让 Option Menu 菜单包含一个【Top Ten】的菜单项，其 ID 为 R.id.view_rank：

```
<menu xmlns:android="http://schemas.android.com/apk/res/android" >
    <item
        android:id="@+id/view_rank"
        android:orderInCategory="100"
        android:showAsAction="never"
        android:title="Top Ten"/>
</menu>
```

然后在 MainActivity 类重写菜单单击的方法 onOptionsItemSelected，当单击【Top Ten】菜单项时，启动 ScoreActivity。

```
@Override
public boolean onOptionsItemSelected(MenuItem item) {
    // TODO Auto-generated method stub
```

```
    if( item. getItemId( ) = = R. id. view_rank)
    {
        Intent intent = new Intent( MainActivity. this, ScoreActivity. class) ;
        startActivity( intent) ;
    }
    return super. onOptionsItemSelected( item) ;
}
```

最后在 ScoreActivity 的 onCreate 方法中，通过 SQL 语句“select * from table_ score order by score desc limit 10”获取分数最高的十位玩家的信息并降序排列。由于返回的数据集中有姓名和分数，而 ListView 上还需要排名信息，利用 Cursor 对数据集进行遍历，将数据集的数据转存到 ArrayList < HashMap < String, String > >类型的数据中，最后通过 SimpleAdapter 与 ListView 绑定。

```
public class ScoreActivity extends Activity {
@ Override
protected void onCreate( Bundle savedInstanceState) {
    super. onCreate( savedInstanceState) ;
    setContentView( R. layout. activity_score) ;

    SnakeDBOpenHelper openHelper = new SnakeDBOpenHelper( ScoreActivity. this, " ta-
ble_score" , null, 1) ;
    SQLiteDatabase db = openHelper. getWritableDatabase( ) ;
    //利用 SQL 语句获取前十名玩家分数,并且降序排列
    Cursor cursor = db. rawQuery( "select * from table_score order by score desc limit 10" , null) ;
    if( cursor = = null)
    {
        return;
    }
    //对 cursor 进行遍历获取每个玩家的姓名和分数,存入到 ArrayList 中
    ArrayList < HashMap < String, String >>  list = new ArrayList < HashMap < String,
String >> ( ) ;
    cursor. moveToFirst( ) ;
    for( int i = 0; i < cursor. getCount( ) ; i ++ )
    {
        HashMap < String, String > map = new HashMap < String, String > ( ) ;
        map. put( " rank" , Integer. toString( i + 1) ) ;              //存入排名
        map. put( " name" , cursor. getString( 1) ) ;                  //存入玩家姓名
        map. put( " score" , cursor. getString( 2) ) ;                 //存入玩家分数
        list. add( map) ;
```

```
        cursor.moveToNext();
    }
    //创建 adapter 将 list 数据与 listview 绑定
    SimpleAdapter adapter = new SimpleAdapter(ScoreActivity.this, list, R.layout.list-
itemlayout,new String[]{"rank","name","score"},
        new int[]{R.id.textView_itemrank, R.id.textView_itemname, R.id.textView_
itemscore});
    ListView listview = (ListView)this.findViewById(R.id.listView);
    listview.setAdapter(adapter);
    }
}
```

任务评价

完成任务六之后，可以根据表 6-6 的任务评价表对完成情况进行评价，并根据评价表创新能力中提到的指标对 APP 应用进一步改进。最后鼓励大家继续完成后面的拓展任务，进一步巩固和练习任务中学习的知识点和技能点，并将任务实现中的不足之处进行改进。

表 6-6　任务评价表

评价内容	具体指标		完成情况（打分）
基础素养	资料搜索、筛选和整合能力（3 分）		
	信息技术应用与数字化素养（2 分）		
专业知识	基础知识点的预学习情况（5 分）		
	知识点案例的掌握情况（15 分）		
	课后习题的完成情况（10 分）		
技术技能	分析问题、解构问题、技术选择、将问题图形化表达的能力（15 分）		
	代码编写能力（20 分）		
	程序调试技术（10 分）		
综合能力	任务报告编制能力（10 分）		
	沟通表达与团队协作（5 分）		
创新能力	改进或重设计 UI 界面（3 分）		
	更新或改进实现方法、程序结构重构或代码优化（2 分）		
目标完成	完成★★	基本完成★☆	未完成☆☆
学习收获			
学习反思			

任务小结

一个简单的贪吃蛇游戏在许多玩家眼里只能算是一个入门级的游戏，但是通过自己努力编写的游戏感觉总是不一样。特别是经过了三个子任务的开发，不但完成了游戏的功能，还学习到了很多 Android 开发的知识。

首先是自定义控件，一个看似简单的贪吃蛇控件，原来蕴含了这么多内容。通过继承 View 类，实现构造方法，重写 onDraw、onSizeChanged 等方法可以实现自定义的控件。而其中最重要的 onDraw 方法，还涉及图形绘制，通过结合 Canvas 和 Paint 类，体验一下画家用画笔（Paint 类）在油画布（Canvas 类）上画画（Canvas 类的方法）的感觉。

另外，为了让控件能够与外部代码进行很好的交互，还需要在自定义控件的类中添加 public 方法，以方便外部控制该控件。而通过监听器回调机制，又可以让外部代码监听控件内发生的事件。

同时为了能够实现动画效果，定时器会经常被用到，在使用定时器时一定要有子线程和主 UI 线程的概念，子线程一定要将界面相关的操作通过 Message 交由主 UI 线程来处理，否则会产生不必要的麻烦。

而通过多个项目的学习，我们已经掌握了将数据保存到本地的多种方法，有文件存储、SharedPreferences、SQLite 数据库，通过调用 Java 的文件输入输出流可以方便地将数据存储到指定的文件中。SharedPreferences 操作简单方便，特别适用于记录配置数据，而 SQLite 数据库则更适合存储大量的结构化数据。

课后习题

第一部分　知识回顾与思考

1. 回顾一下操作 SQLite 数据库几个类（SQLiteOpenHelper、SQLiteDatabase、Cursor）的作用和它们之间的关系。

2. 回顾一下自定义控件的方法和监听器的作用。

第二部分　职业能力训练

一、单项选择题（下列答案中有一项是正确的，将正确答案填入括号内）

1. Android 中有许多控件，这些控件无一例外都继承自（　　）类。

A. Control　　B. Window　　C. TextView　　D. View

2. Android 中有许多布局，它们均是用来容纳子控件和子布局的，这些布局均继承自（　　）。

A. Layout　　B. ViewGroup　　C. Container　　D. LinerLayout

3. 自定义控件时需要重写 View 类的很多方法，以下哪个方法是与焦点相关的？（　　）

A. onTouchEvent　　B. onFocusChanged　　C. onAttachedToWindow　　D. onDraw

4. 以下哪个方法会在控件尺寸发生变化时被调用？（　　）。

A. onFinishInflate　　B. onMeasure　　C. onSizeChanged　　D. onLayout

5. 进行图形绘制时需要调用 Canvas 类的方法，以下哪个方法可以用来绘制三角形的三条边？（　　）

A. drawPoint　　B. drawLine　　C. drawCircle　　D. drawRect

6. Paint 类用来描述画笔，以下哪个属性 Paint 不能设定？（　　）

A. 文字大小　　B. 坐标位置　　C. 抗锯齿效果　　D. 文字对齐方式

7. 通过命令的方式进入 Android 内核的数据库后，哪个命令可以查看数据表的创建语句？（　　）

A. . databases　　B. . tables　　C. . create　　D. . schema

8. 以下哪个方法能够实现数据库的数据插入？（　　）

A. onCreate　　B. onUpgrade　　C. execSQL　　D. rawQuery

9. Cursor 类的哪个方法能够将游标指向数据集的第一行？（　　）

A. moveToLast　　B. moveToPosition　　C. getCount　　D. moveToNext

10. 以下哪种数据库操作不能使用 execSQL 方法执行？（　　）

A. 插入记录　　B. 删除记录　　C. 查询记录　　D. 创建数据表

二、填空题（请在括号内填空）

1. 通过调用 View 类的（　　）方法可以手动触发控件的重绘。

2. 颜色是通过（　　）、（　　）、（　　）、（　　）这四项元素决定的。

3. 如果通过 adb shell 登录进入 Android 内核后，通过（　　）命令可以进入数据库 testdb。

4. 通过调用（　　）类的（　　）方法可以实现对数据库表格的查询。

三、简答题

1. 简述几种 Android 数据存储的方法和特点。

2. 如果让你自定义一个温度曲线控件，能够根据几个时间点的温度绘制出温度变化折线图，你会如何去实现？

拓展训练

本任务的贪吃蛇界面是通过矩形和线条的绘制实现的，所以界面谈不上美观。如果能够把矩形换成图片，让游戏有漂亮的背景、逼真的蛇头和身体、美味的食物，这个游戏一定会更有吸引力。其实这一点都不难，利用 Canvas 类中的位图绘制方法，是一定能够实现的。

【提示】先找到背景图片、蛇头图片、身体图片、食物图片，然后修改 SnakeView 类的 onDraw 方法，利用 Canvas 类的 drawBitmap 方法就可以绘制位图，能做出画面生动的贪吃蛇游戏。

参 考 文 献

[1] 李刚. 疯狂 Android 讲义 [M]. 4 版. 北京：电子工业出版社，2019.

[2] 盖索林. Google Android 开发入门指南 [M]. 2 版. 北京：人民邮电出版社，2014.

[3] 郭宏志. Android 应用开发详解 [M]. 北京：电子工业出版社，2010.